Thomas Elser

Statistik für die Praxis

Thomas Elser war in der Automobilindustrie als Systemanalytiker im Entwicklungsbereich tätig. Aktuell leitet er eine Berufsfachschule für IT-Berufe bei einer großen Servicefirma. In der beruflichen Weiterbildung arbeitet er als Dozent auf den Gebieten angewandte Statistik, EDV und Qualitätssicherung.

Thomas Elser

Statistik für die Praxis

Vom Problem zur Methode

WILEY-VCH Verlag GmbH & Co. KGaA

Bibliografische Information Der Deutschen Bibliothek
Die Deutsche Bibliothek verzeichnet diese Publikation in der Deutschen Nationalbibliografie; detaillierte bibliografische Daten sind im Internet über <http://dnb.ddb.de> abrufbar.

1. Auflage 2004

Gedruckt auf säurefreiem Papier.

Printed in the Federal Republic of Germany

Satz Kühn & Weyh, Freiburg
Druck und Bindung Ebner & Spiegel GmbH, Ulm
Umschlaggestaltung init GmbH, Bielefeld

ISBN 3-527-50097-9

Inhalt

Vorwort

Statistik – ein Buch mit sieben Siegeln?

»Mit Statistik kann man alles beweisen« – wer hat diesen Spruch nicht schon oft gehört? Sir Winston Churchill soll einmal gesagt haben: »Ich traue keiner Statistik, die ich nicht selbst gefälscht habe.« Geflügelte Worte dieser Art sind heute nicht nur in Stammtischdebatten zu vernehmen. Leider werden sie auch in »Fachkreisen« von Technikern und Wissenschaftlern benutzt. Die Statistik rückt damit in die Ecke der Geheimwissenschaften und bekommt das Image, ein Instrument zur bewussten Irreführung zu sein.

Viele Menschen gehen im beruflichen und privaten Leben täglich mit Statistiken um. Man denke zum Beispiel an die Darstellung von Versuchsergebnissen, Wirtschaftsdaten, Umweltdaten oder Wahlergebnissen. Trotzdem haben viele Leute Vorbehalte gegenüber der Statistik und sind unsicher im Umgang mit diesem Teilgebiet der Mathematik, das sich mit »Mittelwerten«, »Standardabweichungen« und »Wahrscheinlichkeiten« befasst. Das muss meiner Ansicht nach nicht sein, denn Statistik steht, richtig eingesetzt, durchaus auf dem Boden der Tatsachen. Und kennt man sich nur ein wenig aus, so ist Statistik ein wichtiges Hilfsmittel bei der Betrachtung und Bearbeitung von Daten in vielen Arbeitsprozessen.

Warum wurde dieses Buch geschrieben?

Die Grundlagen der Statistik sind in vielen Studiengängen der Naturwissenschaft/Technik, Medizin und Betriebswirtschaft als Pflichtfach etabliert. Das ist wichtig und richtig. Doch wie sieht es mit der praktischen Umsetzung aus? Fragen wir einmal einen verantwortlichen Mitarbeiter aus der Qualitätssicherung, mit welcher Irrtumswahrscheinlichkeit er anhand von Stichproben behaupten kann, dass seine Prozessgrößen innerhalb der Spezifikation liegen. Oder fragen wir, mit welchen statistischen Methoden der Fertigungsprozess einer Pharmaproduktion überwacht wird. Die Antworten belegen leider allzu oft, dass die Bildung von Mittelwerten die einzige »statistische Methode« ist, die bewusst – d. h. verstanden – angewandt wird.

In vielen Jahren als Systemanalytiker und Programmierer, Verantwort-
licher in der Qualitätssicherung und als Lehrender der angewandten Statistik habe ich immer wieder diese Beobachtung gemacht. Dabei wäre es
manchmal so einfach, mit geringem Aufwand viel mehr Information aus
demselben Datenmaterial zu erzielen. Denn die Grundlagen sind ja während der Ausbildung oder im Studium erworben worden. Doch später – aus
welchem Grund auch immer – werden sie in der Praxis nur sporadisch oder
leider gar nicht eingesetzt. Obwohl – und das möchte ich in diesem Buch

zeigen – dies oftmals nur wenig Aufwand kostet und auch gar nicht schwierig ist, wenn man der richtigen Methode folgt.

Welche Ziele verfolgt dieses Buch?

Viele Veröffentlichungen und Unterrichtsmethoden an höheren Schulen und Hochschulen sind lediglich theoretische Einführungen in das Stoffgebiet und fordern vom Lernenden oft ein hohes Maß an Abstraktionsvermögen. Das vorliegende Buch geht anders vor: Es bietet Ihnen einen anderen, praxisorientierten Zugang zur Statistik, der dieses Teilgebiet der Mathematik aus dem »Dunstkreis der Geheimwissenschaften« herauslösen und mit vielen Vorbehalten und Ängsten vor der praktischen Anwendung aufräumen möchte:

Grundidee des Buches ist, Sie zunächst anhand von Beispielen an die statistische Denkweise heranzuführen. Besonders wichtig ist nämlich, dass Sie ein Gefühl für den Nutzen der Statistik bekommen. Anhand zahlreicher Beispiele erarbeiten Sie sich dann statistische Kennwerte. Sie werden zudem motiviert, aus diesen Kennwerten mehr »herauszuholen«, indem Sie Methoden kennen lernen, die die im Datenmaterial von Stichproben enthaltenen Informationen optimal nutzen.

Es geht darum, dass Sie sich Statistikkenntnisse mit Freude erarbeiten, indem Sie verschiedene Methoden von Grund auf verstehen und in der praktischen Anwendung sicher beherrschen lernen.

Wer sollte mit diesem Buch arbeiten?

Das Buch können Sie als Ergänzung zu den meist mathematisch/theoretisch angelegten Büchern verwenden, die zum Beispiel in den Studiengängen

- Ingenieurwissenschaften
- Informatik
- Medizin
- Biologie oder
- Betriebswirtschaft

benutzt werden. Gleichermaßen ist es als Lehr- und Arbeitsbuch in der berufsqualifizierenden Aus- und Weiterbildung geeignet. Auch als Mitarbeiter von Labors in der Chemie, Biologie, Medizin sowie der Messtechnik und Qualitätssicherung finden Sie hier den Einstieg in die Statistik, ohne dafür Kenntnisse in höherer Mathematik zu benötigen.

Für die auf der beiliegenden CD gespeicherte Sammlung von Aufgaben und als Rechenschemata der statistischen Verfahren ausgeführten Lösungen benötigen Sie lediglich Grundkenntnisse der Tabellenkalkulation MS Excel®.

Nach welchem didaktischen Konzept arbeitet dieses Buch?

Die Grundlagen der Statistik und ihre Methoden erarbeiten Sie sich grundsätzlich anhand anschaulicher Beispiele. Die mathematischen Herleitungen der Methoden sind ausführlich dargestellt und so ohne Kenntnisse in höherer Mathematik zu verstehen. Wenn Sie vorwiegend an der praktischen Seite interessiert sind, können Sie diese Kapitelteile einfach überspringen.

Zahlreiche Aufgaben dienen zur Übung, deren Lösungen anhand der Statistikfunktionen von MS Excel® aufbereitet sind. Dabei unterstützt Sie die beiliegende CD. Sie enthält die Tabellen und Grafiken zu den im Buch behandelten Beispielen sowie Aufgaben und Lösungen aus verschiedenen Fachgebieten.

Das folgende Beispiel erläutert Ihnen die Vorgehensweise des Buches: von der Problemstellung bis zum Rechenschema:

Problemstellung/Aufgabe

Eine Dreherei fertigt Bolzen aus Stahl mit Nenndurchmesser 22 mm. Mit dem Kunden wurde eine Toleranz von ± 0,1 mm vereinbart, d. h., die Durchmesser der Bolzen müssen im Bereich zwischen 21,90 und 22,10 mm liegen.

Ein Mitarbeiter der Qualitätssicherung hat nun die Aufgabe, die Einhaltung dieser Spezifikation in der Fertigung zu überwachen. Der technisch optimale Weg, alle Teile zu vermessen und nur die in der Toleranz liegenden Bolzen an den Kunden auszuliefern, scheitert am hohen Messaufwand und an den damit verbundenen Kosten. So kommt der Mitarbeiter schnell auf die Idee, nicht alle, sondern nur »bestimmte« Bolzen zu vermessen. Doch jetzt muss er entscheiden:

- Welche Systematik soll er für die Auswahl dieser so genannten »Stichproben« anwenden?
- Wie groß soll der Stichprobenumfang sein, d. h., wie viele Teile soll er aussuchen?
- Welche Kennzahl soll er aus der Vermessung der Bolzen zur Beurteilung der Fertigungsqualität bilden?

- Wie und mit welcher Aussagesicherheit kann er aus den Stichprobenergebnissen Rückschlüsse auf die Gesamtproduktion ziehen?

All diese Fragen sind vor der Einleitung von Maßnahmen zur Qualitätssicherung zu beantworten. Es geht hier um die statistische Erfassung des Problems und die daran anschließende Planung statistischer Experimente.

Planung und Durchführung von statistischen Experimenten

Das häufig angewandte statistische Experiment, nämlich das »Ziehen« einer Stichprobe, soll auch in unserem Beispiel durchgeführt werden. Der Qualitätssicherer könnte beispielsweise von jedem hundertsten Bolzen einer Schichtproduktion den Durchmesser bestimmen und daraus den Mittelwert berechnen. Nehmen wir an, seine Berechnung ergäbe für 73 Bolzendurchmesser den Mittelwert 22,04 mm.

Statistischer Schluss

Mit diesem Ergebnis könnte man ja nun einfach sagen, dass die Produktion richtig läuft, da ja leicht zu sehen ist, dass die in der Spezifikation angegebenen Toleranzen eingehalten werden. Unser Mitarbeiter aus der Qualitätssicherung »neigt« natürlich zu derselben Aussage, denn es spricht ja anhand des gefundenen Wertes von 22,04 mm nichts dagegen. Er muss aber versuchen, diese Aussage statistisch zu untermauern. Denn nur dann darf er vor dem Kunden behaupten: »Mit einer statistischen Sicherheit von 95 % wird der Mittelwert von 22,00 mm bei einer Toleranz von ± 0,08 mm eingehalten.«

Wie er zu dieser Aussage und Angabe der 95 % kommt und wie er den so genannten Vertrauensbereich aus den Daten der Stichprobe berechnet, ist Ergebnis einer Methode, die in diesem Buch (auf Seite 85) behandelt wird.

Das Rezept zur Berechnung des Vertrauensbereiches sieht etwa folgendermaßen aus (die Formeln sind hier noch weggelassen):

1. Bilden Sie aus den Stichprobenwerten die statistischen Kennzahlen Mittelwert und Standardabweichung
2. Ermitteln Sie dann aus der t-Verteilungsfunktion (Tabelle, Tabellenkalkulationsprogramm) die zugehörigen Werte für 95 % Aussagesicherheit
3. Berechnen Sie aus den Kennzahlen und dem t-Wert den Toleranzbereich (Vertrauensbereich)

Der Aufbau des Buches

Der erste Teil behandelt die Grundlagen der beschreibenden Statistik. Anhand von zahlreichen Beispielen werden die Aufbereitung, die Darstellung und die Berechnung der Kenngrößen von Stichprobendaten ausführlich beschrieben. Behandelt werden die Kennwerte von Stichproben wie beispielsweise Mittelwerte und Streumaße. Über die Häufigkeitsverteilungen von Stichproben wird dann die Gauß'sche Normalverteilung eingeführt.

Im zweiten Teil des Buches werden die Verfahren behandelt, deren wichtigste Grundlage die Normalverteilung ist.

Anhand von Kennzahlen aus der Stichprobe und der Kenntnis statistischer Verteilungen wird als Beispiel ein statistischer Test behandelt, der auffällige Werte einer Messreihe entweder als »Ausreißer« disqualifiziert oder erklärt, dass diese im Bereich der »natürlichen« Streuung liegen. So wird im Rahmen der beurteilenden Statistik gezeigt, unter welchen Umständen und mit welchen Einschränkungen Schlüsse von der Stichprobe auf die so genannte Grundgesamtheit möglich sind.

In einem weiteren Beispiel wird untersucht, ob der Einfluss eines bestimmten Katalysators auf die Ausbeute in einem Chemiereaktor wirklich vorhanden oder auf die zufällige Streuung zurückzuführen ist. So wird mittels der Varianzanalyse gezeigt, ob der vermutete Einfluss einer Eingangsgröße auf eine Zielgröße statistisch abgesichert ist oder als »nicht signifikant« bezeichnet werden kann.

Ein drittes Beispiel zeigt, wie aus x/y-Wertepaaren einer Stichprobe die Formel ermittelt wird, die den Zusammenhang zwischen x und y beschreibt. Dies geschieht, um daraus beliebige Zwischenwerte und Trends berechnen zu können. Es führt zu einem weiteren wichtigen Verfahren der schließenden Statistik, der so genannten Regressionsrechnung, die deshalb auch ausführlich behandelt ist.

Dank

Meinen herzlichen Dank möchte ich an dieser Stelle all denen sagen, die zum Entstehen dieses Buches beigetragen haben:

Herrn Dr. René Martin, der mich ermuntert hat, diesen Lehrgang nicht als Webseite, sondern als Buch zu veröffentlichen.

Herrn Dipl.-Ing. Georg Koch für die Überlassung zahlreicher Rechenbeispiele aus seiner statistischen Praxis sowie für wesentliche Anregungen und die fachliche Überprüfung des Manuskripts.

Meinem Freund, dem bekannten französischen Cartoonist Monsieur Paul Reb, für die Erstellung und Überlassung der Cartoons, die den Leser zwischendurch etwas zum Schmunzeln anregen sollen.

Meinem Sohn Dominik Elser für die tatkräftige Unterstützung bei der Erstellung des Manuskripts und für die zahlreichen Tipps zur DV-technischen Umsetzung des Buches.

Last but not least gilt mein herzlicher Dank Frau Ute Boldewin vom Verlag Wiley-VCH und der Lektorin Frau Christina Seitz für die professionelle Begleitung und Umsetzung des Projektes, insbesondere auch für die von ihr aufgebrachte Geduld mit dem Autor, die zum Gelingen des Buches notwendig war.

Der Autor wünscht den Lernenden einen spannenden Einstieg in die faszinierende Welt der angewandten Statistik und möglichst viel Nutzen in der Anwendung der darin behandelten Rezepte. Möge dieses Buch auch ein wenig zum Abbau von Vorbehalten gegenüber der Statistik und weiter zu deren professioneller Anwendung auf allen Einsatzgebieten beitragen.

Im Januar 2004   *Thomas Elser*

Teil 1
Beschreibende Statistik

1
Beobachtungen und Messwerte systematisch darstellen

Im täglichen Leben genauso wie in Wissenschaft, Technik und Wirtschaft scheint die Datenflut kein Ende zu nehmen. Sie begegnet uns in Form von Schadstoffkonzentrationen der Luft, Schichtdicken von galvanisierten Kunststoffteilen oder Kraftstoffverbräuchen einer PKW-Flotte. Ebenso wie all diese Messwerte kennen Sie statistische Zählwerte, wie zum Beispiel die Anzahl fehlerhafter Produkte, Arbeitslosenzahlen oder die Anzahl der Ver-

kehrsunfälle pro Monat. Die »Bewältigung« dieser Daten, d. h. deren Aufbereitung zu praktisch nutzbaren Ergebnissen, ist Aufgabe der beschreibenden Statistik, die der erste Teil des Buches behandelt.

Beispiel Wafer für Halbleiter – Die Aufgaben der beschreibenden Statistik

Im ersten Beispiel, dem zunächst ein paar grundsätzliche Überlegungen folgen sollen, geht es um die Produktion von Siliziumscheiben, so genannten Wafern:

Nehmen Sie einmal an, ein Qualitätsmerkmal der Scheiben sei deren Dicke, die nur in einem bestimmten Bereich schwanken darf. Im Rahmen der Qualitätssicherung werden also nach einem bestimmten Prüfplan die Dicken der Wafer regelmäßig gemessen und die gemessenen Werte dokumentiert.

Aufgabe der beschreibenden Statistik ist nun, die gewonnenen Messwerte systematisch aufzubereiten. Dies kann in tabellarischer Form geschehen, beispielsweise nach Größe geordnet. Oder in Form von Grafiken, beispielsweise als Histogramm, Häufigkeitspolygon oder Kreisdiagramm. Ferner werden aus den Messwerten statistische Kennzahlen gebildet, anhand dere Aussagen über Durchschnittswerte und Streuungen gemacht werden können.

Beispielsweise könnte die durchschnittliche Waferdicke als arithmetischer Mittelwert dokumentiert werden. Für die unvermeidliche Streuung der Waferdicken würde man als Kennwert die Varianz bzw. Standardabweichung berechnen.

Die genannten Kennzahlen für Mittelwert und Streuung bilden die Basis, um anschließend mit Methoden der beurteilenden Statistik Schlüsse auf die so genannte Grundgesamtheit zu ziehen. Die Vorgehensweise bei der beurteilenden Statistik wird im zweiten Teil des Buches behandelt.

Die Grundgesamtheit – Befüllung von Lagerfettdosen

Eine Abfüllanlage für Lagerfett befüllt stündlich 3 600 Dosen. Sie ist so eingestellt, dass jeweils 125 ml Produkt in eine Dose gepresst werden. Um die Einhaltung dieses Sollwertes zu überprüfen, müsste die Füllmenge jeder Dose überprüft werden.

Der Statistiker sagt: Die Grundgesamtheit, d. h. die Füllmengen aller Dosen, müsste überprüft werden. Diese Überprüfung aller so genannten Merkmalsträger kann aber aus verschiedenen Gründen nur in den seltensten Fällen vorgenommen werden. Denken Sie an den hohen zeitlichen Aufwand, der zum Beispiel für die Prüfung der Dichtheit aller Fahrradschläuche einer Produktion notwendig wäre, und die damit verbundenen hohen Kosten. Oder denken Sie an die Prüfung der Lebensdauer von Halogenlampen oder der Härte von Stahlkugeln. In den letzten beiden Fällen würde die Prüfung gar zur Zerstörung der Prüflinge führen.

Stichprobe und Urliste – das Handwerkszeug des Statistikers

Eine wichtige Aufgabe des Statistikers ist deshalb, so genannte Stichproben aus der Grundgesamtheit zu »ziehen«. Oder anders ausgedrückt: Er muss anhand von Zufallsbeobachtungen, d. h. einer Auswahl von Werten aus der Grundgesamtheit, diese möglichst gut repräsentieren.

In unserem Beispiel würde die Grundgesamtheit durch die Füllmengen aller Lagerfettdosen gebildet werden.

Zunächst gilt es nun, den so genannten Stichprobenumfang festzulegen. Als Stichprobenumfang n bezeichnet man die Anzahl der zu überprüfenden Einheiten. Für unser Beispiel könnte dies bedeuten, jeweils für $n = 80$ der 3 600 pro Stunde abgefüllten Dosen die Füllmenge zu messen.

Tabelle 1.1: Stichprobe vom Umfang n=80

Lfd. Nr.	Füllmengen von Lagerfettdosen [ml]									
1–10	123	124	126	125	125	123	124	120	126	124
11–20	124	122	125	122	123	127	128	121	124	126
21–30	119	120	120	125	124	126	120	118	129	125
31–40	130	129	121	122	122	123	126	124	128	127
41–50	126	122	122	121	118	123	124	123	125	124
51–60	123	124	125	123	127	126	125	122	119	121
61–70	124	122	121	125	118	126	124	123	121	130
71–80	123	123	124	117	122	115	129	128	127	121

Tabelle 1.1 zeigt die Messwerte einer solchen Stichprobe vom Umfang $n = 80$. Hierbei wurden die Füllmengen einfach in der Reihenfolge ihrer Messung in eine so genannte Urliste eingetragen. Die Zahl 80 für den Stich-

Beobachtungen und Messwerte systematisch darstellen

probenumfang ist hier willkürlich gewählt und steht für eine relativ große Stichprobe. Natürlich hat auch der Stichprobenumfang n einen Einfluss auf die Endergebnisse und die zu ziehenden statistischen Schlüsse. Überlegungen dazu werden folgen.

Wie zufällig sind die Stichprobenwerte?

Da die Stichprobe als kleine Datenauswahl die Grundgesamtheit möglichst gut repräsentieren soll, müssen Sie diese sehr sorgfältig planen und durchführen. Wichtige Voraussetzung ist hierbei, dass sich die Stichprobenwerte (Messwerte) zufällig ergeben.

Für unser Beispiel wäre es sicher ungünstig, wenn die Stichprobe aus den Messwerten bestünden, die sich aus den ersten 80 Füllmengen zur vollen Stunde ergäben. Die zu einem späteren Zeitpunkt abgefüllten Dosen hätten dabei ja gar keine Chance, »Mitglieder« der Stichprobe zu werden, und könnten somit die Grundgesamtheit, zum Beispiel alle Füllmengen einer Stundenproduktion, nicht repräsentieren. Damit die Zufälligkeit der Stichprobenwerte gesichert ist, könnten Sie beispielsweise dafür sorgen, dass die Füllmenge jeder 45. Dose gemessen wird. So läge zu jeder Stunde eine Stichprobe mit 80 Messwerten aus der Grundgesamtheit von 3 600 Einheiten vor.

Unabhängigkeit der Stichprobenwerte

Streng genommen müssten Sie auch dafür sorgen, dass die entnommene Stichprobe die Grundgesamtheit nicht »beeinflusst«. Um diese als Unabhängigkeit der Stichprobenwerte bezeichnete Eigenschaft sicherzustellen, müssten Sie entnommene Proben nach der Vermessung wieder zurücklegen, d. h. an die Grundgesamtheit zurückgeben. Bei Füllmengen, Waferdicken oder Bolzendurchmessern ist dies ohne weiteres möglich. Die gewogenen Dosen oder die vermessenen Wafer und Bolzen werden einfach wieder in die Produktion eingespeist. Es gibt aber auch Prüfungen, die zur Zerstörung des Prüflings führen und deshalb nicht in den Produktionsprozess zurückgeführt werden können. Beispiel hierfür ist die Härtemessung an Stahlkugeln, bei der die Oberfläche der zu prüfenden Kugel beschädigt wird. Wird der Berstdruck einer Rohrleitung geprüft, so ist auch leicht einsehbar, dass das geprüfte Rohrstück nicht mehr verwendet werden kann. Ein Zurücklegen ist nicht möglich.

Theoretisch ist in diesen Fällen die Unabhängigkeit der Werte nicht gewährleistet. In der Praxis kann jedoch von der Unabhängigkeit der Werte ausgegangen werden, da die Umfänge der Stichproben im Vergleich zu denen der Grundgesamtheit sehr klein sind. Somit ist es statistisch gesehen oft unerheblich, ob die zur Stichprobenbildung herangezogenen Merkmalsträger (Lagerfettdosen, Wafer, Stahlkugeln) nach der Prüfung wieder der Grundgesamtheit zugeführt wurden oder nicht. Wenn Sie daran denken, zum Beispiel die Konzentration einer Lösung in einem Chemiereaktor zu messen, so ist ja klar, dass unendlich viele Messungen möglich sind. Sie haben es hier mit einer unendlich großen Grundgesamtheit zu tun, und die Unabhängigkeit der Stichprobenwerte ist ohne weiteres gewährleistet.

Reale und fiktive Grundgesamtheiten

Tabelle 1.2 zeigt einige Beispiele von Grundgesamtheiten, die aus n tatsächlich (real) existierenden Merkmalsträgern bestehen. Ihre Umfänge sind eindeutig definiert und abzählbar.

Tabelle 1.2: Beispiele für real existierende Grundgesamtheiten

Real existierende Grundgesamtheiten	Bei Stichprobennahme zu beachten
Durchmesser oder Härte von 3 Millionen Lagerkugeln einer Produktionscharge	Kugeln gut durchmischen und zu prüfende Exemplare entsprechend Stichprobenumfang »zufällig« herausgreifen
30 000 Füllmengen einer Tagesproduktion von Lagerfettdosen	Füllmenge jeder n-ten Dose messen oder jeweils Dosen in bestimmten Zeitabständen zur Füllmengenmessung heranziehen
Zum Stichtag wahlberechtigte Bürger eines Bundeslandes	Bestimmte Bevölkerungsgruppen (Rentner, Landbewohner, Arbeitslose) sind entsprechend ihrem Bevölkerungsanteil zu berücksichtigen

Die in Tabelle 1.3 aufgelisteten Grundgesamtheiten haben Umfänge, die nicht abgezählt werden können, weil sie aus Messwerten bestehen, deren Erfassung unendlich oft vorstellbar ist. Diese Arten von Grundgesamtheiten werden als fiktive Grundgesamtheiten bezeichnet.

Tabelle 1.3: Beispiele für fiktive Grundgesamtheiten

Fiktive Grundgesamtheiten	Bei Stichprobennahme zu beachten
Durchmesser von Kunststofffasern	Um die Unabhängigkeit der Stichprobenwerte zu erreichen ist zu beachten, ob die Faserdicken bei der Dickenmessung beeinflusst werden. Falls dies zutrifft, muss ein ausreichender Abstand der Messpunkte gesichert sein.
Versuch zur Wirkung eines Pflanzenschutzmittels	Systematische Einflüsse, wie zum Beispiel unterschiedliche Windrichtungen und Witterungsverhältnisse in den örtlich nicht beieinander liegenden Parzellen, sind auszuschließen.
Konzentration von Ameisensäure einer Charge in einem Chemiereaktor	Systematische Einflüsse sind zum Beispiel durch Messung an mehreren Stellen im Reaktor auszuschließen.
Konzentration eines Schadstoffes einer auf verschiedene Fässer verteilten Charge	Jedes Fass muss dieselbe »Chance« erhalten, an der Stichprobe teilzunehmen (alle Fässer oder nach Zufallsprinzip jedes n-te Fass prüfen). Fassinhalt gut durchmischen. Messort im Fass festlegen.

Absolute und relative Häufigkeit

Von der Strichliste zur absoluten Häufigkeit

Aus der Erfahrung mit Messprotokollen wissen Sie, dass Messwerte stets einer gewissen Streuung unterliegen. So erklärt es sich, dass in unserem Beispiel »Lagerfettdosen« (Tabelle 1.1) nicht alle Dosen mit exakt 125 ml gefüllt sind. Um einen ersten Überblick über die Streuung der Füllmengen zu erhalten, sortieren Sie die Werte der Urliste der Größe nach und tragen Sie hinter jeden Wert die Anzahl seines Auftretens in der Stichprobe ein. Diese Anzahl des Auftretens von Werten nennt man die absoluten Häufigkeiten der Werte. Die absoluten Häufigkeiten sind dimensionslose Zahlen, die angeben, wie oft die zugehörigen Messwerte in der Stichprobe vorkommen.

Die praktische Ermittlung der absoluten Häufigkeiten entspricht der Zählung des Auftretens bestimmter Messwerte. Die Definition lautet:

Absolute Häufigkeit eines Wertes = Anzahl seines Auftretens

Tabelle 1.4: Füllmengen von Lagerfettdosen: Absolute Häufigkeiten des Auftretens bestimmter Füllmengen

Füllmenge [ml]	Absolute Häufigkeit	
115	I	1
116	—	0
117	I	1
118	III	3
119	II	2
120	IIII	4
121	LHT II	7
122	LHT IIII	9
123	LHT LHT I	11
124	LHT LHT III	13
125	LHT IIII	9
126	LHT I/I	8
127	II/I	4
128	III	3
129	III	3
130	II	2
		80

Als Hilfsmittel zur Zählung der Anzahl des Auftretens der einzelnen Werte bietet sich die klassische Strichliste mit jeweils 4 senkrechten Strichen und dem quer liegenden 5. Strich an. Daraus liest man die absoluten Häufigkeiten ab und trägt sie als Zahlenwerte in eine Tabelle entsprechend Tabelle 1.4 ein. Tabellenkalkulationsprogramme enthalten Zählfunktionen, die aus der Urliste die absoluten Häufigkeiten der Messwerte berechnen.

Tabelle 1.4 zeigt für unser Beispiel, dass die Füllmenge 124 ml mit einer absoluten Häufigkeit von 13 öfter als andere vorkommt, d. h. die größte absolute Häufigkeit besitzt. Dagegen sind etwa andere Füllmengen (zum Beispiel 115 ml und 117 ml) mit den absoluten Häufigkeiten 1 viel schwächer vertreten. Die Füllmenge 116 ml tritt mit null als kleinstmöglicher Häufigkeit auf.

Aus diesen absoluten Häufigkeiten der Stichprobenwerte lassen sich auch schon erste Vermutungen über die Grundgesamtheit (Füllmengen aller Dosen) anstellen. Man wird etwa daran denken, die Einstellung der Abfüllanlage zu korrigieren, um etwaige Unterschreitungen des Sollwertes von 125 ml (weitgehend) zu vermeiden.

Beobachtungen und Messwerte systematisch darstellen

Als Eigenschaften der absoluten Häufigkeit können Sie feststellen, dass die kleinste mögliche absolute Häufigkeit null ist: Der zugehörige Messwert tritt einfach nicht auf. Die größte mögliche absolute Häufigkeit eines Wertes ergibt sich, wenn die gesamte Stichprobe aus identischen Werten besteht. Dann hat dieser Wert die absolute Häufigkeit n (Stichprobenumfang) und alle anderen Werte haben die absolute Häufigkeit null.

In Tabelle 1.5 sind die Rechenvorschrift und die Eigenschaften der absoluten Häufigkeit zusammengefasst.

Tabelle 1.5: Absolute Häufigkeiten: Rechenvorschrift und Eigenschaften

Absolute Häufigkeit
• Zählung, wie oft der Wert vorkommt
• Dimensionslos
• Kleinster möglicher Wert: 0
• Größter möglicher Wert: Stichprobenumfang n
• Die Summe der absoluten Häufigkeiten muss n ergeben

Die relative Häufigkeit

Nehmen Sie an, es läge eine weitere, ältere Stichprobe zur Befüllung von Lagerfettdosen vor, deren Umfang nur $n = 70$ ist. Der Vergleich der beiden Messprotokolle anhand der absoluten Häufigkeiten der Werte wäre schwierig, weil unterschiedliche Stichprobenumfänge vorliegen. Um die beiden dennoch vergleichen zu können, müssen die absoluten Häufigkeiten beider Stichproben auf die Anzahl ihrer Einzelwerte bezogen werden. Dies geschieht folgendermaßen: Man berechnet für jeden Wert der Stichprobe die so genannte relative Häufigkeit, indem seine absolute Häufigkeit durch den Stichprobenumfang n (Gesamtanzahl der Werte) dividiert wird. Tabelle 1.6 zeigt in der letzten Spalte die relativen Häufigkeiten für unser Beispiel, die hier in Prozent angegeben sind.

Die Definition der relativen Häufigkeit ist

Relative Häufigkeit eines Wertes = Absolute Häufigkeit/Anzahl Werte

Beobachtungen
und Messwerte
systematisch
darstellen

Tabelle 1.6: Füllmengen von Lagerfettdosen: absolute und relative Häufigkeiten des Auftretens bestimmter Füllmengen

Füllmenge [ml]	Absolute Häufigkeit	Relative Häufigkeit [%]	
115	1	1,25	= 1/80
116	0	0	= 0/80
117	1	1,25	= 1/80
118	3	3,75	= 3/80
119	2	2,50	= 2/80
120	4	5,00	= 4/80
121	7	8,75	= 7/80
122	9	11,25	= 9/80
123	11	13,75	= 11/80
124	13	16,25	= 13/80
125	9	11,25	= 9/80
126	8	10,00	= 8/80
127	4	5,00	= 4/80
128	3	3,75	= 3/80
129	3	3,75	= 3/80
130	2	2,50	= 2/80
	80	100,0	1

Als Rechenkontrolle bietet sich die Summenbildung der relativen Häufigkeiten an, die jeweils den Wert 1 bzw. 100 % ergeben muss. Als Eigenschaften der relativen Häufigkeit können Sie feststellen, dass die kleinste mögliche relative Häufigkeit null ist: Der zugehörige Messwert tritt einfach nicht auf. Die größte mögliche relative Häufigkeit ergibt sich zu 100 %, wenn die gesamte Stichprobe aus identischen Werten besteht. In Tabelle 1.7 sind die Rechenvorschrift und die Eigenschaften der relativen Häufigkeit zusammengefasst.

Tabelle 1.7: Relative Häufigkeiten: Rechenvorschrift und Eigenschaften

Relative Häufigkeit

- Absolute Häufigkeit dividiert durch Stichprobenumfang n
- Dimensionslos
- Wird manchmal in Prozent angegeben
- Kleinster möglicher Wert: 0
- Größter möglicher Wert: 1 bzw. 100 %
- Die Summe der relativen Häufigkeiten muss 1 ergeben

Beobachtungen
und Messwerte
systematisch
darstellen

Relative Häufigkeit und Wahrscheinlichkeit

Welchen praktischen Nutzen können Sie nun aus der Kenntnis der relativen Häufigkeiten der Werte einer Stichprobe ziehen?

Nehmen Sie an, es läge eine »genügend große« Stichprobe unabhängiger Werte vor. Dann könnten Sie doch annehmen, dass die Grundgesamtheit, aus der die Stichprobe entnommen wurde, eine der Stichprobe zumindest sehr ähnliche Verteilung der (absoluten und relativen) Häufigkeiten besitzt.

Für unser Beispiel mit den Füllmengen von Lagerfettdosen könnten Sie dann sagen: Wenn die relative Häufigkeit der Füllmenge 126 ml den Wert 10 % hat, so wird auch (im Mittel) jede zehnte Dose aus der Grundgesamtheit mit 126 ml befüllt sein. Wir sagen: Die Auftretenswahrscheinlichkeit – oder kurz Wahrscheinlichkeit – des Wertes 126 ml ist 10 %. Damit werden also die Begriffe relative Häufigkeit und Wahrscheinlichkeit gleichgesetzt.

Am folgenden Beispiel ist zu sehen, wie aus der Kenntnis der Auftretenswahrscheinlichkeiten der Stichprobenwerte praktischer Nutzen gezogen wird:

Beispiel: Disposition von Verpackungen für Klassen von Hühnereiern

Ein Produzent von Hühnereiern hat für verschiedene Größen von Hühnereiern verschiedene Verpackungen bereitzuhalten und möchte die Bestellung und Lagerhaltung dieser Verpackungen an seine Produktion anpassen. Im Rahmen einer großen Stichprobe ermittelt er deshalb die Häufigkeiten des Vorkommens der verschiedenen Eierklassen und erhält als Ergebnis die Werte entsprechend Tabelle 1.8.

Tabelle 1.8: Relative Häufigkeiten von Größen von Hühnereiern zur Disposition der Packmittel

Häufigkeit		
Größe	Absolut	Relativ
A	123	0,0713
B	265	0,1535
C	320	0,1854
D	345	0,1999
E	308	0,1784
F	247	0,1431
G	118	0,0684
	1726	1,0

Beobachtungen und Messwerte systematisch darstellen

Anhand der relativen Häufigkeiten hat er nun eine Planungsgrundlage zur Bestellung der Verpackungsschachteln: 7 % Größe A, 15 % Größe B usw.

Fazit

Wenn bestimmte Teile oder Proben einer Produktion in bestimmte Behälter (Fässer verschiedener Größe, Kartons verschiedener Farbe usw.) abgepackt werden sollen, so können die Packmittel entsprechend den relativen Häufigkeiten/Wahrscheinlichkeiten disponiert werden.

Grafische Darstellung von Häufigkeitsverteilungen – das A und O in der Statistik

Stabdiagramm – Säulen mit Zwischenraum

Um einen schnellen Überblick über die Verteilung zu erhalten, sollen die Zahlenwerte der absoluten und relativen Häufigkeiten unseres Beispiels – es ging um die Füllmengen von Lagerfettdosen (siehe Tabelle 1.1) – grafisch dargestellt werden. Es gibt natürlich viele Möglichkeiten der grafischen Darstellung, über die Sie im Folgenden einen kurzen Überblick bekommen sollen. Eine davon, wohl die einfachste, ist die Darstellung im Stabdiagramm, auch Säulendiagramm genannt, das Abbildung 1.1 zeigt. Die Längen der Stäbe repräsentieren hierbei die absoluten Häufigkeiten.

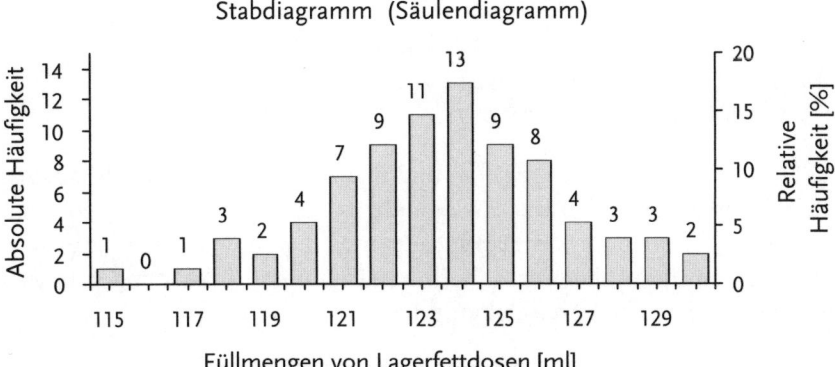

Abbildung 1.1: Häufigkeiten der Füllmengen von Lagerfettdosen (Zahlenwerte sind absolute Häufigkeiten)

Beobachtungen und Messwerte systematisch darstellen

Histogramm – Balkendiagramm ohne Zwischenräume

Weiter verbreitet als das Stabdiagramm ist in der Praxis der Statistik die Darstellung der Häufigkeiten im so genannten Histogramm (siehe Abbildung 1.2). Die Häufigkeiten werden hier durch aneinander stoßende Balken repräsentiert. Im Unterschied zum Stabdiagramm werden diese Balken ohne Zwischenräume gezeichnet. Die Balkenflächen lassen sich als Maß für die Häufigkeiten deuten. Histogramme werden manchmal auch als Staffelbilder bezeichnet.

Bei dieser Darstellung ist zu beachten, dass sich für absolute und relative Häufigkeiten dieselbe Grafik ergibt. Es ist möglich, zwei Ordinatenachsen verschiedener Skalierung einzuführen und damit absolute und relative Häufigkeiten in einem Diagramm darzustellen.

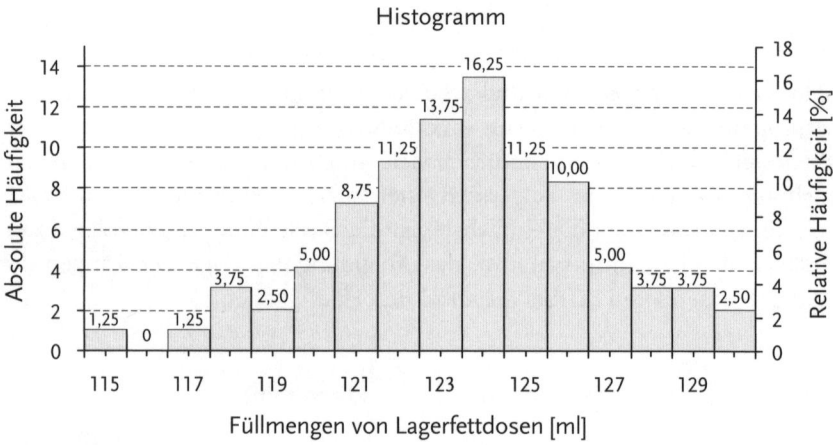

Abbildung 1.2: Häufigkeiten der Füllmengen von Lagerfettdosen (Zahlenwerte sind relative Häufigkeiten)

Tabellenkalkulationsprogramme und Statistikprogramme für PCs bieten außer Stabdiagrammen und Histogrammen vielfältige Möglichkeiten zur grafischen Darstellung von Häufigkeitsverteilungen. Beispiele hierfür sind Kreisdiagramme (Abbildung 1.3), Tortendiagramme (Abbildung 1.4) oder die Polygondarstellung in Abbildung 1.5.

Relative Häufigkeiten der Größen A bis G
von Hühnereiern

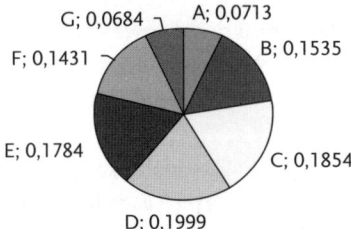

G; 0,0684   A; 0,0713
F; 0,1431   B; 0,1535
E; 0,1784   C; 0,1854
D; 0,1999

Abbildung 1.3:   Häufigkeitsdarstellung im Kreisdiagramm, siehe Abbildung 1.8

Relative Häufigkeiten der Größen A bis G
von Hühnereiern

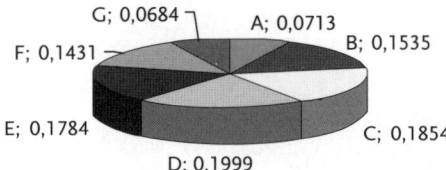

G; 0,0684   A; 0,0713
F; 0,1431   B; 0,1535
E; 0,1784   C; 0,1854
D; 0,1999

Abbildung 1.4:   Häufigkeitsdarstellung im Tortendiagramm, siehe Abbildung 1.8

Relative Häufigkeiten der Füllmengen von Lagerfettdosen

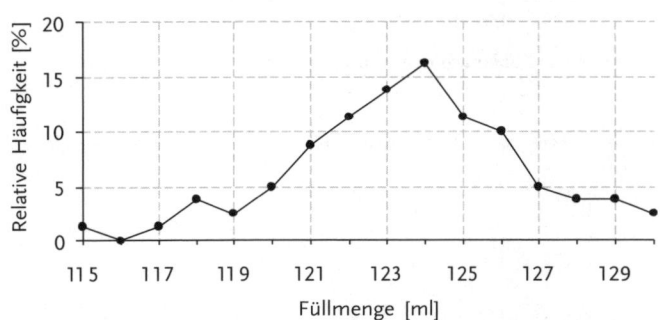

Abbildung 1.5:   Häufigkeitspolygon: Die Häufigkeitswerte sind durch Geraden miteinander
verbunden

Beobachtungen
und Messwerte
systematisch
darstellen

Übernachtungszahlen – irreführende grafische Darstellungen

Im Zusammenhang mit der grafischen Darstellung von Häufigkeiten möchte ich kurz auf die Möglichkeiten zur Manipulation hinweisen. So ist es zum Beispiel durch »geschickte« Wahl der Achseneinteilung möglich, Histogrammen ein unterschiedliches Aussehen zu verleihen, obwohl dieselben (richtigen) Daten zugrunde liegen.

Als Beispiel hierfür habe ich die monatlichen Übernachtungszahlen einer Pension gewählt: Die erste Darstellung in Abbildung 1.6 gaukelt dem oberflächlichen Betrachter eine fast gleichmäßige Auslastung der Pension vor. Anhand des zweiten Histogramms in Abbildung 1.7 jedoch könnte man durchaus geneigt sein, von »saisonalen Schwankungen« der Übernachtungszahlen zu sprechen. Interessant ist, dass den beiden Histogrammen dieselben Daten zugrunde liegen. Die Unterschiede liegen einzig in der Einteilung (Skalierung) der Achsen für die absoluten Häufigkeiten!

Anzahl Übernachtungen: Skala beginnt bei Häufigkeit 0

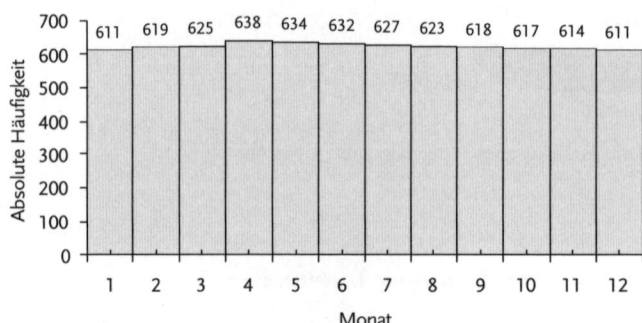

Abbildung 1.6: Histogramm Anzahl Übernachtungen: Die Skala der absoluten Häufigkeit beginnt bei 0

Anzahl Übernachtungen: Skala beginnt bei Häufigkeit 610

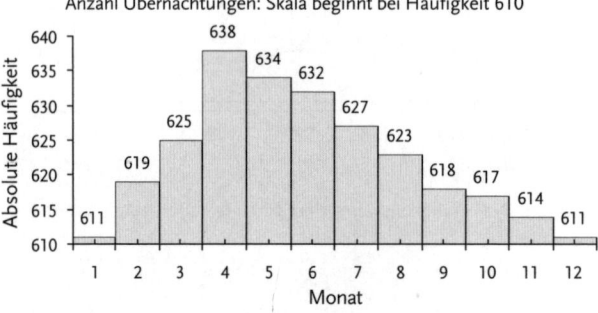

Abbildung 1.7: Histogramm Anzahl Übernachtungen: Die Skala der absoluten Häufigkeit beginnt bei 610

Beobachtungen und Messwerte systematisch darstellen

Symmetrische und schiefe Verteilungen

Sie hatten bisher ausschließlich mit Beispielen der »symmetrischen« Häufigkeitsverteilungen zu tun, die in Naturwissenschaft, Technik und kaufmännischen statistischen Aufgaben oft vorkommen. Bei diesen sind die Werte kleinerer Häufigkeiten mehr oder weniger in absteigenden Folgen um die häufigsten Werte platziert, was zur Folge hat, dass die Grafiken in etwa die Form einer gleichmäßigen auf- und absteigenden Treppe haben. Das muss jedoch nicht immer so sein, wie das Histogramm in Abbildung 1.7 mit den Übernachtungszahlen zeigt. Hierbei liegt eine unsymmetrische, so genannte »schiefe« Verteilung der Häufigkeiten vor.

Absolute und relative Summenhäufigkeit

Wenn Sie die absoluten und relativen Häufigkeiten der Werte einer Stichprobe kennen, so können Sie schon Aussagen über die Auftretenswahrscheinlichkeit dieser Werte machen.

Aus dem Histogramm »Füllmengen von Lagerfettdosen« (Abbildung 1.1) oder aus Tabelle 1.6 können Sie zum Beispiel ablesen, dass 13,75 % der Messungen das Ergebnis 123 ml erbrachten. Das ist aber noch nicht alles. Sie können beispielsweise auch die Frage beantworten, welcher Teil der Produktion Befüllungen von weniger als 123 ml aufweist. Dazu müssen Sie einfach die Häufigkeiten der Werte, die kleiner als 123 ml sind, addieren. Man spricht dann von der absoluten und der relativen Summenhäufigkeit.

Bei den Lagerfettdosen berechnet sich die absolute Summenhäufigkeit der Werte, die kleiner als 123 ml sind, so:

$$1 + 0 + 1 + 3 + 2 + 4 + 7 + 9 = 27$$

und entsprechend die relative Summenhäufigkeit:

$$1,25\% + 0\% + 1,25\% + 3,75\% + 2,5\% + 5\% + 8,75\% + 11,25\% = 33,75\%$$

Entsprechend berechnet sich dann zum Beispiel die relative Summenhäufigkeit der Werte 123 ml und größer:

$$13,75\% + 16,25\% + 11,25\% + 10\% + 5\% + 3,75\% + 3,75\% + 2,5\% = 66,25\%$$

Oder auch: $100\% - 33,75\% = 66,25\%$

Beobachtungen
und Messwerte
systematisch
darstellen

Tabelle 1.9 zeigt nun die absoluten und relativen Summenhäufigkeiten, die durch die fortlaufende Addition der absoluten bzw. relativen Häufigkeiten berechnet wurden.

Tabelle 1.9: Häufigkeiten und Summenhäufigkeiten der Füllmengen von Lagerfettdosen

Füllmenge [ml]	Absolute Häufigkeit	Relative Häufigkeit [%]	Absolute Summenhäufigkeit	Relative Summenhäufigkeit [%]
115	1	1,25	1	1,25
116	0	0	1	1,25
117	1	1,25	2	2,50
118	3	3,75	5	6,25
119	2	2,50	7	8,75
120	4	5,00	11	13,75
121	7	8,75	18	22,50
122	9	11,25	27	33,75
123	11	13,75	38	47,50
124	13	16,25	51	63,75
125	9	11,25	60	75,00
126	8	10,00	68	85,00
127	4	5,00	72	90,00
128	3	3,75	75	93,75
129	3	3,75	78	97,50
130	2	2,50	80	100,00
	80	100,0		

Wollen Sie Ihre Berechnung kontrollieren, so ist folgende Erkenntnis wichtig: Der letzte Wert in der Spalte »absolute Summenhäufigkeit« muss die Gesamtanzahl der Messungen darstellen. Entsprechend muss der letzte Wert der »relativen Summenhäufigkeiten« 1 bzw. 100 % sein.

Die Summenhäufigkeiten lassen sich auch grafisch als so genannte Summenhäufigkeitsfunktion oder Verteilungsfunktion darstellen. Abbildung 1.8 zeigt eine typische Treppenfunktion.

Auch hier hat die relative Summenhäufigkeit weit größere praktische Bedeutung als die absolute Summenhäufigkeit, da Sie damit Stichproben verschiedenen Umfangs weit besser miteinander vergleichen können.

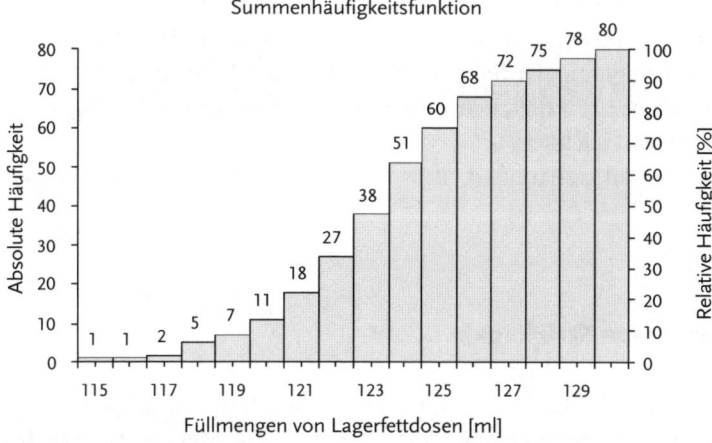

Abbildung 1.8: Summenhäufigkeiten der Füllmengen von Lagerfettdosen
(Zahlenwerte sind absolute Summenhäufigkeiten)

Ablesebeispiel

Die Kunden unserer Lagerfettdosen erwarten entsprechend der Beschriftung auf dem Deckel eine Nettobefüllung von (mindestens) 125 ml. Welcher Anteil der Dosen wird entsprechend den Ergebnissen unserer Stichprobe diese Mindestmenge von 125 ml nicht erreichen und damit eventuell zu Reklamationen führen?

Liest man die absolute Summenhäufigkeit des Wertes »links von 125 ml« aus Abbildung 1.8 ab, so erhält man: 51 Lagerfettdosen sind unterfüllt. Dies entspricht einer relativen Summenhäufigkeit von 63,75 % entsprechend Tabelle 1.9. Es müsste also schleunigst die Einstellung der Abfüllanlage geändert werden, da sonst der Verdacht des Betruges entstehen könnte!

Klassierung – wir stecken die Messdaten in Schubladen

Im bisherigen Beispiel, der Stichprobe der Füllmengen von Lagerfettdosen aus den vorangegangenen Kapiteln, konnten Sie für Messwerte im Bereich von 115, 116 ... 130 ml verschiedene Häufigkeiten beobachten und zählen. Dass keine Zwischenwerte wie zum Beispiel 117,4 ml beobachtet werden konnten, lässt sich durch die Genauigkeit der Messeinrichtung erklären. Nehmen Sie einmal an, dass diese die nur ganze ml messen kann. Wäre es möglich gewesen, auch Zwischenwerte zu messen, so können Sie

35

Beobachtungen
und Messwerte
systematisch
darstellen

sich sicher vorstellen, dass dann viele verschiedene Werte 117,4 ml, 117,5 ml, 117,6 ml usw. zu verzeichnen wären. Diese wären dann je nach Messgenauigkeit mit viel geringeren Häufigkeiten als in Tabelle 1.9 vertreten. Die grafische Darstellung der Häufigkeiten ergäbe ein breit gezogenes Histogramm von geringer Anschaulichkeit.

Dieser Sachverhalt soll anhand eines weiteren Beispiels verdeutlicht werden:

Durchmesser von Stahlkugeln

Das Histogramm in Abbildung 1.9 zeigt die absoluten Häufigkeiten der Durchmesser von 60 Stahlkugeln (Lagerkugeln). Die Messwerte sind im Bereich von 9,86 mm bis 10,36 mm so verteilt, dass nur kleine Häufungen zu beobachten sind. Manche (denkbaren) Werte kommen überhaupt nicht vor. Sie haben die Häufigkeit 0.

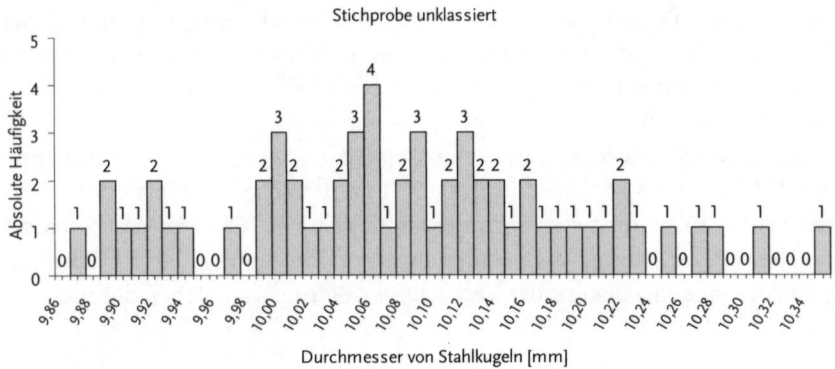

Abbildung 1.9: Das Histogramm der unklassierten Stichprobe ist wegen der vielen möglichen Zwischenwerte recht unübersichtlich

Mehr Übersichtlichkeit erreichen Sie, wenn Sie die Messwerte zu so genannten Gruppen oder Klassen zusammenfassen. Dabei werden die Häufigkeiten nicht einzelnen Kugeldurchmessern, sondern Durchmesserbereichen (Intervallen) zugeordnet. Tabelle 1.10 zeigt eine mögliche Einteilung für unser Beispiel in 10 gleich große Intervalle, die durch die unteren bzw. oberen Klassengrenzen definiert sind. Die Anzahl der diesen Klassen zuge-

36

Beobachtungen und Messwerte systematisch darstellen

ordneten Werte nennt man die absolute Klassenhäufigkeit. Entsprechend ergeben sich die relativen Klassenhäufigkeiten durch Division der absoluten Klassenhäufigkeiten durch den Stichprobenumfang.

Tabelle 1.10: Durchmesser von Stahlkugeln: Klassierte Stichprobe mit 10 Klassen

Durchmesser von Stahlkugeln [mm] : Klassierte Stichprobe

Klassen-Nr.	Untere Klassengrenze [mm]	Obere Klassengrenze [mm]	Klassenmitte [mm]	Absolute Klassenhäufigkeit	Relative Klassenhäufigkeit
1	9,85	9,90	9,875	4	0,067
2	9,90	9,95	9,925	5	0,083
3	9,95	10,00	9,975	6	0,100
4	10,00	10,05	10,025	9	0,150
5	10,05	10,10	10,075	11	0,183
6	10,10	10,15	10,125	10	0,167
7	10,15	10,20	10,175	6	0,100
8	10,20	10,25	10,225	5	0,083
9	10,25	10,30	10,275	2	0,033
10	10,30	10,35	10,325	2	0,033
				60	1,000

Bei der Klassierung kann es – wie auch im Beispiel – vorkommen, dass Werte genau auf die Klassengrenzen fallen. Für diesen Fall hätten Sie die Möglichkeiten, solche Werte entweder der kleineren oder der größeren Klasse zuzuordnen. Oder Sie rechnen sie je zur Hälfte beiden Klassen zu. Welche der Möglichkeiten Sie wählen, ist meist zweitrangig, es muss nur einheitlich eine der drei Methoden angewandt werden. Für die Beispiele rechnen wir Werte, die auf Klassengrenzen fallen, jeweils der nächst niedrigeren Klasse zu. MS Excel verfährt in gleicher Weise.

Das Histogramm der klassierten Werte in Abbildung 1.10 ist nun recht ansehnlich geworden. Doch dürfen Sie eines nicht vergessen: Nach der Klassierung ist die Zuordnung der Häufigkeiten zu den Werten nicht mehr vorhanden. Man tut so, als ob die einer Klasse zugeteilten Werte in der zugehörigen Klassenmitte liegen würden. Sie haben also die größere Anschaulichkeit mit einem Informationsverlust erkauft. Dieser Verlust ist umso höher, je größer die Intervalle gewählt bzw. je weniger Klassen gebildet werden.

Beobachtungen und Messwerte systematisch darstellen

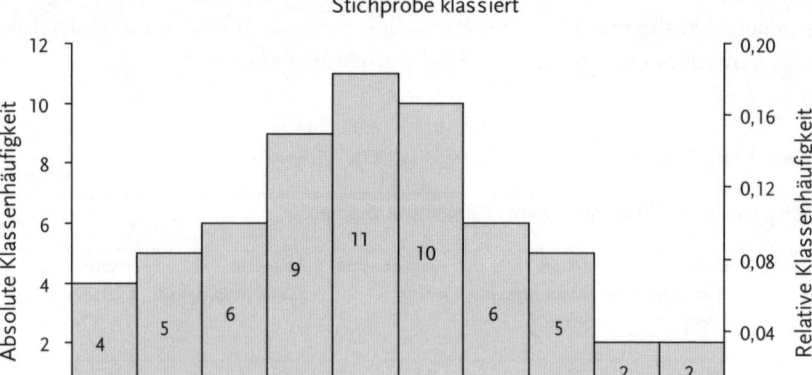

Stichprobe klassiert

Klassenmitten: Durchmesser von Stahlkugeln [mm]

Abbildung 1.10: Durchmesser von Stahlkugeln: Histogramm der klassierten Stichprobe (Zahlenwerte sind die absoluten [Klassen-]Häufigkeiten)

Wie werden Klassen in der Praxis definiert?

In der Praxis haben sich für die Wahl der Intervalle der Klassierung einige Regeln bewährt, die Sie in Tabelle 1.11 aufgeführt finden:

Tabelle 1.11: Regeln aus der Praxis zur Klassenbildung

Regeln zur Definition von Klassen
• Intervalle (Klassenbreiten) gleich lang wählen
• Klassengrenzen so wählen, dass sich für die Klassenmitten keine »krummen« Zahlen ergeben
• Anzahl der Klassen zwischen 10 und 20 wählen (abhängig vom Stichprobenumfang)

Beispiel zur Klassierung: Konzentration von Essigsäuren

Ein Kunde bestellt technische Essigsäure mit der Konzentration von 75 Gewichtsprozent (kurz 75%ige Essigsäure). Da die Essigsäure im Produktionsprozess in höherer Konzentration anfällt, muss sie mit Wasser ver-

Beobachtungen
und Messwerte
systematisch
darstellen

dünnt werden. Dabei wird es aber nicht gelingen, die Säure auf eine Konzentration von exakt 75,00 % zu verdünnen. Es ist vielmehr zu erwarten, dass in einem gewissen Bereich auch höhere und niedrigere Konzentrationen erzeugt und gemessen werden. Tabelle 1.12 zeigt eine (geordnete) Stichprobe aus 100 Messungen, die Konzentrationen im Bereich von 74,47 % bis 75,49 % ergab.

Tabelle 1.12: Geordnete Stichprobe von Konzentrationen von Essigsäure

Konzentrationen von Essigsäureproben [Gewichts-%]

74,47	74,56	74,58	74,63	74,66	74,67	74,67	74,69
74,70	74,73	74,76	74,76	74,76	74,77	74,78	74,79
74,75	74,75	74,80	74,80	74,89	74,91	74,95	74,95
74,81	74,84	74,85	74,86	74,87	74,87	74,87	74,89
74,92	74,92	74,92	74,93	74,93	74,94	74,94	74,95
74,96	74,96	74,97	74,98	74,98	74,98	74,99	74,99
75,00	75,00	75,02	75,02	75,03	75,03	75,03	75,04
75,00	75,01	75,05	75,05	75,10	75,12	75,17	75,18
75,06	75,07	75,07	75,08	75,09	75,09	75,10	75,10
75,13	75,13	75,14	75,14	75,14	75,15	75,16	75,17
75,19	75,20	75,20	75,22	75,23	75,23	75,24	75,25
75,27	75,27	75,32	75,34	75,35	75,37	75,38	75,42
75,28	75,29	75,44	75,49				

Wegen der angenommenen hohen Analysengenauigkeit sind fast alle gemessenen Werte zahlenmäßig verschieden – die Häufigkeiten liegen im Bereich zwischen 0 und 3. Die grafische Darstellung dieser Häufigkeiten würde deshalb wenig zur Übersicht über diese Stichprobe beitragen.

Aus diesem Grund ist es sinnvoll, hier eine Klasseneinteilung vorzunehmen. Die Einteilung in 11 Klassen entsprechend Tabelle 1.13 scheint willkürlich, erweist sich aber für den betreffenden Wertebereich der Konzentration als nicht ungeschickt. Die Klassenobergrenzen sind jeweils identisch mit den Klassenuntergrenzen der folgenden Klasse, Werte, die auf Klassengrenzen fallen, werden der niedrigeren Klasse zugerechnet.

Tabelle 1.13: Klassenbildung und Häufigkeiten (Konzentrationen von Essigsäure)

Konzentrationen von Essigsäureproben [Gewichts-%]

Klassen-Nr.	Untere Klassengrenze [Gewichts-%]	Obere Klassengrenze [Gewichts-%]	Klassenmitte [Gewichts-%]	Absolute Klassenhäufigkeit	Relative Klassenhäufigkeit
1	74,45	74,55	74,50	1	0,01
2	74,55	74,65	74,60	3	0,03
3	74,65	74,75	74,70	8	0,08
4	74,75	74,85	74,80	11	0,11
5	74,85	74,95	74,90	17	0,17
6	74,95	75,05	75,00	20	0,20
7	75,05	75,15	75,10	16	0,16
8	75,15	75,25	75,20	12	0,12
9	75,25	75,35	75,30	7	0,07
10	75,35	75,45	75,40	4	0,04
11	75,45	75,55	75,50	1	0,01
				100	1,00

Abbildung 1.11 zeigt das zugehörige Histogramm auf Basis der relativen Klassenhäufigkeiten.

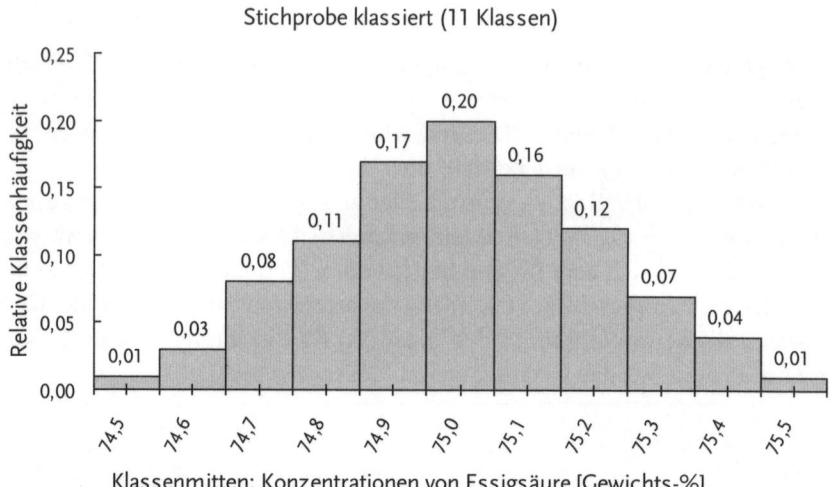

Abbildung 1.11: Histogramm der klassierten Stichprobe der Konzentrationen von Essigsäure

2
Kennzahlen von Stichproben und Häufigkeitsverteilungen – Mitten und Streuungen

In der beschreibenden Statistik dienen Kennzahlen von Stichproben und Verteilungen in erster Linie dazu, diese zu charakterisieren. Außerdem werden anhand von Kennzahlen qualifizierte Vergleiche von Stichproben und Verteilungen erst möglich. In der beurteilenden Statistik bilden die Kennzahlen die Basis für verschiedene mathematisch-statistische Verfahren – zum Beispiel den statistischen Test. Beispiele für Kennzahlen sind Mittelwerte, Streuungsmaße und weitere Charakteristika von Häufigkeitsverteilungen (Schiefe, Spannweite etc.)

Im Folgenden werden Ihnen nun anhand von Beispielen die in der Praxis am meisten benötigten Kennzahlen vorgestellt. Dies sind

- arithmetischer Mittelwert (arithmetisches Mittel)
- geometrischer Mittelwert (geometrisches Mittel)
- Medianwert
- Varianz und Standardabweichung

Der arithmetische Mittelwert – nur Durchschnitt, aber wichtig

Die Berechnung des arithmetischen Mittels ist uns aus der Schule geläufig. Dort werden regelmäßig Noten-»Durchschnitte« berechnet. Hierbei addieren wir alle Noten und teilen anschließend die Summe durch die Anzahl der Noten. Dies wird in der Mathematik und Statistik als das arithmetisches Mittel bezeichnet: Summe der Einzelwerte durch Anzahl der Werte.

41

Kennzahlen von
Stichproben und
Häufigkeits-
verteilungen –
Mitten und
Streuungen

Beispiel 1: Schulnoten

Wenn Sie zum Beispiel für die Noten 2, 3, 3, 5, 4 und 1 den Durchschnitt ermitteln wollen, addieren Sie zuerst die Werte und teilen das Ergebnis durch deren Anzahl, in unserem Fall durch 6. Sie schreiben:

$$\bar{x} = \frac{2+3+3+5+4+1}{6} = 3$$

Das x mit dem Querstrich ist das in der Statistik gängige Symbol für den arithmetischen Mittelwert und spricht sich »x-quer«.

Die Formel für das arithmetische Mittel schreibt sich wie folgt:

$$\bar{x} = \frac{1}{n}(x_1 + x_2 + \dots + x_n) = \frac{1}{n}\sum_{i=1}^{n} x_i$$

x_1, x_2 bis x_n sind die Einzelwerte, im statistischen Sprachgebrauch die Beobachtungen aus den Stichproben oder der Grundgesamtheit. Die Schreibweise mit der Summenformel Σ ist so zu lesen: Zu bilden ist die Summe aller Einzelwerte x_i, wobei der Index i von 1 (1. Wert) bis n (letzter Wert) läuft. n ist die Anzahl der Werte. Für den Umgang mit der Summenformelschreibweise erhalten Sie im Anhang weitere Hinweise.

Eine Eigenschaft des arithmetischen Mittels sehen Sie leicht anhand der Rechenregel ein: Die Reihenfolge, in der die Stichprobenwerte addiert werden, ist unerheblich.

Als nächstes geht es nun bei einem weiteren Beispiel darum, welche »Benennung« das arithmetische Mittel hat.

Beispiel 2: Mittlere Temperaturen

An einem Ferienort wurden an acht aufeinander folgenden Tagen im Monat August die Tageshöchsttemperaturen gemessen. Welche mittlere Tageshöchsttemperatur ergibt sich daraus?

Tabelle 2.1: Stichprobenwerte mit Benennung Grad Celsius

Tageshöchsttemperaturen [°C]							
28	30	27	31	31	29	26	26

Kennzahlen von
Stichproben und
Häufigkeits-
verteilungen –
Mitten und
Streuungen

Die Stichprobenwerte, in diesem Beispiel Temperaturen, sind nicht dimensionslos, sondern tragen die Benennung Grad Celsius. Wenn Sie nun das arithmetische Mittel nach unserer Formel bilden, müssen Sie schreiben:

$$\bar{x} = \frac{1}{n}(x_1 + x_2 + ... + x_n) =$$
$$\frac{1}{8}(28\,°C + 30\,°C + 27\,°C + 31\,°C + 31\,°C + 29\,°C + 26\,°C + 26\,°C) = \frac{1}{8}\,228\,°C = 28{,}5\,°C$$

Am Ergebnis sehen Sie, dass das arithmetische Mittel dieselbe Dimension (Benennung) wie die Einzelwerte hat. Der Zahlenwert 28,5 definiert die »Lage« eines gedachten durchschnittlichen Wertes auf der Temperaturskala.

Anhand eines weiteren Zahlenbeispiels lässt sich die Aussage, die uns der arithmetische Mittelwert liefert, weiter erläutern:

Beispiel 3: Füllhöhen von Glasröhren

Drei Glasröhren sind mit einer Flüssigkeit gefüllt. Die drei Absperrhähne seien zunächst geschlossen; es ergeben sich die Füllhöhen x_1 bis x_3 in cm entsprechend Tabelle 2.2.

Tabelle 2.2: Stichprobe zur Veranschaulichung des arithmetischen Mittels

Füllhöhen von Glasröhren [cm]		
x_1	x_2	x_3
24	18	30

Werden die Ventile geöffnet, so stellt sich in diesem System der verbundenen Gefäße der Gleichstand der Füllhöhen (Abbildung 2.1) ein. Dieser neue Pegelstand $\bar{x}$ entspricht dem arithmetischen Mittelwert der vorherigen Pegel x_1, x_2 und x_3

43

Kennzahlen von
Stichproben und
Häufigkeits-
verteilungen –
Mitten und
Streuungen

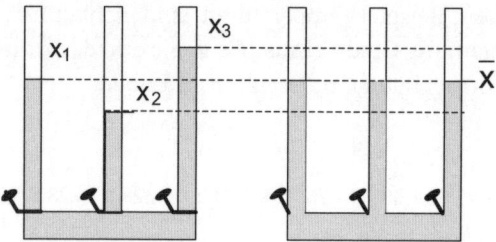

Abbildung 2.1: Physikalische Veranschaulichung des arithmetischen Mittels

Das arithmetische Mittel berechnet sich nach:

$$\bar{x} = \frac{1}{3}(24 + 18 + 30)\ cm = \frac{1}{3}(72)\ cm = 24\ cm$$

Hier beschreibt das arithmetische Mittel einen physikalischen Gleichgewichtszustand.

Wenn Sie die Häufigkeiten des Auftretens der Einzelwerte von Stichproben in Form eines Histogramms darstellen, werden Sie sehen, dass der Mittelwert ein Maß für die Lage der Werte mit den größten Häufigkeiten ist. Er hat als so genannter Lageparameter bei der Betrachtung von Häufigkeitsverteilungen (Wahrscheinlichkeitsverteilungen) große Bedeutung. Dies insbesondere bei eingipfligen Verteilungen (Verteilungen mit nur einem Maximum) und annähernd symmetrischen Verteilungen. Ein prominentes Beispiel, das im weiteren Verlauf des Buches noch genauer untersucht werden wird, ist die Gauß'sche Normalverteilung: Der arithmetische Mittelwert beschreibt dabei die Lage der größten Häufigkeit, die sich bei dieser symmetrischen Verteilung genau »in der Mitte« der Glockenkurve befindet.

Beispiel 4: Mittelwert der Positionierzeit für den Schreib-/Lesekopf einer Festplatte

Für einen PC-Festplattentyp wurden die Zeiten gemessen, die zur Positionierung des Schreib-/Lesekopfes notwendig sind. Dies für den Fall, dass der Kopf den größten möglichen Weg zurücklegen muss. Zu berechnen ist der arithmetische Mittelwert der Stichprobe entsprechend Tabelle 2.3.

Kennzahlen von
Stichproben und
Häufigkeits-
verteilungen –
Mitten und
Streuungen

Tabelle 2.3: Positionierzeiten des Schreib-/Lesekopfes bei maximalen Wegen

Positionierzeiten des Kopfes einer Festplatte [ms]

x_1	x_2	x_3	x_4	x_5	x_6	x_7
3,1	3,2	3,1	3,4	2,8	3,0	3,1

Das arithmetische Mittel berechnet sich folgendermaßen:

$$\bar{x} = \frac{1}{7}(3,1 + 3,2 + 3,1 + 3,4 + 2,8 + 3,0 + 3,1)\ ms = \frac{1}{7}(21,7)\ ms = 3,1\ ms$$

Arithmetischer Mittelwert im Überblick: Rechenregel und Eigenschaften

Tabelle 2.4 zeigt zusammenfassend die Rechenregel und Eigenschaften des arithmetischen Mittelwerts.

Tabelle 2.4: Der arithmetische Mittelwert (Durchschnitt)

Arithmetischer Mittelwert $\bar{x}$: Rechenregel und Eigenschaften

Rechenregel:
Summieren Sie alle Einzelwerte (Beobachtungen) auf und teilen Sie das Ergebnis durch die Anzahl der Werte. $\bar{x} = \frac{1}{n}(x_1 + x_2 + ... + x_n) = \frac{1}{n}\sum_{i=1}^{n} x_i$

Eigenschaften:
- Definiert die Lage des durchschnittlichen Wertes
- Bei eingipfligen, annähernd symmetrischen Verteilungen anwenden
- Hat die Dimension der Einzelwerte
- Reihenfolge der Einzelwerte ist unerheblich

Hinweis: Bisher wurde in diesem Buch der Mittelwert mit der Bezeichnung $\bar{x}$ benutzt. Diese Nomenklatur ist üblich, um den Mittelwert von Stichproben anzuzeigen. Für den Mittelwert der Grundgesamtheit wird der griechische Buchstabe μ benutzt. Die Definition des Mittelwertes der Grundgesamtheit schreibt sich nun folgendermaßen:

$$\mu = \frac{1}{n}(x_1 + x_2 + ... + x_n) = \frac{1}{n}\sum_{i=1}^{n} x_i$$

45

Kennzahlen von
Stichproben und
Häufigkeits-
verteilungen –
Mitten und
Streuungen

Der geometrische Mittelwert – mittlere Zuwachsraten

In der Statistik hat der im vorigen Kapitel behandelte arithmetische Mittelwert als rechnerischer Durchschnitt der Werte der Stichprobe oder der Grundgesamtheit die größte Bedeutung.

Es gibt aber Fälle, in denen das arithmetische Mittel nicht die gewünschte Aussage über die »Mitte« liefert. Viele Anwendungen hierfür finden sich in der Wirtschafts- und Sozialstatistik, wo es um die Beurteilung von Zuwachsraten geht. Denken Sie etwa daran, mittlere Zunahmen von Umsätzen, Bevölkerungszahlen oder bestimmten Zivilisationskrankheiten als Zahlenwerte auszudrücken, so werden Sie sehen, dass dafür das arithmetische Mittel ungeeignet, ja sogar falsch ist.

Dies lässt sich leichter anhand eines Beispiels erklären.

Beispiel: Mittlerer Zuwachs der Umsätze einer Firma

Eine Firma möchte ihr Umsatzwachstum für einen Werbeprospekt in Form eines Zahlenwertes ausdrücken. Der Werbemanager hat dafür die Zahlen entsprechend Tabelle 2.5 zusammengestellt.

Tabelle 2.5: Das arithmetische Mittel ist ungeeignet, um die Umsatzentwicklung auszudrücken

Jahr	Umsatz [Mio. €]	Umsatz/Umsatz Vorjahr	Umsatz berechnet [Mio. €]
1	210		
2	269	1,281	227
3	272	1,011	245
4	281	1,033	264
5	298	1,060	286
6	302	1,013	308
Arithmetisches Mittel:		1,07982	

Als Maßzahl für den Zuwachs des Umsatzes hat der Werbemann in der dritten Spalte jeweils den Umsatz des aktuellen Jahres durch den Umsatz des Vorjahres dividiert. Aus diesen Verhältniszahlen bildet er den arithmetischen Mittelwert und erhält 1,07982. Daraus schließt er dann, dass sein durchschnittliches jährliches Umsatzwachstum 7,982 % beträgt und veröffentlicht diesen Wert in seiner Werbebroschüre.

46

Kennzahlen von
Stichproben und
Häufigkeits-
verteilungen –
Mitten und
Streuungen

Hierbei macht er allerdings einen entscheidenden Fehler. In der vierten Spalte von Tabelle 2.5 ist dies abzulesen: Rechnet er nämlich die Umsätze beginnend mit dem 1. Jahr mit dieser mittleren Zuwachsrate von Jahr zu Jahr weiter, so ergibt sich für das 6. Jahr ein Umsatz von 308 Mio. €, also viel mehr, als der Wirklichkeit entspricht!

Um diese Falle zu umgehen, braucht der Werbemanager für seine Aufgabe eine andere Art der Mittelwertberechnung. Beim so genannten *geometrischen Mittelwert* wird er fündig. Dieser ist nämlich für die Darstellung mittlerer Zuwachsraten geeignet. Seine Definition ist wie folgt:

$$\bar{x}_g = \sqrt[n]{x_1 \cdot x_2 \cdot x_3 \cdot \ldots \cdot x_n}$$

Für unser Beispiel müssen Sie die fünfte Wurzel aus dem Produkt der Zuwachsraten ziehen, also

$$\bar{x}_g = \sqrt[5]{1,281 \cdot 1,011 \cdot 1,033 \cdot 1,060 \cdot 1,013} = 1,07537$$

Wenn Sie nun mit diesem Mittelwert die Umsätze entsprechend Tabelle 2.6 Jahr für Jahr hochrechnen, so erhalten Sie im 6. Jahr als berechneten Wert genau den tatsächlichen Umsatz.

Tabelle 2.6: Mit dem geometrischen Mittel lässt sich die Umsatzentwicklung korrekt ausdrücken

Jahr	Umsatz [Mio. €]	Umsatz/Umsatz Vorjahr	Umsatz berechnet [Mio. €]
1	210		
2	269	1,281	226
3	272	1,011	243
4	281	1,033	261
5	298	1,060	281
6	302	1,013	302
Geometrisches Mittel:		1,07537	

Die mathematische Grundlage dieser Berechnungen mit dem geometrischen Mittel bildet die Zinseszinsrechnung, auf die hier aber nicht näher eingegangen werden soll.

Ein Anwendungsbeispiel für das geometrische Mittel in der Statistik ist die Berechnung des Korrelationskoeffizienten. Dies finden Sie im Kapitel Regressionsrechnung näher beschrieben.

Kennzahlen von Stichproben und Häufigkeitsverteilungen – Mitten und Streuungen

Geometrischer Mittelwert im Überblick:
Rechenregel und Eigenschaften

Tabelle 2.7 zeigt zusammenfassend die Rechenregel und Eigenschaften des geometrischen Mittelwerts.

Tabelle 2.7: Der geometrische Mittelwert

Geometrischer Mittelwert $\bar{x}_g$: Rechenregel und Eigenschaften
Rechenregel: Multiplizieren Sie alle n Einzelwerte (Beobachtungen) und ziehen Sie aus dem Produkt die n-te Wurzel: $\bar{x}_g = \sqrt[n]{x_1 \cdot x_2 \cdot x_3 \cdot \ldots \cdot x_n}$
Eigenschaften: • Definiert mittlere Zuwachsraten (durchschnittliche Zunahmen)   • Hat die Dimension der Einzelwerte   • Die Reihenfolge der Einzelwerte ist unerheblich

Der Median – der ›mittlere‹ Wert

Die folgenden Beispiele zeigen verschiedene Anwendungsfälle für eine weitere Art des Mittelwertes:

Beispiel 1: Zufriedenheit von Reiseteilnehmern

In einem Touristikunternehmen werden nach der Durchführung von sieben Reisen die Zufriedenheit der Teilnehmer abgefragt und daraus dimensionslose Kennzahlen entsprechend Tabelle 2.8 gebildet.

Der Veranstalter möchte nun wissen, welche der Reisen 1 bis 7 die Mitte der Stichprobe bildet, so dass gleich viele Werte größer und gleich viele Werte kleiner als dieser mittlere Wert sind. Es ist leicht zu erkennen, dass der Wert x_4 diese Anforderungen erfüllt. Man nennt diesen Wert den Median, Medianwert oder Zentralwert und bezeichnet ihn üblicherweise mit $\tilde{x}$ (lies x-Schlange).

Tabelle 2.8: Geordnete Messreihe oder Stichprobe (Medianwert für n ungerade)

Kennzahlen für Kundenzufriedenheit

x_1	x_2	x_3	x_4	x_5	x_6	x_7
9	10	10	12	13	15	16

Der Medianwert macht seinem Namen wirklich Ehre, denn er ist ja augenscheinlich der mittlere Wert – er »halbiert« die Messreihe. Dies gilt natürlich nur unter der Voraussetzung, dass die Stichprobe geordnet ist. Das heißt, es muss gelten:

$$x_1 \leq x_2 \leq ... \leq x_n$$

Für unser Beispiel lesen wir als Median ab: $\tilde{x} = x_4 = 12$.

Für das in Tabelle 2.8 genannte Zahlenmaterial mit ungerader Anzahl von Werten war die Frage nach dem Zentralwert leicht zu beantworten. Wie sieht das nun für eine Stichprobe entsprechend Tabelle 2.9 aus, wenn der Stichprobenumfang n= 6, also geradzahlig ist?

Tabelle 2.9: Geordnete Messreihe oder Stichprobe (Medianwert für n gerade)

Kennzahlen für Kundenzufriedenheit

x_1	x_2	x_3	x_4	x_5	x_6
9	10	10	12	13	15

Bei diesem Fall tritt das Problem auf, dass wegen der Geradzahligkeit des Stichprobenumfangs kein eigentlicher mittlerer Wert existiert. Sie könnten sich aber damit behelfen, dass Sie die beiden Werte der Mitte x_3 und x_4 heranziehen und deren arithmetischen Mittelwert als Medianwert definieren:

$$\tilde{x} = \frac{x_3 + x_4}{2} = \frac{10 + 12}{2} = 11$$

Kennzahlen von Stichproben und Häufigkeitsverteilungen – Mitten und Streuungen

Beispiel 2: Körpergrößen in einer Jugendmannschaft von Basketballspielern

Die Körpergrößen der Spieler und Ersatzspieler einer Basketball-Jugendmannschaft wurden entsprechend Tabelle 2.10 gemessen. Zu ermitteln sind der Medianwert und der arithmetische Mittelwert. Wie lässt sich der Unterschied dieser Kennwerte interpretieren?

Tabelle 2.10: Ungeordnete Messreihe

Körpergrößen [cm]							
145	140	138	184	143	145	178	147

Zur Berechnung des Medianwerts müssen Sie die Messreihe zunächst der Größe nach ordnen und erhalten die Werte in Tabelle 2.11

Tabelle 2.11: Geordnete Messreihe zur Bestimmung des Medians

Körpergrößen [cm]							
x_1	x_2	x_3	x_4	x_5	x_6	x_7	x_8
138	140	143	145	145	147	178	184

Als Median berechnen Sie

$$\tilde{x} = \frac{x_4 + x_5}{2} = \frac{145 + 145}{2} = 145$$

Der arithmetische Mittelwert berechnet sich zu

$$\bar{x} = \frac{1}{n} \sum_{i=1}^{n} x_i = \frac{1}{8}(138 + 140 + 143 + 145 + 145 + 147 + 178 + 184) = 152,5$$

Sie sehen also, dass der arithmetische Mittelwert in diesem Beispiel größer ist als der Medianwert. Dies liegt daran, dass die Zahlenwerte des Beispiels eine stärkere Häufung im unteren Bereich aufweisen. Es gibt viele kleine, wenig mittelgroße und zwei sehr große Spieler in der Mannschaft.

Es ist offensichtlich, dass es auf die zu vermittelnde »Botschaft« ankommt, ob Sie den arithmetischen Mittelwert oder den Medianwert angeben. Dies wird bei Präsentationen oder Medienberichten auch gerne genutzt: Je nachdem, was beim Zuhörer oder Leser erreicht werden soll, wird der eine oder der andere Mittelwert aus der Tasche gezogen. Wollen Sie dem Gegner des nächsten Basketballspiels beispielsweise Angst machen, dann nennen Sie den arithmetischen Mittelwert der Körpergröße der Spieler und sagen noch dazu, dass einige Spieler über 177 cm groß sind. Wollen Sie »untertreiben«, so nennen Sie den Medianwert der Körpergrößen 145 cm.

Linkssteile und rechtssteile Verteilungen

Bei Verteilungen wie im Beispiel der jungen Basketballspieler, bei denen der arithmetische Mittelwert zu hohe Werte ergibt, ist der Median sicher der »richtigere« Mittelwert. Weitere Beispiele solcher so genannter linkssteiler Verteilungen sind die Einkommen in einem Land (die meisten verdienen weniger als der Durchschnitt) und die Verteilung der Lebensalter bei der Eheschließung.

Typische rechtssteile Verteilungen sind die Tragezeit bei Säugetieren und der Kopfumfang von Neugeborenen.

Tabelle 2.12 zeigt zusammenfassend die Rechenregel und Eigenschaften des Median.

Tabelle 2.12: Der Median(wert) oder Zentralwert

Median(wert) oder Zentralwert $\tilde{x}$: Rechenregel und Eigenschaften

Rechenregel:
Schreiben Sie die Werte nach Größe sortiert auf (geordnete Stichprobe).
Der Median ist für
– n ungerade:
  der Wert, der übrig bleibt, wenn Sie paarweise die jeweils größten und kleinsten Werte der Messreihe streichen
– n gerade:
  der arithmetische Mittelwert der beiden Werte, die nach dem paarweisen Streichen der jeweils kleinsten und größten Werte übrig bleiben.

Eigenschaften:
- »Halbiert« die (geordnete) Messreihe
- Praktisch, weil nur gezählt und nicht gerechnet werden muss
- Anwendung bei
  – wenigen Beobachtungen
  – asymmetrischen Verteilungen
  – dem Verdacht auf Ausreißer
- Definiert die Lage des durchschnittlichen Wertes
- Hat die Dimension der Einzelwerte

51

Kennzahlen von
Stichproben und
Häufigkeits-
verteilungen –
Mitten und
Streuungen

Varianz und Standardabweichung – die ›Streuung‹ von Messwerten

Die bisher behandelten Mittelwerte, insbesondere der arithmetische Mittelwert, sind die wohl am häufigsten verwendeten Kennzahlen in der Statistik. Leider jedoch haben sie sich – wohl deshalb, weil ihre Ermittlung sehr einfach ist – zur »Universalgröße« für laienhaften statistischen Zahlenzauber und falsche Schlüsse entwickelt. Überlegen Sie sich einmal, ob es denn ausreichend ist, das Leistungsbild einer Schulklasse durch Angabe von Zeugnisdurchschnitten (Mittelwert) darzustellen? Reicht es aus, zur Qualitätssicherung in Produktionsprozessen die Einhaltung von Toleranzen durch Stichprobenmittelwerte zu überwachen? Dass dem nicht so ist, soll anhand des folgenden Beispiels gezeigt werden.

Beispiel 1: Quadratsummen der Füllmengen von Lackfässern

Ein Automobilhersteller bezieht von zwei Lieferanten Lacke in Fässern, die mit jeweils 50 kg Lack gefüllt sein sollen. Im Rahmen der Eingangsprüfung sollen die korrekten Füllmengen durch Stichproben überprüft werden. Ziel ist dabei zum einen die Erkennung eventueller Unterfüllungen. Zum anderen aber ist – begründet durch die Technologie des sich anschließenden Mischprozesses – auch eine Überfüllung nicht erwünscht. Die Prüfanweisung schreibt deshalb vor, die Füllmengen von jeweils fünf Fässern pro Lieferung durch Wiegen zu ermitteln und die Mittelwerte zu bilden. Bei den Lieferungen der Hersteller A und B wurden Werte entsprechend Tabelle 2.13 gemessen bzw. berechnet.

Tabelle 2.13: Zwei Stichproben mit demselben arithmetischen Mittelwert

	Füllmengen Lack [kg]	
	x_i	
i	A	B
1	50,48	51,59
2	50,89	47,97
3	50,07	50,68
4	49,79	52,38
5	50,27	48,88
Summe	251,50	251,50
Mittelwert	50,30	50,30

Wie Sie sehen, ergeben sich für die beiden Stichproben exakt dieselben Mittelwerte 50,30 kg. Doch schauen Sie sich die Unterschiede der beiden Stichproben etwas genauer an. Die Werte des Lieferanten A liegen ziemlich dicht beieinander und in geringem Abstand zum Mittelwert. Ganz anders die Werte des Zulieferers B. Dort ist die Differenz zwischen kleinstem und größtem Wert deutlich größer. Damit ist offensichtlich, dass zur Beschreibung von Stichproben die Angabe des arithmetischen Mittelwertes keinesfalls ausreicht. Vielmehr wird eine weitere Kenngröße benötigt, um die so genannte »Streuung« der Stichprobenwerte um den Mittelwert zu beschreiben. Dazu eignet sich offenbar ein Wert, der die Abweichung der Einzelwerte x_1, x_2, x_3, ... x_i vom Stichprobenmittelwert $\bar{x}$ beschreibt. Die Abweichungen vom Mittelwert für das Beispiel sind in Tabelle 2.14 in der Spalte $x_i - \bar{x}$ eingetragen:

Tabelle 2.14: Die Abweichung der Einzelwerte x_i vom Mittelwert $\bar{x}$ als Maß für die Streuung

	Füllmengen Lack [kg]			
	x_i		$x_i - \bar{x}$	
i	A	B	A	B
1	50,48	51,59	0,180	1,290
2	50,89	47,97	0,590	−2,330
3	50,07	50,68	−0,230	0,380
4	49,79	52,38	−0,510	2,080
5	50,27	48,88	−0,030	−1,420
Summe	251,50	251,50	0,000	0,000
Mittelwert	50,30	50,30		

Die Idee, die mittlere Abweichung dieser Differenzen als Maß zur Beschreibung der Streuung heranzuziehen, sollten Sie gleich wieder fallen lassen. Denn wie Tabelle 2.14 zeigt, ergibt die Summe der Differenzen der Abweichungen immer Null. Das liegt daran, dass sich positive und negative Summanden bei dieser Addition gegenseitig aufheben. Um dies zu vermeiden, bilden Sie jeweils die Quadrate $(x_i - \bar{x})^2$ dieser Differenzen und addieren diese auf. Die Abweichungsquadrate werden auch als Abstandsquadrate bezeichnet. Die Summen daraus werden in der Statistik Quadratsummen genannt. Tabelle 2.15 enthält die Abstandsquadrate und deren Quadratsummen in den letzten beiden Spalten. Für das Beispiel ergibt sich der Wert 0,6944 für Lieferant A und der Wert 13,580 für Lieferant B.

Kennzahlen von
Stichproben und
Häufigkeits-
verteilungen –
Mitten und
Streuungen

Tabelle 2.15: Die Summe der Abweichungsquadrate $(x_i - \bar{x})^2$ zur Berechnung der Streuung

	Füllmengen Lack [kg]					
	x_i		$x_i - \bar{x}$		$(x_i - \bar{x})^2$	
i	A	B	A	B	A	B
1	50,48	51,59	0,180	1,290	0,0324	1,664
2	50,89	47,97	0,590	−2,330	0,3481	5,429
3	50,07	50,68	−0,230	0,380	0,0529	0,144
4	49,79	52,38	−0,510	2,080	0,2601	4,326
5	50,27	48,88	−0,030	−1,420	0,0009	2,016
Summe	251,50	251,50	0,000	0,000	0,6944	13,580
Mittelwert	50,30	50,30				

Die gesuchte Kennzahl für die Streuung der Werte der Stichprobe wird nun gebildet, indem die Summe der Abweichungsquadrate durch die um 1 verminderte Anzahl der Stichprobenwerte dividiert wird. Die Kennzahl heißt Varianz s^2 der Stichprobe:

$$s^2 = \frac{\sum_{i=1}^{n} (x_i - \bar{x})^2}{n-1}$$

Möchten Sie sich die Aussage dieses Kennwertes praktisch vorstellen, so ist es vielleicht auf den ersten Blick ungewohnt, dass der Wert quadriert angegeben wird. Dies sollte Sie aber zunächst nicht stören. Sie wissen ja, dass die Quadrierung notwendig ist, damit sich positive und negative Abweichungen nicht gegenseitig aufheben. Außerdem tritt durch die Quadrierung noch ein zusätzlicher gewollter Effekt auf, dass nämlich größere Abweichungen zwischen den Einzelwerten und dem Mittelwert die Varianz überproportional beeinflussen.

Um eine anschaulichere Größe der Streuung unserer Stichprobe zu bekommen, ziehen Sie die Quadratwurzel aus der Varianz. Die entstandene Größe wird als Standardabweichung s bezeichnet und hat dieselbe Benennung wie die Einzelwerte und der Mittelwert:

$$s = \sqrt{\frac{\sum_{i=1}^{n} (x_i - \bar{x})^2}{n-1}}$$

Für das Beispiel berechnen sich entsprechend Tabelle 2.16 die Varianzen und Standardabweichungen der Lackmengen für die beiden Lieferanten.

Tabelle 2.16: Berechnung von Varianz und Standardabweichung für Beispiel 1

		Lieferant A	Lieferant B	Maßeinheit
Summe der Abstandsquadrate	$\sum_{i=1}^{n} (x_i - \bar{x})^2$	0,6944	13,580	kg^2
Varianz	$s^2 = \dfrac{\sum_{i=1}^{n} (x_i - \bar{x})^2}{n-1}$	$\dfrac{0,6944}{5-1} = 0,174$	$\dfrac{13,580}{5-1} = 3,395$	kg^2
Standard-abweichung	$s = \sqrt{s^2}$	$\sqrt{0,174} = 0,417$	$\sqrt{3,395} = 1,843$	kg

Das Ergebnis des Beispiels lässt sich nun wie folgt interpretieren: Beide Stichproben haben denselben Mittelwert: Die Fässer der Lieferanten A und B sind im Mittel mit 50,3 kg befüllt. Beim Vergleich der Varianzen und Standardabweichungen fällt aber auf, dass die Lieferungen des Lieferanten A weit weniger »Streuung« aufweisen als die von B. Als Resultat dieser Stichprobenbetrachtung könnten Sie formulieren: Lieferant A erfüllt die Qualitätsanforderungen an geringe Streuung der Füllmengen besser als Lieferant B.

Damit haben Sie also in der Varianz eine wichtige Kennzahl gefunden, um Streuungen zu definieren.

Mittlere Tagestemperatur am Ferienort

Ein weiteres Gedankenspiel soll Ihnen die Begriffe Mittelwert als Lageparameter und Varianz als Parameter für die Streuung nochmals verdeutlichen: Zwei Ferienorte werben in ihrem Prospekt damit, dass die über jeweils 24 Stunden (Tag und Nacht) gemittelte Temperatur in einem bestimmten Monat 19 °C betrage. Beide haben natürlich nachweislich Recht. Nur handelt es sich im einen Fall um eine Region mit gemäßigtem mildem Klima, bei dem die Tages- und Nachttemperaturen unwesentlich von dem genannten Mittelwert abweichen. Im anderen Fall wird für eine Wüstenregion geworben, die am Tag extrem hohe Temperaturen und nachts Frost »anzubieten« hat. In diesem Fall wäre die Angabe eines Wertes für die Streuung der Temperaturen sicher fair und sinnvoll.

Kennzahlen von Stichproben und Häufigkeits-verteilungen – Mitten und Streuungen

Varianz von Stichprobe und Grundgesamtheit

Bei genauerer Betrachtung der Formel zur Berechnung der Varianz als Mittelwert der Abstandsquadrate sehen Sie, dass im Nenner n − 1 steht. Sie dividieren hier also nicht durch den Stichprobenumfang, sondern um 1 weniger. Die Division durch n − 1 ergibt sich aus folgender Überlegung: Es gibt nicht n, sondern nur n − 1 so genannter unabhängiger Differenzen $(x_i − \bar{x})$. Die Summe der Differenzen muss immer null ergeben (Tabelle 2.15). Dies bedeutet, dass eine der Differenzen nicht unabhängig von den anderen ist, d. h. nicht mehr frei gewählt werden kann. Deshalb spricht man hier auch von der Anzahl der Freiheitsgrade f = n − 1.

Diese Überlegungen gelten für die Varianzen s^2 von Stichproben. Zur Berechnung der Varianz der Grundgesamtheit gilt folgende Formel:

$$\sigma^2 = \frac{\sum_{i=1}^{n} (x_i - \mu)^2}{n}$$

Die Varianz σ^2 der Grundgesamtheit berechnet sich aus der Summe der Abweichungsquadrate der Einzelwerte x_i vom wahren Mittelwert μ dividiert durch die Anzahl der Werte n.

Die Standardabweichung σ der Grundgesamtheit berechnet sich zu

$$\sigma = \sqrt{\frac{\sum_{i=1}^{n} (x_i - \mu)^2}{n}}$$

Bei der Betrachtung der Grundgesamtheit rechnen Sie also nicht mit dem Freiheitsgrad n − 1 wie bei der Stichprobe, sondern mit n, der Gesamtanzahl der Werte.

Der Begriff des Freiheitsgrades

Mit dem folgenden Beispiel wird der Begriff des Freiheitsgrades nochmals anschaulich gemacht:

Eine Stichprobe bestehe aus n = 5 Messungen: 4, 3, 2, 5 und 1.

Der Mittelwert beträgt = 3. Da $\bar{x}$ als Schätzung für den wahren Mittelwert μ in die Berechnung von s^2 eingeht, ist dieser Mittelwert = 3 »festgelegt«. Werden aus der Grundgesamtheit andere Stichprobenwerte ausgewählt, so

56

Kennzahlen von
Stichproben und
Häufigkeits-
verteilungen –
Mitten und
Streuungen

muss der Mittelwert = 3 eingehalten werden. Das bedingt, dass nicht mehr $n = 5$ Werte, sondern nur noch 4 Werte frei gewählt werden können. Der 5. Wert muss so gewählt werden, dass der Mittelwert = 3 eingehalten wird. Das bedeutet: die Wahlmöglichkeiten verringern sich durch die Mittelwertbildung um 1; der Freiheitsgrad beträgt $f = n - 1 = 4$.

Die Tatsache, dass bei der Berechnung der Varianz durch $n - 1$ dividiert wird, lässt sich auch so erklären: s^2 als Schätzung für das wahre σ^2 muss größer sein als σ^2. Bei genügend großem Stichprobenumfang muss sich s^2 an σ^2 annähern. Man sagt: Der Erwartungswert von s^2 ist σ^2.

In vielen Veröffentlichungen wird der Unterschied zwischen der Varianz der Stichprobe und der der Grundgesamtheit nur oberflächlich behandelt. Leider wird außerdem die Nomenklatur – lateinische Buchstaben für die Stichprobe, griechische Buchstaben für die Grundgesamtheit – nicht einheitlich gehandhabt. Tabelle 2.18 gibt einen Überblick über die Nomenklatur und die Formeln zu Varianz und Standardabweichung.

Beispiel 2: Die Streuung von pH-Werten

Um das Prinzip der Berechnung von Varianz und Standardabweichung nochmals zu verdeutlichen, können Sie das Beispiel einer Messreihe von 5 pH-Werten (Tabelle 2.17) als Übung zum handschriftlichen Nachrechnen verwenden.

Tabelle 2.17: Summe der Abstandsquadrate zur Berechnung der Varianz

	pH-Werte		
I	x_i	$x_i - \bar{x}$	$(x_i - \bar{x})^2$
1	6,6	−0,4	0,16
2	7,1	0,1	0,01
3	7,4	0,4	0,16
4	7,0	0,0	0,00
5	6,9	−0,1	0,01
Summe	35,0	0,0	0,34
Mittelwert	7,0		

Mit $\bar{x} = 7$ und $n = 5$ berechnen Sie die Varianz der Stichprobe:

57

Kennzahlen von
Stichproben und
Häufigkeits-
verteilungen –
Mitten und
Streuungen

$$s^2 = \frac{\sum\limits_{i=1}^{n} \left(x_i - \bar{x}\right)^2}{n-1}$$

$$= \frac{(6,6-7)^2 + (7,1-7)^2 + (7,4-7)^2 + (7-7)^2 + (6,9-7)^2}{5-1} = \frac{0,34}{4} = 0,085$$

und die Standardabweichung (gerundet):

$$s = \sqrt{0,085} \approx 0,292$$

Selbstverständlich bieten elektronische Taschenrechner und Statistikprogramme heute großen Komfort zur Berechnung von Kennwerten wie Mittelwert, Varianz, Standardabweichung etc. Eingegeben werden müssen nur noch die Einzelwerte. Die in Tabellen dieses Buches dargestellten Zwischenwerte werden programmintern gebildet. In der statistischen Praxis wird uns die reine Rechenarbeit also weitgehend abgenommen. Der Umgang mit diesen Rechenhilfen erfordert vom Benutzer allerdings fundierte Kenntnisse über diese Kennwerte und Übung mit den Tools. Zahlreiche Beispiele für die Formeln sind in MS Excel auf der diesem Buch beiliegenden CD-ROM dargestellt.

58

Kennzahlen von
Stichproben und
Häufigkeits-
verteilungen –
Mitten und
Streuungen

Varianz und Standardabweichung im Überblick: Rechenregel und Eigenschaften

Tabelle 2.18: Varianz und Standardabweichung von Stichproben und der Grundgesamtheit

Varianz und Standardabweichung

- Maß für die Streuung der Werte um den Mittelwert
- Varianz und Standardabweichung sind immer positiv
- Die Standardabweichung (Wurzel aus der Varianz) hat die Dimension der Einzelwerte
- Die Stichprobenvarianz s^2 ist ein Schätzwert für die wahre Varianz σ^2 der Grundgesamtheit

Stichprobe	Grundgesamtheit
Varianz	
$$s^2 = \frac{\sum_{i=1}^{n} (x_i - \bar{x})^2}{n-1}$$	$$\sigma^2 = \frac{\sum_{i=1}^{n} (x_i - \mu)^2}{n}$$
Standardabweichung	
$$s = \sqrt{\frac{\sum_{i=1}^{n} (x_i - \bar{x})^2}{n-1}}$$	$$\sigma = \sqrt{\frac{\sum_{i=1}^{n} (x_i - \mu)^2}{n}}$$

Bitte beachten Sie auch, dass Sie bei der Berechnung von Varianzen mittels Taschenrechner oder Computer die jeweils »richtige« Funktion auswählen, je nachdem, ob es sich um die Varianz einer Stichprobe oder die der Grundgesamtheit handelt.

3
Über Würfelexperimente zur Gauß'schen Normalverteilung

Von der diskreten zur kontinuierlichen Verteilung

Die grafischen Darstellungen der Stichproben der bisher behandelten Beispiele ergaben durchweg Stabdiagramme und Histogramme mit mehr oder wenig großen »Sprüngen«. Dies liegt daran, dass die Stichproben aus relativ wenig verschiedenen Werten bestanden, die auf der waagrechten Achse (Abszisse) aufgetragen wurden. Wie Sie im Beispiel der Befüllung von Lagerfettdosen gesehen haben, kann dies durch die Messgenauigkeit bedingt sein, die in diesem Fall keine »Zwischenwerte« zuließ. In anderen Fällen waren Sie durch die vorgenommene Klasseneinteilung selbst für die Breite der Balken und die damit verbundenen Sprünge der Häufigkeiten verantwortlich. Diese Art der Verteilung ohne Zwischenwerte, die sich im Histogramm als Treppe zeigt, wird diskrete Verteilung genannt.

Das Histogramm in Abbildung 3.1 zeigt als Beispiel die relativen Häufigkeiten der Konzentrationen von Essigsäureproben. Ein wirklich vollständiges Bild der Häufigkeiten, mit denen die einzelnen Konzentrationen auftreten, ließe sich nur dann erhalten, wenn man die Konzentrationen von unendlich vielen Proben mit unendlicher Genauigkeit bestimmen würde.

Diese Menge aller möglichen Messungen wurde als Grundgesamtheit bezeichnet. Die grafische Darstellung der Grundgesamtheit ergibt eine kontinuierliche Kurve. Man erhält diese, indem man (gedanklich) von unendlich großer Messgenauigkeit oder unendlich feiner Klasseneinteilung ausgeht. Im Idealfall entsteht dann aus der bisher stufenförmigen Grafik ein kontinuierlicher Verlauf. Dieser kann Glockenform haben, wie zum Beispiel die bekannte Gauß'sche Normalverteilung (die Kurve in Abbildung 3.1 sieht im mittleren Bereich danach aus). Diese Art der Verteilung mit unendlich vielen Zwischenwerten nennen wir eine kontinuierliche Verteilung.

Theoretisch mögen die oben angestellten Überlegungen leicht nachvollziehbar sein (sie sind unter bestimmten Voraussetzungen auch richtig). Aber die Praxis sieht oft ganz anders aus: Die Verteilung der Werte der Grundgesamtheit ist in den seltensten Fällen bekannt. Dürfen Sie dann

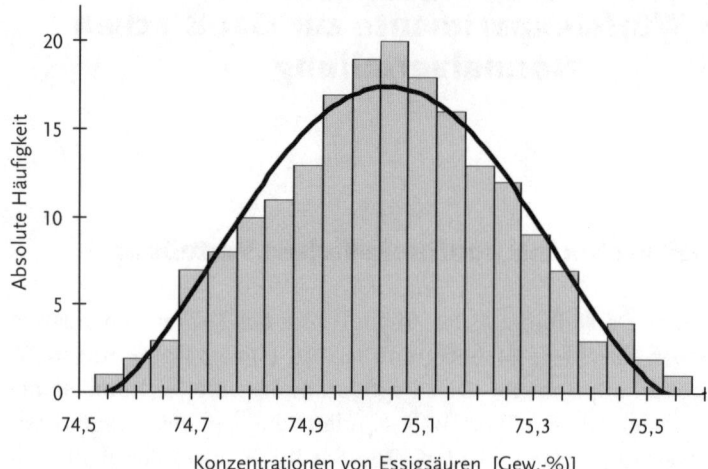

Diskrete und kontinuierliche Verteilung

Absolute Häufigkeit — Konzentrationen von Essigsäuren [Gew.-%)]

Abbildung 3.1: Die Hüllkurve des Histogramms deutet den (gedanklichen) Übergang zur kontinuierlichen Verteilung an

trotzdem annehmen, dass eine Normalverteilung vorliegt, d. h. die Häufigkeiten der Grundgesamtheit als Glockenkurve darstellbar sind?

Das Beispiel in Abbildung 3.2 lässt eher das Gegenteil vermuten. Hier haben wir eine (praxisgerechte) Stichprobe von relativ kleinem Umfang vorliegen. Die grafische Darstellung der Häufigkeiten gibt zunächst wenig Anlass, auf eine Normalverteilung der Grundgesamtheit zu schließen. Die Ver-

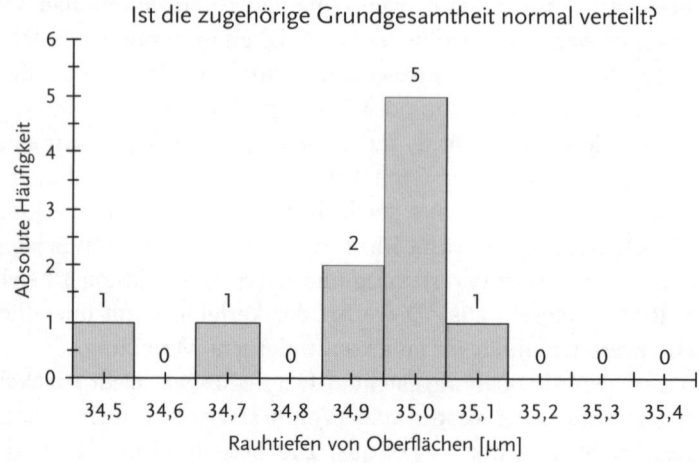

Ist die zugehörige Grundgesamtheit normal verteilt?

Absolute Häufigkeit — Rauhtiefen von Oberflächen [μm]

Abbildung 3.2: Ist es denkbar, dass die zugehörige Grundgesamtheit normal verteilt ist?

teilung der Grundgesamtheit, der diese Stichprobe entstammt, ist nicht erkennbar. Nehmen Sie dennoch einmal an, dass die Verteilung der Werte der Grundgesamtheit durch die bekannte symmetrische Glockenkurve wiedergegeben wird. Dass diese Annahme richtig sein kann, soll durch die folgenden Beispiele verdeutlicht werden.

Würfeln mit einem Würfel – was ist daran diskret?

Bei sehr vielen Würfen mit einem (idealen) Würfel wird man alle Augenzahlen von 1 bis 6 mit gleicher Häufigkeit erhalten. Jede der 6 Augenzahlen wird bei genügend vielen Würfen die Häufigkeit 1/6 aufweisen. Die grafische Darstellung der Häufigkeiten wird der unten stehenden Abbildung entsprechen. Es handelt sich hierbei, wie schon bei unseren Beispielen der vorangehenden Kapitel, um eine so genannte diskrete Häufigkeitsverteilung.

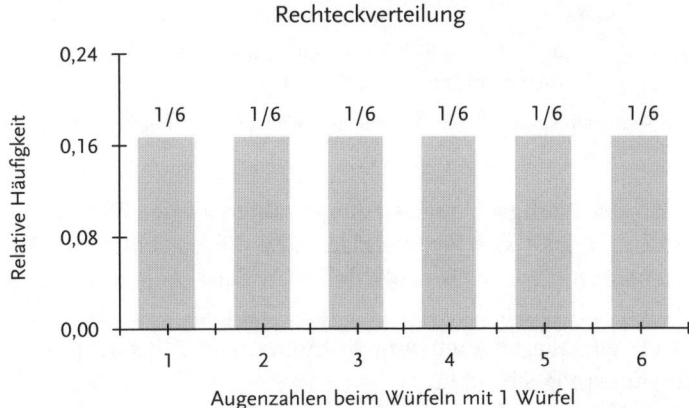

Abbildung 3.3: Beim Würfeln mit einem Würfel folgen die Augenzahlen einer Rechteckverteilung

Diskret bedeutet hierbei, dass nur bestimmte Werte, hier die Augenzahlen von 1 bis 6, ohne Zwischenwerte vorkommen. Die vorliegende Häufigkeitsverteilung wird ihrer Form wegen als Rechteckverteilung bezeichnet.

Dreieckverteilung beim Würfeln mit zwei Würfeln

Wenn wir nun unser Experiment erweitern, indem wir mit zwei Würfeln würfeln und dabei jeweils die Mittelwerte der Augenzahlen bilden, so erhalten wir eine Dreieckverteilung entsprechend Abbildung 3.4.

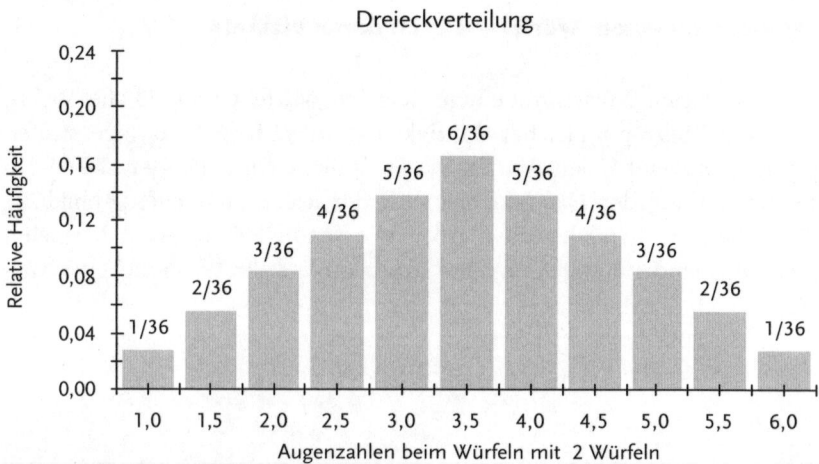

Abbildung 3.4: Beim Würfeln mit zwei Würfeln (Mittelwerte der Augenpaare) folgen die Augenzahlen einer Dreieckverteilung

Dass hierbei 3,5 der häufigste, aus den Augenzahlen zweier Würfel entstehende Mittelwert ist, lässt sich leicht erklären: Zu diesem Mittelwert 3,5 gehört eine Augensumme von 7 (zwei Würfel!). Für diese Augensumme 7 gibt es die meisten Kombinationsmöglichkeiten, nämlich 1+6, 2+5, 3+4, 4+3, 5+2 und 6+1. Für alle anderen Augensummen von 2 bis 12 gibt es weniger Kombinationsmöglichkeiten.

So ist klar, dass bei der vorliegenden Dreieckverteilung im Unterschied zur vorigen Rechteckverteilung Zwischenwerte 1,5, 2,5 ... errechnet werden. Die Verteilung hat schon deutliche Ausprägung von großen Häufigkeiten »in der Mitte«.

Mit drei Würfeln zur kontinuierlichen Verteilung

Spielen Sie nun dasselbe Spiel mit drei Würfeln: Schreiben Sie also jeweils pro Wurf den arithmetischen Mittelwert der drei Augenzahlen auf

Über
Würfelexperimente
zur Gauß'schen
Normalverteilung

und zählen Sie die Häufigkeiten dieser Mittelwerte. Bei einer Simulation mit dem Computer ergab sich nach 1000 Würfen eine (idealisierte) Verteilung der Häufigkeiten entsprechend Abbildung 3.5.

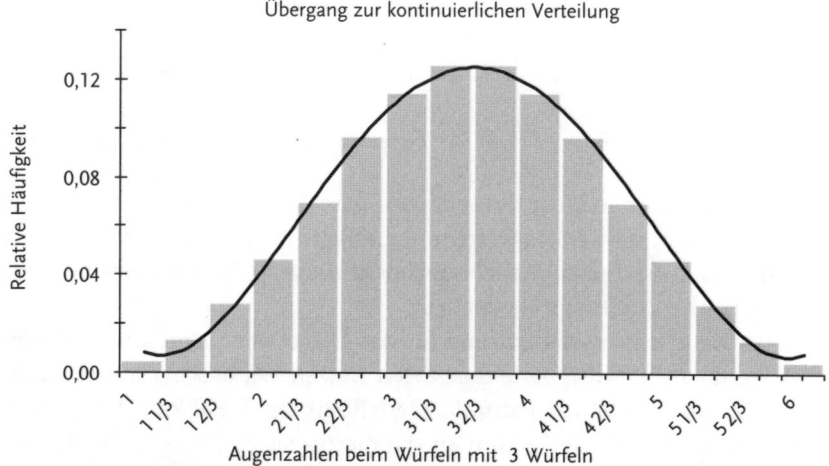

Abbildung 3.5: Die Hüllkurve des Histogramms sieht der bekannten Gauß'schen Glockenkurve recht ähnlich

Die im Histogramm gezeichnet Trendlinie (Hüllkurve) lässt vermuten, dass die Mittelwerte aus den Augenzahlen von drei Würfeln schon annähernd die Form der Glockenkurve ergeben. Zwischen zwei Ganzzahlen liegen jetzt schon zwei Zwischenwerte, zum Beispiel 1 1/3, 1 2/3 usw.

Die Gauß'sche Normalverteilung

Der zentrale Grenzwertsatz der Wahrscheinlichkeitsrechnung

Aus den Würfelexperimenten des vorigen Kapitels ergibt sich folgende interessante Beobachtung: Je mehr Würfel »im Spiel« sind, desto eher legt die glockenförmige Gestalt der Verteilung der Häufigkeiten die Vermutung nahe, dass die Würfelergebnisse einer »Normalverteilung« unterliegen. Dass diese aus der Beobachtung abgeleitete Vermutung richtig ist, wird durch den »zentralen Grenzwertsatz« der Statistik bestätigt (Tabelle 3.1).

Tabelle 3.1: Der zentrale Grenzwertsatz der Wahrscheinlichkeitsrechnung

Der zentrale Grenzwertsatz der Wahrscheinlichkeitsrechnung

Eine Summe von unabhängigen, beliebig verteilten Zufallsvariablen gleicher Größenordnung ist annähernd normal verteilt.

Die Normalverteilung wird umso besser angenähert, je größer die Anzahl der Zufallsvariablen ist.

Aus diesem Satz folgt unter anderem, dass Mittelwerte normal verteilt sind, wenn (sehr) viele Einzelwerte in die Mittelwertbildung eingehen. Und dies wurde ja durch unser Würfelexperiment bestätigt, bei dem jeder Würfel eine zusätzliche Einflussgröße darstellt.

In den Naturwissenschaften und für das Gebiet der Technik trifft in der Regel zu, dass die Mittelwerte aus vielen Einzelereignissen zusammengesetzt sind. Dabei spielt die Form der Verteilung, der diese Einzelereignisse entstammen, keine Rolle. Es können symmetrische, asymmetrische, Rechtecks-, Dreiecks- und andere Verteilungen sein. Die Zusammenfassung (Mischung) aller Verteilungen wird immer (zumindest annähernd) eine Normalverteilung sein.

Ein gutes Beispiel für diese Überlegungen ist die Temperaturmessung in einer Flüssigkeit oder an einer Werkstückoberfläche. Sie werden bei »genügend« großen Stichproben beobachten können, dass die gemessenen Temperaturwerte normal verteilt sind. Dies liegt daran, dass die Messungen aus der »Mischung« verschiedener Einflussgrößen zustande kommen. Die Einflussgrößen hierbei sind zum Beispiel unterschiedliche Messorte am Prüfling (Eintauchtiefe des Messfühlers), Genauigkeit der Messeinrichtung und Ablesegenauigkeit (an Thermometer oder Zeigerinstrument).

Erinnern Sie sich: Im vorigen Abschnitt hatten Sie die Verteilung der Rauhtiefen von Oberflächen anhand einer Stichprobe des Umfangs 10 betrachtet (Abbildung 3.2). Die grafische Darstellung der Häufigkeiten ließ jedoch auch bei ausschweifender Phantasie nicht die Vermutung zu, dass die zugehörige Grundgesamtheit normal verteilt sei. Inzwischen wissen Sie aber, dass Sie – unabhängig von den Ergebnissen von Stichproben – von einer normal verteilten Grundgesamtheit ausgehen können. Diese Erkenntnis ist besonders für die Überlegungen und Verfahren wichtig, die Sie in den folgenden Kapiteln kennen lernen werden. Denn diese sind alle auf normal verteilten Grundgesamtheiten aufgebaut.

Weil die Normalverteilung ein mathematisches Modell mit vielen günstigen mathematisch-statistischen Eigenschaften ist, kann sie als Grundpfeiler der mathematischen Statistik angesehen werden. Die grundlegende Bedeutung der Normalverteilung beruht darauf, dass sich viele zufällige Variablen, die beobachtet werden, als Überlagerung vieler einzelner, weitgehend unabhängiger zufälliger Variablen auffassen lassen.

Die Wahrscheinlichkeitsdichtefunktion der Glockenkurve

Die Eigenschaften der Normalverteilung wurden von dem deutschen Mathematiker, Astronom und Physiker Carl Friedrich Gauß (1777–1855) grundlegend erforscht und mathematisch beschrieben.

Die Form der Glockenkurve wird durch folgende Funktionsgleichung beschrieben:

$$f(x) = \frac{1}{\sigma \cdot \sqrt{2\pi}} \cdot e^{-\frac{(x-\mu)^2}{2\sigma^2}}$$

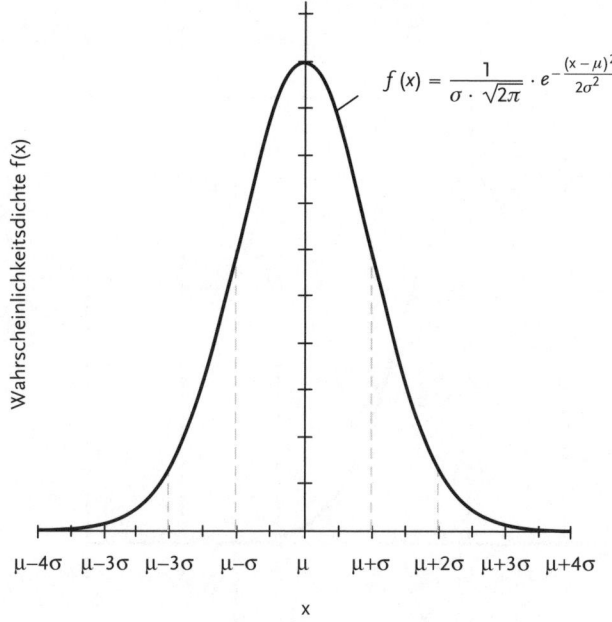

Die Gauß´sche Normalverteilung

$$f(x) = \frac{1}{\sigma \cdot \sqrt{2\pi}} \cdot e^{-\frac{(x-\mu)^2}{2\sigma^2}}$$

Wahrscheinlichkeitsdichte f(x)

μ−4σ   μ−3σ   μ−3σ   μ−σ   μ   μ+σ   μ+2σ   μ+3σ   μ+4σ

x

Abbildung 3.6: Die Gauß'sche Normalverteilung

Dies ist die so genannte Wahrscheinlichkeitsdichte der Normalverteilung mit den Parametern μ und σ. Anhand dieser Gleichung lässt sich für jeden Wert x die zugehörige Auftretenswahrscheinlichkeit f(x) berechnen, sofern der Mittelwert μ und die Standardabweichung σ bekannt sind. Abbildung 3.6 zeigt den Graphen der Wahrscheinlichkeitsdichtefunktion, die typische Gauß'sche Glockenkurve.

Es handelt sich hierbei um eine symmetrische Funktion, die für x-Werte von minus unendlich ($-\infty$) bis plus unendlich ($+\infty$) definiert ist. Ihr Maximum hat sie an der Stelle x = μ, wobei μ als Lageparameter bezeichnet wird. Die beiden »Wendepunkte« der Funktion liegen jeweils im Abstand σ (unser Streuungsmaß) von μ. Wendepunkte sind die Stellen einer Funktion, an denen Richtungswechsel stattfinden. Nehmen Sie an, eine Straße verläuft aus der Vogelperspektive gesehen wie die Glockenkurve. Wollten Sie mit dem Fahrrad diese Straße entlang fahren, so müssten Sie – beginnend ganz links – zunächst in eine Linkskurve gehen. Ab dem 1. Wendepunkt bei x = μ–σ würden Sie in eine Rechtskurve gehen bis zum 2. Wendepunkt bei x = μ+σ. Ab dort würden Sie dann nochmals die Richtung wechseln und die Glockenkurve in einer Linkskurve zu Ende fahren.

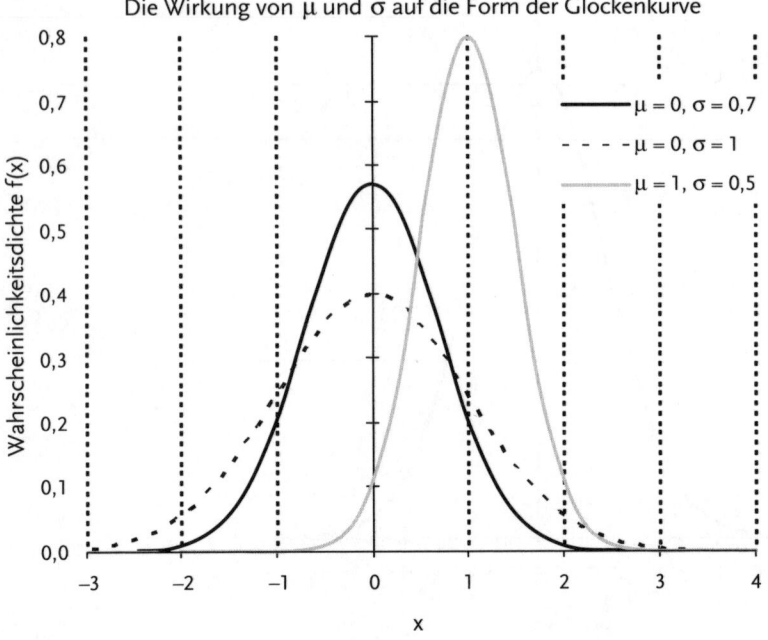

Abbildung 3.7: μ bestimmt die Lage, σ die Form der (Normal-)Verteilung

Abbildung 3.7 zeigt den Einfluss, den μ und σ auf die Form des Graphen der Dichtefunktion nehmen: Eine Veränderung des Wertes von μ hat eine Verschiebung der Glockenkurve in x-Richtung zur Folge (Lageparameter), während sich die Veränderung σ auf die »schlanke Linie« der Glockenkurve auswirkt: kleines σ ergibt schlanke, hohe Verteilungen. Umgekehrt bewirkt großes σ breite Verteilungen mit kleineren maximalen Dichtewerten f(x). Das hängt damit zusammen, dass der Flächeninhalt unter der Glockenkurve immer den Wert 1 einhalten muss. Die vorhandene Fläche mit dem Wert 1 muss also in die Höhe oder in die Breite »verteilt« werden.

Entwirrung der Konkurrenz zwischen $\bar{x}$, μ und s, σ

Bei unseren bisherigen Betrachtungen von Stichproben wurden die Mittelwerte (Lageparameter) mit $\bar{x}$ und die Standardabweichungen (Streuungsmaße) mit s bezeichnet. Warum sind dann bei der obigen Betrachtung und mathematischen Beschreibung der Grundgesamtheit die griechischen Buchstaben μ und σ verwendet worden? Durch diese in Tabelle 3.2 dargestellte unterschiedliche Nomenklatur der statistischen Kennwerte bei Stichproben und Grundgesamtheit soll ausgedrückt werden, dass die aus Stichproben ermittelten Kennwerte (lateinische Buchstaben) als Schätzwerte für die wahren Werte der Grundgesamtheit (griechische Buchstaben) dienen.

Tabelle 3.2: Mittelwerte und Streumaße von Stichprobe und Grundgesamtheit im Überblick

Statistischer Kennwert	Stichprobe	Grundgesamtheit
Lage (Mittelwert)	$\bar{x} = \dfrac{1}{n}\sum_{i=1}^{n} x_i$	$\mu = \dfrac{1}{n}\sum_{i=1}^{n} x_i$
Streuung (Standardabweichung)	$s = \sqrt{\dfrac{\sum_{i=1}^{n} (x_i - \bar{x})^2}{n-1}}$	$\sigma = \sqrt{\dfrac{\sum_{i=1}^{n} (x_i - \mu)^2}{n}}$

Wenn Sie die Formeln für s und σ vergleichen, so können Sie feststellen, dass bei der Berechnung von s durch n − 1 (Stichprobenumfang minus 1) und bei σ durch den Stichprobenumfang n dividiert wurde. Diese Unterscheidung trägt dem Umstand Rechnung, dass der aus den Stichprobenwerten gewonnene Wert s nur einen Schätzwert für den wahren Wert σ der

Grundgesamtheit darstellt. Je größer der Stichprobenumfang ist, desto besser wird s den wahren Wert σ repräsentieren. Man sagt auch: Der wahre Wert σ ist der Erwartungswert des Schätzwertes s.

Soviel zur Theorie der Gauß'schen Funktion. Wozu Sie die Wahrscheinlichkeitsdichtefunktion der Normalverteilung praktisch nutzen können, das erfahren Sie im nächsten Abschnitt.

Standardisierte Normalverteilung

Denken Sie wieder an die Betrachtungen und grafischen Darstellungen (Histogramme) der Stichproben, die in den vorigen Kapiteln behandelt wurden: Die Darstellungen der Häufigkeiten waren ja nichts anderes als Grafiken von Wahrscheinlichkeitsdichtefunktionen. Dies allerdings mit der Einschränkung, dass Sie bei den Stichproben nur endlich viele diskrete Werte erhielten, die sich in den Grafiken als Treppen äußerten. Bei der Betrachtung der Häufigkeitsdichtefunktion der Grundgesamtheit dagegen haben Sie es mit einer Verteilung zu tun, bei der unendlich viele Zwischenwerte denkbar sind. Die grafische Darstellung ist deshalb nicht treppenförmig, sondern kontinuierlich.

Welche Erkenntnisse haben Sie aus den Häufigkeiten von Stichprobenwerten gezogen? Sie konnten zum Beispiel aus Häufigkeiten bzw. Summenhäufigkeiten ablesen, welche Werte mit welcher Häufigkeit auftreten bzw. welcher Teil der Stichprobenwerte kleiner als ein vorgegebener Grenzwert war oder wie viel Prozent der Stichprobenwerte in einem bestimmten Wertebereich lagen.

Dieselben Betrachtungen, die für Stichproben angestellt wurden, sollen nun auf die Grundgesamtheit angewendet werden, deren Häufigkeitsverteilung (Wahrscheinlichkeitsdichte) durch die Normalverteilung beschrieben ist.

Bevor Sie jedoch praktische Berechnungen mit Werten aus den Tabellen der Normalverteilung durchführen, lohnt es sich, einige Überlegungen anzustellen, die die Rechenarbeit in der Praxis erheblich erleichtern.

Im Folgenden nun ein Beispiel, damit die Problematik und der Lösungsansatz noch deutlicher werden:

Beispiel: Durchmesser von Münzen

Bei der Produktion von Münzen ist die Einhaltung einer bestimmten Toleranz für die Münzdurchmesser wichtig, damit sie für die Anwendung in Automaten geeignet sind. Nehmen Sie an, die Anlage arbeite mit einer Standardabweichung $\sigma = 0,01$ cm und sei so eingestellt, dass sich Münzdurchmesser mit einem Mittelwert von $\mu = 2,30$ cm ergeben.

Nehmen Sie nun an, dass bestimmte Automaten Probleme mit Münzen haben, deren Durchmesser den Grenzwert 2,315 cm überschreiten. Die statistische Fragestellung lautet:

Welcher Teil der Produktion wird »untaugliche« Münzen mit Durchmessern größer als 2,315 cm hervorbringen, die ausgesondert werden müssen?

Diese Frage lässt sich mit Hilfe der Wahrscheinlichkeitsdichtefunktion beantworten. Diese würde in unserem Fall mit $\mu = 2,3$ und $\sigma = 0,01$ folgendermaßen aussehen:

$$f(x) = \frac{1}{\sigma \cdot \sqrt{2\pi}} \cdot e^{-\frac{(x-\mu)^2}{2\sigma^2}} = \frac{1}{0,01 \cdot \sqrt{2\pi}} \cdot e^{-\frac{(x-2,3)^2}{2 \cdot 0,01^2}}$$

Setzen Sie $x = 2,315$ in diese Gleichung ein, so könnten Sie die zum Münzdurchmesser 2,315 cm gehörende Auftretenswahrscheinlichkeit f(2,315) berechnen. Doch das ist hier gar nicht unsere Fragestellung. Gefragt ist vielmehr die Summe der Häufigkeiten von Münzdurchmessern, die kleiner als 2,315 cm sind. Bei diskreten Verteilungen haben Sie zur Beantwortung solcher Fragen die Summenhäufigkeiten berechnet und diese als Summe der Flächeninhalte der Balken des Histogramms definiert. Entsprechend müssen Sie hier bei der kontinuierlichen Verteilung die Fläche unter der Wahrscheinlichkeitsdichtefunktion ermitteln. In diesem Beispiel (siehe Abbildung 3.8) ist dies die markierte Fläche zwischen x-Achse und Gauß-Kurve. Man sagt, die links des »Grenzwertes« 2,315 liegende Fläche F(2,315).

Zur Ermittlung des markierten Flächenanteils F(2,315) unter der Glockenkurve müssten Sie das so genannte Integral der Funktion f(x) zwischen $-\infty$ und 2,315 berechnen. Leider wäre dies nur mit sehr hohem Rechenaufwand zu bewältigen, weil sich diese Funktion nur mittels aufwendiger Näherungsverfahren integrieren lässt.

Hinzu kommt noch ein weiteres Problem: In der Praxis haben Sie es bei täglich neuen Fragestellungen mit unendlich vielen Kombinationen von μ und σ zu tun. Sie bräuchten also für jede Kombination eine spezielle Tabelle der Normalverteilung. Um diesen Aufwand zu vermeiden, wurden die so

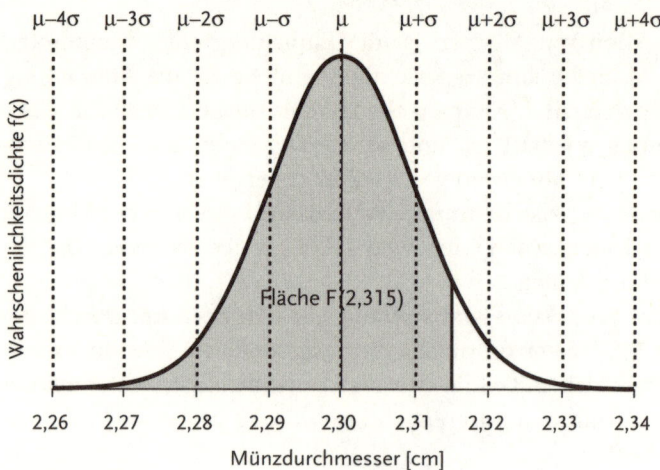

Häufigkeiten als Flächenanteile

Fläche F(2,315)

Münzdurchmesser [cm]

Abbildung 3.8: Die Gauß'sche Normalverteilung für $\mu = 2{,}3$ und $\sigma = 0{,}01$

genannte Standardnormalverteilung definiert und deren Werte für die Wahrscheinlichkeitsdichten f(x) und die Integrale (Flächen) F(x) tabelliert.

Als Standardnormalverteilung wird die Normalverteilung bezeichnet, die den Mittelwert $\mu = 0$ und die Standardabweichung $\sigma = 1$ besitzt. Damit beliebige Normalverteilungen (d. h. Normalverteilungen mit beliebigen Kombinationen von μ und σ) in die Standardnormalverteilung umgerechnet werden können, wird folgende Substitution durchgeführt:

$$z = \frac{x - \mu}{\sigma}$$

Hierbei ist z die so genannte Zufallsvariable. Die Standardnormalverteilung wird gelegentlich auch z-Verteilung genannt. Die Wahrscheinlichkeitsdichtefunktion der Standardnormalverteilung erhält durch diese Substitution die Form

$$f(z) = \frac{1}{\sqrt{2\pi}} \cdot e^{-\frac{z^2}{2}}$$

Eine wichtige Eigenschaft der Standardnormalverteilung ist die folgende: Die Fläche zwischen dem Graphen der Funktion und der z-Achse hat genau den Wert 1, falls wir von $z = -\infty$ bis $z = +\infty$ rechnen.

72

Über
Würfelexperimente
zur Gauß'schen
Normalverteilung

Dichtefunktion und Grenzwerte der Standardnormalverteilung

Der Graph der Dichtefunktion der Standardnormalverteilung ist in Abbildung 3.9 dargestellt.

Die Dichte der Standardnormalverteilung

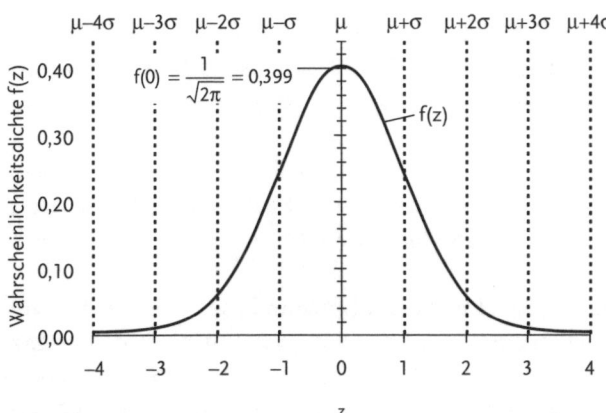

Abbildung 3.9: Die Standardnormalverteilung mit $\mu = 0$ und $\sigma = 1$. Die Fläche zwischen der Funktion und der z-Achse ist gleich 1.

Da sich jede Normalverteilung mit beliebigem μ und σ in die Standardnormalverteilung überführen lässt, ist es ausreichend, Letztere zu tabellieren. Das heißt in der Praxis, dass für z-Werte (beispielsweise im Bereich −3 bis +3) die zugehörigen Dichtewerte f(z) und Flächenanteile F(z) tabelliert sind. Eine kleine Auswahl von z-Werten und den zugehörigen Flächenanteilen F(z) ist in Tabelle 3.3 dargestellt. In der ersten Zeile sind die z-Werte angegeben, die man in diesem Zusammenhang auch als »Grenzwerte« bezeichnet. In der zweiten Zeile sind die Flächenanteile F(z) der Standardnormalverteilung abzulesen, die links der zugehörigen Grenzwerte liegen. Zeile 3 enthält die zugehörigen Wahrscheinlichkeitsdichten f(z). Die Dichte im Mittelpunkt der Standardnormalverteilung (z = 0) berechnet sich wie folgt:

$$f(0) = \frac{1}{\sqrt{2\pi}} \cdot e^{-\frac{0}{2}} = \frac{1}{\sqrt{2\pi}} = 0,399$$

Tabelle 3.3: Typische Werte F(z) und f(z) der Standardnormalverteilung

Einige typische Werte F(z) und f(z) der Standardnormalverteilung

z	−3	−2	−1	0	1	2	3
F(z)	0,00135	0,02275	0,15866	0,50000	0,84134	0,97725	0,99865
f(z)	0,0044	0,0540	0,2420	0,3989	0,2420	0,0540	0,0044

Anhand von Tabelle 3.3 können Sie nun beispielsweise ablesen, dass 84,13 % der Werte kleiner sind als der Wert z = 1. Genauso sehen Sie für F(0) = 0,5 bestätigt, dass jeweils die Hälfte der Werte links und rechts von z = 0 liegen.

Tabelle 8.1 im Anhang enthält die Flächenanteile F(z) in feinerer Abstufung für z. Außerdem sind dort noch weitere Spalten aufgeführt, deren Bedeutung und praktischen Nutzen Sie im Folgenden noch näher betrachten werden.

Doch zurück zu dem Beispiel mit den Münzdurchmessern, wo der Werteanteil (entspricht Flächenanteil unter der Wahrscheinlichkeitsdichtefunktion) links des Grenzwertes x = 2,315 cm gefragt war. Da die Flächenanteile dieser speziellen Normalverteilung von x mit μ = 2,30 cm und σ = 0,01 cm nicht tabelliert sind, müssen Sie auf die Standardnormalverteilung zurückgreifen. Erster Schritt hierbei ist die Umrechnung des Grenzwertes x in den zugehörigen (normierten) z-Wert.

$$\text{Es gilt: } z = \frac{x - \mu}{\sigma} = \frac{2,315\ cm - 2,30\ cm}{0,01\ cm} = 1,5$$

Zu diesem berechneten Grenzwert z = 1,5 lesen Sie aus der Tabelle 8.1 ab: 93,32 % der Münzen haben kleinere Durchmesser als 2,315 cm.

Recht anschaulich ist auch die Darstellung der so genannten kumulierten Wahrscheinlichkeitsdichte F(z) in Abbildung 3.10. Hierbei ist der S-förmige Verlauf der Flächenanteile dargestellt, die sich jeweils links vom betrachteten z-Wert zwischen z-Achse und der Dichte f(z) befinden. Sie können also direkt in der Grafik die Zahlenwerte F(z) für beliebige z ablesen. Für einen Wert z = unendlich ergibt sich im Grenzfall der Wert F(z) = 1 oder 100 Prozent. Das entspricht der Gesamtfläche unter der Dichtefunktion der Gauß'schen Normalverteilung.

Die dargestellte Funktion der kontinuierlichen Verteilung hat ihre Entsprechung bei der diskreten Verteilung: Dort wird sie als Summenhäufigkeit bezeichnet.

Die kumulierte Standardnormalverteilung
(linksseitige Flächenanteile F(z) der Dichte f(z))

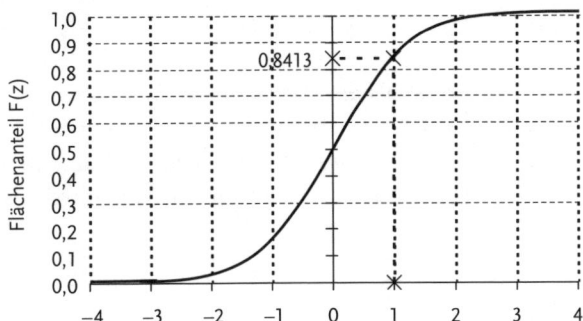

Abbildung 3.10: Ablesebeispiel: $F(1) = 0,8413$. Das bedeutet, dass 84,13 % der Werte kleiner als 1 sind.

Standardnormalverteilung – typische Ablesebeispiele

Mit Hilfe der für die Standardnormalverteilung tabellierten Werte (Tabelle 8.1 im Anhang) lassen sich nun die im Folgenden behandelten typischen Fragestellungen der beschreibenden Statistik beantworten.

1. Welcher Anteil der Werte ist kleiner als ein vorgegebener Grenzwert z_1?

Hierzu müssen Sie einfach mit dem gegebenen Grenzwert z_1 in die Tabelle gehen und den zugehörigen (linksseitigen) Flächenanteil $F(z_1)$ ablesen.

Dichte f(z) der Standardnormalverteilung

Fläche $F(z_1) = F(-1,25) = 0,1056$

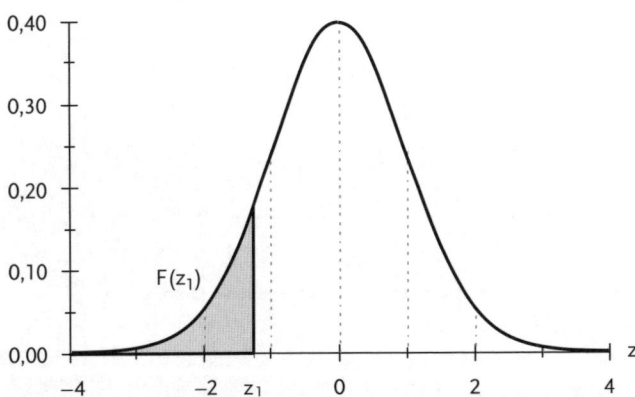

Abbildung 3.11: Welcher Anteil der Werte ist kleiner als ein vorgegebener Grenzwert z_1?

Über
Würfelexperimente
zur Gauß'schen
Normalverteilung

Ablesebeispiel:

Welcher Anteil der Werte ist kleiner als $z_1 = -1,25$?

In der Spalte $F(-1,25)$ finden wir den zugehörigen Flächenanteil von 0,1056, also ungefähr 10,6 %.

2. Welcher Anteil der Werte ist größer als ein vorgegebener Grenzwert z_1?

Zum gegebenen Grenzwert z_1 ist jetzt der rechtsseitige Flächenanteil zu ermitteln. Sie wissen ja, dass die Gesamtfläche unter der Glockenkurve den Wert 1 hat. Demnach berechnet sich der rechtsseitige Flächenanteil als $1-F(z_1)$.

Sie müssen also für diese Fragestellung den aus der Tabelle abgelesenen Flächenanteil von der Gesamtfläche abziehen.

Ablesebeispiel:

Welcher Anteil der Werte ist größer als $z_1 = 1,8$?

Zum gegebenen z-Wert finden Sie als linksseitigen Flächenanteil den Wert $F(1,8) = 0,9641$. Somit ergeben sich als Anteil Werte, die größer als unser Grenzwert sind: $1-F(1,8) = 1-0,9641 = 0,0359$, also ungefähr 3,6 %.

Wegen der Symmetrie der Normalverteilung gilt: $1-F(z) = F(-z)$.

Sie hätten damit den gesuchten Wert auch über $F(-1,8)$ direkt aus der Tabelle in der entsprechenden Spalte ablesen können.

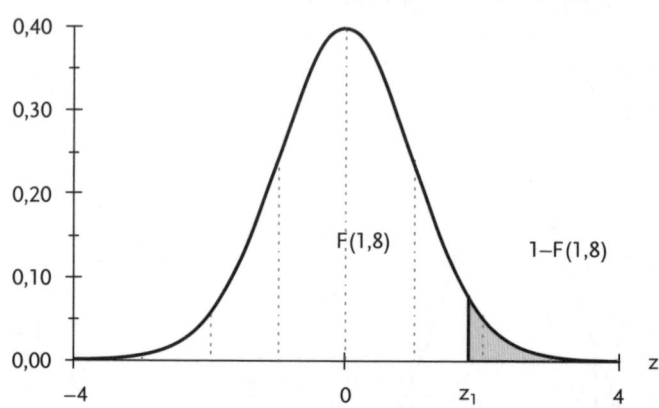

Abbildung 3.12: Welcher Anteil der Werte ist größer als ein vorgegebener Grenzwert z_1?

3. Welcher Anteil der Werte liegt zwischen zwei Grenzwerten z_1 und z_2?

Gefragt ist der Flächenanteil A, der zwischen dem oberen Grenzwert z_2 und dem unteren Grenzwert z_1 liegt.

Aus der Tabelle lesen Sie zunächst die Flächenanteile $F(z_1)$ und $F(z_2)$ ab. Der gesuchte Flächenanteil A zwischen den beiden Grenzwerten ergibt sich dann als Differenz $A = F(z_2) - F(z_1)$.

Ablesebeispiel:
Welcher Anteil der z-Werte liegt zwischen $z_1 = -1$ und $z_2 = 2$?
$A = F(z_2) - F(z_1) = F(2) - F(-1) = 0{,}9772 - 0{,}1587 \approx 0{,}819$.

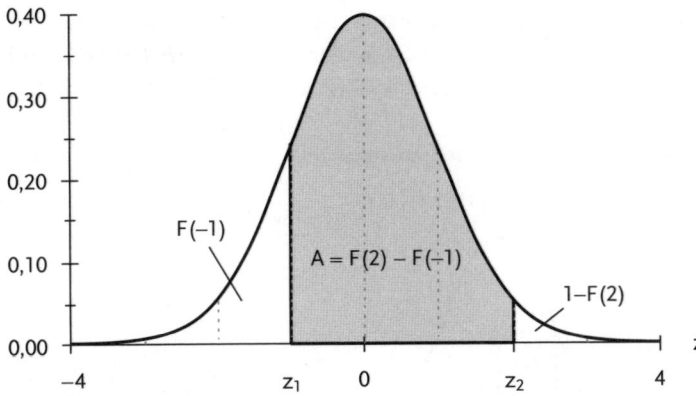

Abbildung 3.13: Welcher Anteil der Werte liegt zwischen z_1 und z_2?

In der Praxis sieht eine Fragestellung nach Flächenanteilen oft so aus, dass die Grenzwerte z_1 und z_2 gleiche Abstände zum Mittelwert μ haben. Oder anders ausgedrückt: $z_1 = -z_2$. Für diese »symmetrische« Fragestellung sind die Flächenanteile zwischen z und –z als Flächenanteile $D(z)$ in einer zusätzlichen Spalte der Tabelle 8.1 tabelliert.

Damit ist zum Beispiel direkt aus der Tabelle abzulesen, dass 98,32 % der Werte zwischen den Grenzwerten $z_1 = -2{,}39$ und $z_2 = 2{,}39$ liegen.

4. Unterhalb welches z-Wertes (Grenzwert) liegt ein bestimmter Anteil der Werte?

Bei den nun folgenden Fragestellungen sind im Unterschied zu den bisherigen Beispielen die Flächenanteile gegeben und die zugehörigen z-Werte (Grenzwerte) gefragt. Sie müssen also mit den gegebenen Werten F(z) in die Tabellen gehen und die zugehörigen z-Werte ablesen.

Die Aufgabenstellung lautet jetzt, zu einem gegebenen (linksseitigen) Flächenanteil F(z) den zugehörigen Grenzwert z zu finden.

Ablesebeispiel:

Gesucht ist der Grenzwert z_1, unterhalb dessen 20 % der Werte liegen.

In Statistikprogrammen am PC können Sie direkt den Wert 20 % eingeben und erhalten als Ergebnis den exakten zugehörigen z-Wert = −0,84162 .

Falls Sie mit Tabellen arbeiten, müssen Sie in Kauf nehmen, dass darin nicht alle Zwischenwerte aufgeführt sind. Sie finden beispielsweise in Tabelle 8.1 im Anhang in der Spalte F(−z) den Flächenwert 0,20045 und lesen dafür den gesuchten Grenzwert z_1 = −0,84 ab.

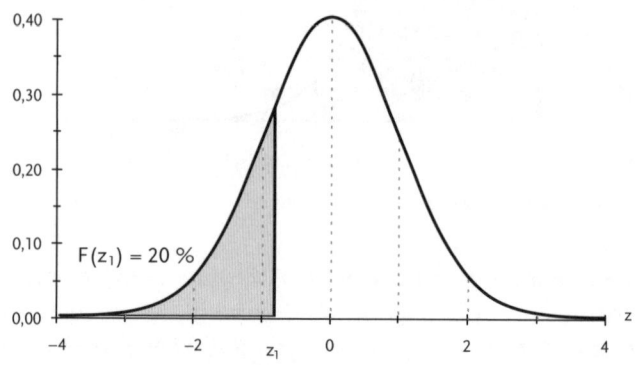

Dichte f(z) der Standardnormalverteilung

Fläche $F(z_1) = F(-0,84162) = 0,20$

Abbildung 3.14: Unterhalb welches Wertes z_1 (Grenzwert) liegt ein bestimmter Anteil der Werte?

5. Oberhalb welches z-Wertes (Grenzwert) liegt ein bestimmter Anteil der Werte?

Wie Sie wissen, sind immer die links der Grenzwerte z liegenden Flächenanteile als F(z) tabelliert. Bei der vorliegenden Fragestellung haben Sie als Vorgabe einen Flächenanteil 1−F(z) und suchen dazu den Grenzwert z, oberhalb dessen der gegebene Anteil an Werten liegt. Sie gehen also mit der Fläche $1 - F(z)$ in die Tabelle und lesen z ab.

Ablesebeispiel:

Gesucht ist der Grenzwert z_1, oberhalb dessen 3,75 % der Werte liegen.

Aus $1 - F(z_1) = 3,75\,\%$ berechnet sich die Fläche $F(z_1) = 96,25\,\%$. Aus der z-Tabelle lesen Sie den dazugehörenden Grenzwert $z_1 = 1,78$ ab (Werte gerundet).

Wegen der Symmetrie der Normalverteilung hätten Sie genauso gut in der Spalte $F(-z_1)$ bei 0,0375 den gesuchten z-Wert gefunden, denn es gilt ja $1 - F(z) = F(-z)$.

Dichte f(z) der Standardnormalverteilung

Fläche $1 - F(z_1) = F(-z_1) = F(-1,78\,) = 0,0375$

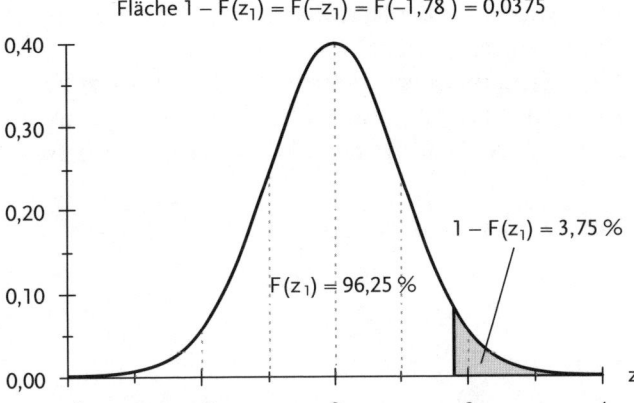

Abbildung 3.15: Oberhalb welches Wertes z_1 (Grenzwert) liegt ein bestimmter Anteil der Werte?

6. Zwischen welchen z-Werten (Grenzwerten) liegt ein bestimmter Anteil der Werte?

Gegeben ist hier ein Flächenanteil A in der »Mitte« der Normalverteilung, dessen unterer Grenzwert z_1 und oberer Grenzwert z_2 gesucht ist.

Sie müssen sich hierbei die dargestellten Zusammenhänge zwischen unserem vorgegebenen Flächenanteil und der »Restfläche« unter der Normalverteilung klarmachen. Es gilt, dass die beiden links und rechts der gesuchten Grenzwerte liegenden Flächenanteile zusammen den Wert 1–A ergeben. Demnach ist der Flächenanteil eines dieser kleinen Ecken $\frac{1-A}{2}$.

Dies entspricht dem Wert $F(z_1)$ und Sie können z_1 aus der z-Tabelle direkt ablesen. Für $F(z_2)$ erhalten Sie laut Abbildung den Flächenanteil, der sich aus $A + \frac{1-A}{2}$ ergibt. Damit lässt sich z_2 aus der Tabelle ablesen.

Ablesebeispiel:

Gesucht sind die Grenzwerte z_1 und z_2, zwischen denen 80 % der Werte liegen.

Zur Ermittlung des unteren Grenzwertes z_1 gehen Sie mit $F(z_1) = \frac{(1-0,8)}{2}$ = 0,1 in die Tabelle und finden in Spalte $F(-z)$ die Fläche 0,10. Als zugehörigen z-Wert lesen Sie $z_1 = -1,28155$ ab.

Für die Ermittlung des oberen Grenzwertes gehen Sie mit dem Flächenanteil $F(z_2) = A + \frac{1-A}{2} = 0,9$ in die Tabelle oder ins Statistikprogramm des PC und finden den gesuchten Grenzwert z_2 = 1,28155.

Es hätte auch genügt, nur den Grenzwert $z_1 = -1,28155$ aus der Tabelle zu ermitteln. Wegen der Symmetrie der Normalverteilung hätte man sofort für z_2 = 1,28155 angeben können.

Sehr komfortabel zur Ermittlung von symmetrischen Grenzwerten ist wieder die Spalte $D(z)$ in der Tabelle der Standardnormalverteilung, aus der Sie mit $D(z)$ = 0,80 direkt unsere Werte z_1 und z_2 hätten ablesen können.

Dichte f(z) der Standardnormalverteilung

Fläche A = F(z_2) − F(z_1) = F(1,28) − F(−1,28) = 0,80

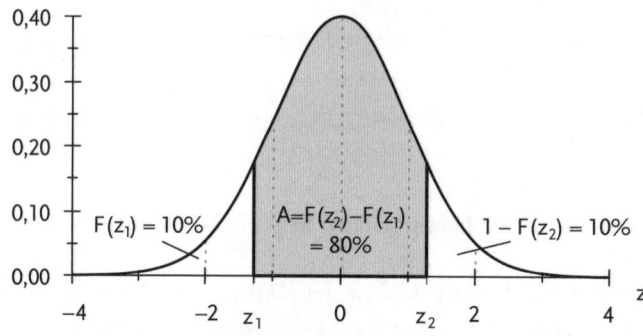

Abbildung 3.16: Zwischen welchen z-Werten liegt ein bestimmter Anteil der Werte?

Beispiel: Massen von Tabletten

Ein Pharmabetrieb stellt Tabletten her, deren Masse erfahrungsgemäß normal verteilt ist. Die Produktionseinrichtung arbeitet mit dem Mittelwert $\mu = 1{,}35$ g und der Standardabweichung $\sigma = 0{,}06$ g.

In einer Packung sind 100 Tabletten enthalten. Wie viele Tabletten sind pro Packung zu erwarten, deren Massen mehr als 1,45 g betragen?

Mit den gegebenen Daten berechnen Sie zunächst den normierten Wert z_1 der Standardnormalverteilung: Es gilt:

$$z_1 = \frac{x - \mu}{\sigma} = \frac{1{,}45 - 1{,}35}{0{,}06} = 1{,}667$$

Dies ist der Grenzwert im z-Bereich, der unserem Wert 1,45 g entspricht. Aus der Tabelle der Standardnormalverteilung lesen Sie ab: $F(z_1) = F(1{,}667) = 0{,}9522$. Da die Flächen unter der Wahrscheinlichkeitsdichte der Normalverteilung »linksseitig« tabelliert sind, lässt sich das Ergebnis wie folgt interpretieren: 95,22 % der Tabletten haben eine Masse, die kleiner ist als der Grenzwert. Oder 1–95,22 % = 4,78 % der Tabletten sind größer als der Grenzwert.

Das Ergebnis der Aufgabe können Sie nun formulieren: In einer 100er-Packung sind ca. 5 Tabletten zu erwarten, deren Massen größer als 1,45 g sind.

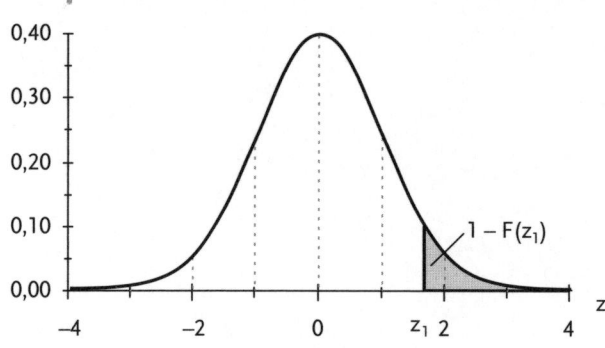

Abbildung 3.17: Wie viel % der Tabletten haben mehr als 1,45 g Masse?

Teil 2
Schlüsse von der Stichprobe auf die Grundgesamtheit – Methoden der schließenden Statistik

Bisher ging es vor allem um die beschreibende Statistik. Hierbei wurden Zahlenmaterial (Messdaten) sortiert, Häufigkeiten ermittelt und grafisch dargestellt sowie statistische Kennwerte gebildet. Unser Zahlenmaterial waren jeweils Stichprobenwerte, also ein – manchmal relativ kleiner – Ausschnitt aus der Grundgesamtheit. Sie haben erfahren, dass viele Grundgesamtheiten in der Praxis normal verteilt sind und dass Sie mit dieser Kenntnis praktische Berechnungen vornehmen können.

Im Folgenden soll es nun darum gehen, aus dem Datenmaterial von Stichproben Rückschlüsse auf die (normal verteilte) Grundgesamtheit zu ziehen. Die Fragestellungen, die bearbeitet werden sollen, sind in Tabelle 4.1 dargestellt.

Tabelle 4.1: Fragestellungen und Methoden der schließenden Statistik

Fragestellung	Statistische Methode
Wie gut (sicher) repräsentiert ein Stichprobenmittelwert oder eine Varianz den Mittelwert bzw. die Streuung der Grundgesamtheit?	Vertrauensbereiche (Konfidenzintervalle)
Mit welcher Sicherheit lässt sich behaupten, dass die Grundgesamtheit einen bestimmten Mittelwert oder eine bestimmte Varianz besitzt? Welche Werte einer Stichprobe sind als »Ausreißer« zu betrachten?	Statistischer Test: z-Test, t-Test, F-Test, χ^2-Test
Ist der beobachtete Unterschied von Kenngrößen mehrerer Stichproben durch natürliche Streuung zu erklären oder liegt ein »signifikanter« Einfluss vor?	Varianzanalyse (einfache Streuungszerlegung)
Wie lässt sich aus den Daten einer Stichprobe von x/y-Wertepaaren deren Abhängigkeit mathematisch beschreiben, um Zwischenwerte berechnen und Hochrechnungen anstellen zu können?	Regression: einfach und mehrfach linear, polynomisch, exponentiell, potentiell, logarithmisch, allgemein (zusammengesetzt)

Diese Fragestellungen sind dem Gebiet der schließenden Statistik zuzuordnen, der sich dieses Buch nun Schritt um Schritt nähert. Der mathematische Hintergrund wird dabei – ohne Beweise – plausibel gemacht werden. Mein Ziel ist es jeweils, für die behandelten Verfahren »Rechenrezepte« für die praktische Anwendung zur Verfügung zu stellen.

4
Wie ›gut‹ sind die Kennwerte aus Stichproben? – Vertrauensbereiche

Das Prinzip – 100 Prozent Sicherheit gibt es nicht!

Bei den vorher betrachteten Stichproben haben Sie Kennzahlen gebildet, zum Beispiel Mittelwerte und Standardabweichungen. Eine Frage wurde aber nicht gestellt: Wie »gut« ist dieser Mittelwert oder die Standardabweichung der Stichprobe? Oder in die Sprache des Statistikers übersetzt: Wie weit ist dieser Mittelwert $\bar{x}$ bzw. die Standardabweichung s der Stichprobe vom wahren Mittelwert μ bzw. σ der Grundgesamtheit entfernt?

Wie genau ist der Mittelwert? Wie weit ist er im günstigsten/ungünstigsten Fall vom unbekannten wahren Wert entfernt?

Beispiel:

Als Mittelwert einer Stichprobe von Spannungswerten einer elektronischen Baugruppe habe sich 3,2 Volt ergeben. Die Fragestellung nach dem Vertrauensbereich könnte beispielsweise lauten: In welchem Intervall um diesen Stichprobenmittelwert $\bar{x}$ wird der wahre Mittelwert μ der Grundgesamtheit liegen? Als Ergebnis könnte sich ein Spannungsbereich zwischen 3,08 und 3,32 Volt ergeben. Das gefundene Intervall wird Vertrauensbereich (Vertrauensintervall, Konfidenzintervall) genannt. Die Grenzen des Vertrauensbereiches werden auch als Konfidenzgrenzen bezeichnet.

Sichere Schlüsse von der Stichprobe auf die Grundgesamtheit gibt es nicht. Sie müssen deshalb zusätzlich zu dieser Intervallangabe noch eine Aussage zum Risiko, dass der Wert nicht stimmt, machen. Dafür wurde der Begriff der Konfidenzzahl geprägt, für die in der Praxis meist 95 % oder 99 % gewählt wird. Bei einem 95-%-Bereich kann man also erwarten, dass 95 % aller Stichproben, die man (wirklich oder nur in Gedanken) entnehmen wird, im zugehörigen Konfidenzintervall liegen – und 5 % eben nicht.

So ist also die Aussage, dass ein derartiges Intervall den Stichprobenmittelwert enthält, in etwa 19 von 20 Fällen richtig, in einem von 20 Fällen falsch. Wählen Sie die Konfidenzzahl 99 %, so ist die Aussage in etwa 99

Wie »gut« sind
die Kennwerte aus
Stichproben? –
Vertrauensbereiche

von 100 Fällen richtig – Sie haben dann etwas »längere« Vertrauensbereiche, was im Folgenden noch genauer angesehen werden soll.

Es ist keine mathematische Frage, welche Konfidenzzahl zu wählen ist, sondern es ist von der Art der Anwendung her zu entscheiden, welches Risiko einer falschen Aussage man eingehen will. Sie werden sehen, dass die Ermittlung der Vertrauensbereiche auf der Kenntnis der Verteilung der untersuchten Kenngröße – hier zunächst des Mittelwertes – beruht.

Die folgenden Abschnitte behandeln Vertrauensbereiche für den Mittelwert und für die Varianz.

Das Rechenverfahren wird im folgenden Kapitel anhand des Vertrauensbereiches für den Mittelwert schrittweise an einem praktischen Beispiel entwickelt.

Vertrauensbereich für den Mittelwert bei bekannter Standardabweichung

Grundlegendes zur Verteilung von Mittelwerten

Bevor es im Folgenden um Mittelwerte geht, sollte als Erstes deren (Häufigkeits-)Verteilung betrachtet werden.

Erinnern Sie sich nochmals an die Normalverteilung der Einzelwerte, deren Zufallsvariable z folgendermaßen definiert worden war:

$$z = \frac{x - \mu}{\sigma}$$

Über die Verteilung von Mittelwerten ist bekannt, dass diese auch normal verteilt sind. Deren Streuung aber ist – abhängig vom Stichprobenumfang n – kleiner als die der Grundgesamtheit.

Mathematisch bewiesen und praktisch nachprüfbar sind folgende Eigenschaften der Verteilung von Mittelwerten:

- Die Verteilung der Mittelwerte hat denselben Mittelwert μ wie die Verteilung der Einzelwerte.
- Mittelwerte streuen »weniger« als die Einzelwerte. Die Standardabweichung der Verteilung der Mittelwerte ist $\frac{\sigma}{\sqrt{n}}$
- Der Verteilung der Mittelwerte liegt folgende Zufallsvariable z zugrunde

Wie »gut« sind
die Kennwerte aus
Stichproben? –
Vertrauensbereiche

$$z = \frac{\bar{x}-\mu}{\sigma/\sqrt{n}}$$

Abbildung 4.1 zeigt qualitativ die Verteilung der Einzelwerte (Grundgesamtheit) und die Verteilung der Stichprobenmittelwerte.

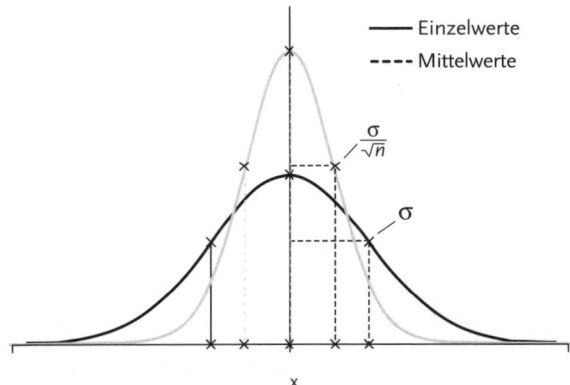

Verteilung von Einzelwerten und Mittelwerten
Wahrscheinlichkeitsdichte f(x)

Abbildung 4.1: Verteilung von Einzelwerten im Vergleich zu der von Mittelwerten

Definition des Vertrauensbereiches (Konfidenzintervall)

Wenden Sie sich nun der Definition des Vertrauensbereiches zu, indem Sie sich folgende Situation vorstellen:

Eine Stichprobe um Umfang $n = 3$ einer normal verteilten Grundgesamtheit mit bekannter Standardabweichung $\sigma = 0,3$ erbrachte einen Mittelwert $\bar{x} = 57,5$. Der Mittelwert μ der Grundgesamtheit sei unbekannt und die Aufgabe sei es, für das unbekannte μ ein Konfidenzintervall zu berechen. Die Sicherheitswahrscheinlichkeit sei mit 95 % anzusetzen.

Die Situation, dass σ bekannt und μ unbekannt ist, ist durchaus real. Denken Sie an die Abmessung eines Werkstücks (Durchmesser einer Scheibe, Länge einer Achse usw.), so kann es sein, dass μ unbekannt ist – denn dieser Wert ist ja durch die Einstellung der Maschine bedingt. Andererseits liegt gute Kenntnis von σ vor – denn dies ist ja eine Kenngröße für die Fertigungsgenauigkeit der Maschine, die von früheren Beobachtungen her bekannt ist.

87

Wie »gut« sind
die Kennwerte aus
Stichproben? –
Vertrauensbereiche

Gesucht sind nun zwei Grenzen im selben Abstand unterhalb und oberhalb von $\bar{x}$. Diese beiden Grenzen beschreiben ein Intervall um $\bar{x}$ so, dass mit einer zu definierenden Sicherheit behauptet werden kann, dass das wahre μ der Grundgesamtheit in diesem Intervall liegt.

Vertrauensbereich (Konfidenzintervall)

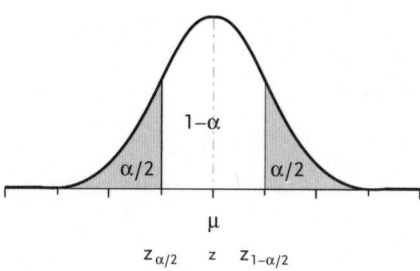

Abbildung 4.2: Definition des Vertrauensbereiches

Nehmen wir an, die Mittelwerte haben eine Verteilung wie in Abbildung 4.2 dargestellt. Die Variable für die Verteilung – die so genannte Zufallsvariable – nennen wir z. Dann wissen Sie, dass bei gewählter Konfidenzzahl $1-\alpha$ (beispielsweise $1-\alpha = 95\%$) die »meisten« Werte zwischen den beiden Grenzen $z_{\alpha/2}$ und $z_{1-\alpha/2}$ liegen. Der Betrag der markierten Fläche ist $F(z_{1-\alpha/2}) - F(z_{\alpha/2}) = 1-\alpha$

Wenn Sie jetzt unseren Vertrauensbereich mit einer Sicherheitswahrscheinlichkeit von zum Beispiel 95 % angeben wollen, so müssen $z_{\alpha/2}$ und $z_{1-\alpha/2}$ so gewählt werden, dass die markierte Fläche $1-\alpha = 0,95$ ist.

Dann gilt: Die Zufallsvariable z liegt zwischen den beiden Grenzen $z_{\alpha/2}$ (untere Intervallgrenze) und $z_{1-\alpha/2}$ (obere Intervallgrenze). Sie schreiben:

$$z_{\alpha/2} \leq z \leq z_{1-\alpha/2} \tag{1}$$

Nehmen Sie nun noch einige Umformungen vor; denn wegen der Symmetrie der Normalverteilung gilt:

$$z_\alpha = -z_{1-\alpha} \quad \text{und entsprechend} \quad z_{\alpha/2} = -z_{1-\alpha/2}$$

Damit wird aus Gleichung (1):

$$-z_{1-\alpha/2} \leq z \leq z_{1-\alpha/2} \tag{2}$$

88

Wie »gut« sind
die Kennwerte aus
Stichproben? –
Vertrauensbereiche

Wird $z = \frac{\bar{x}-\mu}{\sigma/\sqrt{n}}$ in Gleichung (2) eingesetzt, ergibt sich als Vertrauensbereich für $\bar{x}$:

$$\mu - z_{1-\alpha/2} \cdot \frac{\sigma}{\sqrt{n}} \leq \bar{x} \leq \mu + z_{1-\alpha/2} \cdot \frac{\sigma}{\sqrt{n}} \qquad (3)$$

Zur Vereinfachung schreiben Sie jetzt:

$$a = z_{1-\alpha/2} \cdot \frac{\sigma}{\sqrt{n}}$$

und setzen dies in Gleichung (3) ein:

$$\mu - a \leq \bar{x} \leq \mu + a$$

Diese Ungleichung multiplizieren Sie mit −1. Dadurch dreht sich die Richtung der Ungleichung um und Sie erhalten den Vertrauensbereich für μ:

$$\bar{x} - a \leq \mu \leq \bar{x} + a \qquad (4)$$

Gleichung (4) sagt: Der wahre Mittelwert μ ist im Intervall zu erwarten, das im Abstand a um den Mittelwert $\bar{x}$ der Stichprobe liegt. Diese Aussage erfolgt mit einer Sicherheitswahrscheinlichkeit von $1-\alpha$ bzw. einer Irrtumswahrscheinlichkeit von α.

Jetzt können Sie mit den Zahlenwerten unseres Beispiels rechnen:

Aus der verlangten Sicherheitswahrscheinlichkeit von $1-\alpha = 95\,\%$ ergibt sich:

α $\qquad = 0{,}05$

$\alpha/2$ $\qquad = 0{,}025$

$1 - \alpha/2$ $\qquad = 1 - 0{,}025 = 0{,}975$

Damit berechnet sich a (halbes Konfidenzintervall):

$$a = z_{1-\alpha/2} \cdot \frac{\sigma}{\sqrt{n}} = z_{1-\alpha/2} \cdot \frac{0{,}3}{\sqrt{3}}$$

Aus der Tabelle der Standardnormalverteilung ermitteln Sie:

$$z_{1-\alpha/2} = z_{0{,}975} = 1{,}96$$

Somit ergibt sich $\qquad a = 1{,}96 \cdot \frac{0{,}3}{\sqrt{3}} \approx 0{,}34$

Die Grenzen des Vertrauensbereiches lassen sich nun berechnen:

Wie »gut« sind
die Kennwerte aus
Stichproben? –
Vertrauensbereiche

Untere Grenze: $\bar{x} - a = 57,5 - 0,34 = 57,16$
Obere Grenze: $\bar{x} + a = 57,5 + 0,34 = 57,84$

Das Ergebnis lautet: Mit einer Sicherheitswahrscheinlichkeit von 95 % bzw. einer Irrtumswahrscheinlichkeit von 5 % kann behauptet werden, dass der wahre Mittelwert µ zwischen 57,16 und 57,84 liegt.

Abbildungen 4.3 und 4.4 zeigen die Zusammenhänge im Überblick.

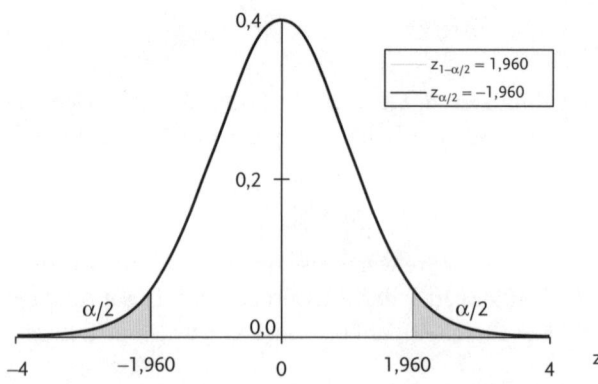

Abbildung 4.3: 95 %-Vertrauensbereich

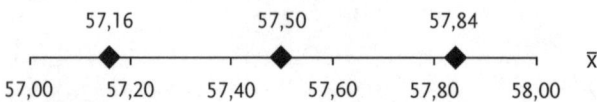

Abbildung 4.4: 95-%-Vertrauensbereich für das Beispiel mit Mittelwert 57,5

Die Größe des Vertrauensbereiches – Willkür der Konfidenzzahl?

Welche Konsequenz hat schließlich die gewählte Konfidenzzahl auf die Größe des Vertrauensbereiches? Hätten wir im vorigen Beispiel eine größere Konfidenzzahl, zum Beispiel 99 %, gewählt, so hätten sich folgende Werte ergeben:

α $= 0,01$
$\alpha/2$ $= 0,005$
$1 - \alpha/2$ $= 1 - 0,005 = 0,995$

Wie »gut« sind
die Kennwerte aus
Stichproben? –
Vertrauensbereiche

Aus der Tabelle der Standardnormalverteilung ermitteln wir:
$z_{1-\alpha/2} = z_{0,995} = 2,576$

Somit ergibt sich $\quad a = 2,576 \cdot \dfrac{0,3}{\sqrt{3}} \approx 0,45$

Die Grenzen des Vertrauensbereiches berechnen sich dann wie folgt:

Untere Grenze: $\quad \bar{x} - a = 57,5 - 0,45 = 57,05$

Obere Grenze: $\quad \bar{x} + a = 57,5 + 0,45 = 57,95$

Bei einer Sicherheitswahrscheinlichkeit von 99 % ergibt sich also ein größerer Vertrauensbereich als im vorigen Fall mit 95 %. Ist das ein Widerspruch? Nein, denn das Ergebnis muss so interpretiert werden: Je enger man einen Vertrauensbereich definiert, desto größer ist das Risiko, dass der wahre Mittelwert nicht innerhalb des Intervalls liegt. Oder: größere Konfidenzzahl ergibt größeren Vertrauensbereich.

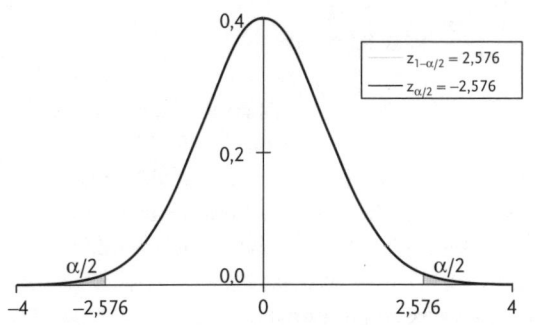

Abbildung 4.5: 99 %-Vertrauensbereich

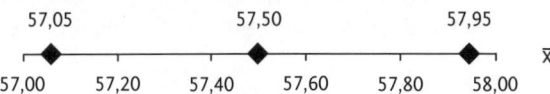

Abbildung 4.6: 99-%-Vertrauensbereich für das Beispiel mit Mittelwert 57,5

Wie schon im vorigen Kapitel kurz erwähnt, ist es keine mathematische Frage, welche Konfidenzzahl zu wählen ist. Je nach Aufgabenstellung ist zu entscheiden, welches Risiko einer falschen Aussage man eingehen will.

91

Wie »gut« sind
die Kennwerte aus
Stichproben? –
Vertrauensbereiche

**Beispiel: Vertrauensbereich für den Mittelwert
des Durchmessers von Stahlwellen**

Auf einer CNC-Schleifmaschine werden gehärtete Stahlwellen geschliffen. Von der Maschine ist bekannt, dass sie im Bereich des eingestellten Sollwertes mit einer Standardabweichung von 0,04 mm arbeitet. Im Rahmen einer Stichprobe wurden 10 Wellen vermessen und es ergab sich ein Stichprobenmittelwert von 40,35 mm. Berechnen Sie den 99-%-Vertrauensbereich für diesen Mittelwert. Liegt der gewünschte Solldurchmesser 40,38 mm innerhalb des Vertrauensbereiches?

Aus der verlangten Sicherheitswahrscheinlichkeit von $1-\alpha = 99\,\%$ ergibt sich:

$\alpha/2 \qquad\qquad = 0{,}005$
$1 - \alpha/2 \qquad = 1 - 0{,}005 = 0{,}995$

Aus der Tabelle der Standardnormalverteilung ermitteln Sie:
$z_{1-\alpha/2} = z_{0,995} = 2{,}576$

Damit berechnet sich a (halbes Konfidenzintervall):

$$a = z_{1-\alpha/2} \cdot \frac{\sigma}{\sqrt{n}} = 2{,}576 \cdot \frac{0{,}04\,mm}{\sqrt{10}} \approx 0{,}0326\,\text{mm}$$

Die Grenzen des Vertrauensbereiches berechnen sich wie folgt:
Untere Grenze: $\qquad\bar{x} - a = 40{,}35\ \text{mm} - 0{,}0326\ \text{mm} \approx 40{,}317\ \text{mm}$
Obere Grenze: $\qquad\bar{x} + a = 40{,}35\ \text{mm} + 0{,}0326\ \text{mm} \approx 40{,}383\ \text{mm}$

Das Ergebnis lautet: Mit einer Sicherheitswahrscheinlichkeit von 99 % bzw. einer Irrtumswahrscheinlichkeit von 1 % kann behauptet werden, dass der wahre Mittelwert μ zwischen 40,317 mm und 40,383 mm liegt. Der Sollwert 40,380 mm liegt demnach noch im Vertrauensbereich.

In Tabelle 4.2 wurden weitere Vertrauensbereiche für weitere Konfidenzzahlen berechnet. Abbildung 4.7 zeigt die Zusammenhänge grafisch. Für die Konfidenzzahlen 95 % und 90 % liegt der Sollwert nicht mehr im Vertrauensbereich.

92

Wie »gut« sind
die Kennwerte aus
Stichproben? –
Vertrauensbereiche

Tabelle 4.2: Vertrauensbereiche für Mittelwerte der Durchmesser von Stahlwellen

Vertrauensbereiche

$1-\alpha =$	0,90	0,95	0,99
$\alpha =$	0,10	0,05	0,01
$\alpha/2 =$	0,050	0,025	0,005
$1-\alpha/2 =$	0,950	0,975	0,995
$z_{\alpha/2} =$	$-1,645$	$-1,960$	$-2,576$
$z_{1-\alpha/2} =$	1,645	1,960	2,576
$a =$	0,0208	0,0248	0,0326
VB untere Grenze $=$	40,329	40,325	40,317
VB obere Grenze $=$	40,371	40,375	40,383

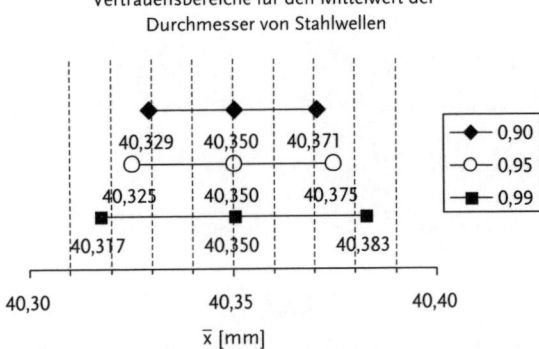

Abbildung 4.7: Vertrauensbereiche für Mittelwerte der Durchmesser von Stahlwellen

Wie groß sollte der Stichprobenumfang sein?

In der statistischen Praxis stellt sich oft die Frage, wie groß der Stichprobenumfang sein muss, um eine bestimmte Länge des Konfidenzintervalls zu erhalten. Diese Aufgabe soll anhand des vorigen Beispiels (Durchmesser von Stahlwellen) gelöst werden. Das Ziel sei, den Stichprobenumfang so zu ermitteln, dass der Sollwert 40,380 mm der Stahlwellen gerade auf die obere Grenze des 95-%-Konfidenzintervalls fällt.

Es muss folgende Beziehung gelten: $\bar{x} + a = 40,380$.

Durch Einsetzen von $a = z_{1-\alpha/2} \cdot \frac{\sigma}{\sqrt{n}}$ in diese Gleichung und Auflösen nach dem Stichprobenumfang n erhalten Sie:

93

Wie »gut« sind
die Kennwerte aus
Stichproben? –
Vertrauensbereiche

$$n = \left(\frac{z_{1-\alpha/2} \cdot \sigma}{40{,}38 - \bar{x}}\right)^2 = \left(\frac{1{,}96 \cdot 0{,}04}{40{,}38 - 40{,}35}\right)^2 \approx 6{,}83$$

Wenn also der Stichprobenumfang n = 7 (kleiner als ursprünglich!) gewesen wäre, hätte sich das Konfidenzintervall vergrößert, so dass der Sollwert 40,380 mm gerade auf der oberen Grenze läge.

Anders ausgedrückt: Die Größe des Vertrauensbereiches nimmt mit wachsendem n ab. Je kürzer die Intervalle sein sollen, desto größer muss man die Stichprobe wählen. Da der Stichprobenumfang in die Berechnung mit der Quadratwurzel eingeht, müsste man beispielsweise den Stichprobenumfang vervierfachen, um ein halbiertes Konfidenzintervall zu bekommen.

Rechenregeln

In Tabelle 4.3 sind die Schritte und Rechenregeln zur Berechnung des Vertrauensbereiches für den Mittelwert bei bekannter Varianz dargestellt.

Tabelle 4.3: Der Vertrauensbereich für den Mittelwert (Varianz bekannt)

Vertrauensbereich für den Mittelwert (σ bekannt)
Rechenregeln

Legen Sie die gewünschte Konfidenzzahl $1-\alpha$ fest (Sicherheitswahrscheinlichkeit)

Ermitteln Sie den kritischen Wert $z_{1-\alpha/2}$ der z–Verteilung (Standardnormalverteilung) aus der Tabelle

Berechnen Sie das halbe Vertrauensintervall $\quad a = z_{1-\alpha/2} \cdot \dfrac{\sigma}{\sqrt{n}}$

Untere Grenze des Vertrauensbereiches: $\quad \bar{x} - a$

Obere Grenze des Vertrauensbereiches: $\quad \bar{x} + a$

Typische Grenzwerte für Vertrauensbereiche

$1-\alpha$	0,99	0,95	0,90
$z_{1-\alpha/2}$	2,576	1,960	1,645

94

Wie »gut« sind
die Kennwerte aus
Stichproben? –
Vertrauensbereiche

Vertrauensbereich für den Mittelwert bei unbekannter Standardabweichung

Fragestellung und Nutzen – Reißlast von Polymerfäden

In sehr vielen Fällen der statistischen Praxis liegen Stichprobenwerte vor und es gibt keine Information über μ und σ der Grundgesamtheit. Denken Sie an Messungen von Konzentrationen von Stoffen in chemischen Reaktoren. Oder Sie messen im Rahmen der Eingangskontrolle bestimmte Eigenschaften von Bauteilen und wollen von diesen Werten – speziell vom Mittelwert der Stichprobe – auf den wahren Mittelwert schließen: Wie im vorigen Kapitel geht es wieder um die Berechnung von Vertrauensintervallen – nur mit dem Unterschied, dass jetzt keine Informationen über die Standardabweichung der Grundgesamtheit vorliegen.

Doch keine Sorge! Sie werden sehen, dass unser Rezept zur Berechnung des Vertrauensintervalls hier (fast) direkt wieder angewandt werden kann.

Wir gehen auch hier wieder in drei Schritten vor:

- Festlegen der Konfidenzzahl $1-\alpha$
- Ablesen des Grenzwerts aus einer Tabelle
- Berechnung des Vertrauensbereiches

Versuchen Sie es anhand des folgenden praktischen Beispiels:

Eine Stichprobe vom Umfang 6 erbrachte für die Reißlast von Polymerfäden den Mittelwert $\bar{x} = 112$ N und die Standardabweichung $s = 1{,}5$ N. Zu berechnen ist das 90-%-Konfidenzintervall.

Ein bisschen Theorie: die t-Verteilung (Student-Verteilung)

Bevor Sie nach dem bewährten Rezept vorgehen können, müssen allerdings noch einige Überlegungen angestellt werden.

Da Sie im Unterschied zum vorigen Abschnitt σ der Grundgesamtheit nicht kennen, suchen Sie nach einem brauchbaren Schätzwert dafür. Diesen finden Sie in Form von s, der Standardabweichung der Stichprobe.

Erinnern Sie sich: die Zufallsvariable zur Berechnung des Vertrauensbereichs bei bekanntem σ lautete:

$$z = \frac{\bar{x} - \mu}{\sigma / \sqrt{n}}$$

95

Wie »gut« sind
die Kennwerte aus
Stichproben? –
Vertrauensbereiche

Wenn als Ersatz für σ das s der Stichprobe herangezogen wird, lautet die Zufallsvariable, die mit dem Buchstaben t bezeichnet wird:

$$t = \frac{\bar{x}-\mu}{s/\sqrt{n}}$$

t ist die Zufallsvariable der so genannten Student-Verteilung (t-Verteilung), einer theoretischen Testverteilung, die Sie in Zukunft noch oft benötigen werden.

Die t-Verteilung ist wie die Normalverteilung eine symmetrische Verteilung und sie hat auch eine sehr ähnliche Form, wie Abbildung 4.8 zeigt. Ihre tatsächliche Gestalt ist abhängig vom zugrunde liegenden Stichprobenumfang, der die Zahl der so genannten »Freiheitsgrade« f definiert.

Es gilt f = n − 1

Bei »genügend großem« Stichprobenumfang strebt die t-Verteilung gegen die Normalverteilung.

Genau so wie bei der Normalverteilung gibt es auch für die Student-Verteilung Tabellen und Funktionen in Statistikprogrammen, die die Wahrscheinlichkeitsdichte, die Fläche unter der Dichte und die kritischen Werte für beliebige Signifikanzzahlen hergeben. Die Tabellenwerte sind wie bei der Standardnormalverteilung normiert auf den Mittelwert $\mu = 0$. Wegen der Symmetrie der Verteilung sind in vielen Fällen nur die »rechtsseitigen« Werte tabelliert. (Siehe auch die Tabelle 8.5 im Anhang und die beiliegende CD-ROM.) Die Dichte der t-Verteilung ist für einige ausgewählte Freiheitsgrade in Abbildung 4.8 dargestellt; qualitativ sichtbar ist die Annäherung an die Normalverteilung mit zunehmendem Freiheitsgrad.

Jetzt können Sie unser Beispiel wieder aufgreifen und nach dem Rezept aus dem vorigen Kapitel den Vertrauensbereich berechnen.

Aus der in der Aufgabenstellung verlangten Konfidenzzahl $1-\alpha = 90\%$ ergibt sich:

$\alpha \qquad = 0,1$
$\alpha/2 \qquad = 0,05$
$1 - \alpha/2 \quad = 1 - 0,05 = 0,95$

Die Zahl der Freiheitsgrade beträgt f = n − 1 = 5

Aus der Tabelle der t-Verteilung lesen Sie ab:

$$t_{1-\alpha/2;f} = t_{0,95;5} = 2,015$$

Wie »gut« sind
die Kennwerte aus
Stichproben? –
Vertrauensbereiche

Das Konfidenzintervall wird wegen der Symmetrie der t-Verteilung auch hier wieder symmetrisch zum Stichprobenmittelwert. Es genügt also, wenn Sie wieder a (halbes Konfidenzintervall) berechnen:

$$a = t_{1-\alpha/2;f} \cdot \frac{s}{\sqrt{n}} = 2,015 \cdot \frac{1,5N}{\sqrt{6}} \approx 1,234N$$

Dichten f(t) der t-Verteilung und f(z) der Normalverteilung

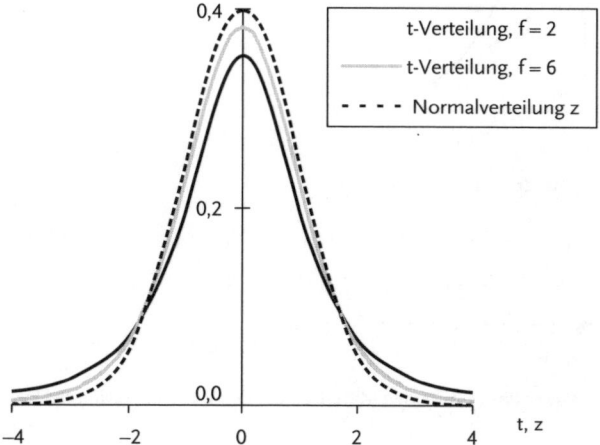

Abbildung 4.8: Die t-Verteilung nähert sich mit zunehmendem Freiheitsgrad der Normalverteilung an

Der Vertrauensbereich lässt sich nun angeben:

Untere Grenze: $\bar{x} - a = 112\,N - 1,234\,N \approx 110,77\,N$

Obere Grenze: $\bar{x} + a = 112\,N + 1,234\,N \approx 113,23\,N$

Das Ergebnis lautet: Mit einer Sicherheitswahrscheinlichkeit von 90 % bzw. einer Irrtumswahrscheinlichkeit von 10 % kann behauptet werden, dass der wahre Mittelwert μ zwischen 110,77 N und 113,23 N liegt.

Wie »gut« sind
die Kennwerte aus
Stichproben? –
Vertrauensbereiche

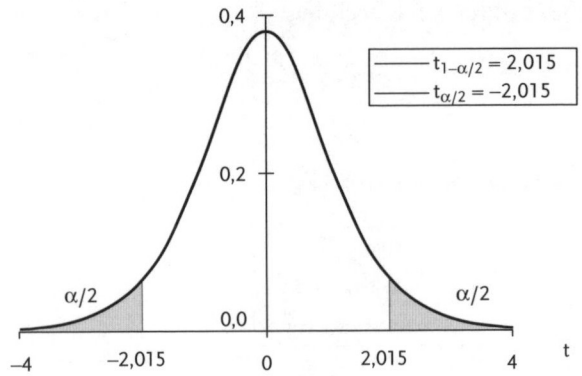

Dichte der t-Verteilung
90-%-Vertrauensbereich

$t_{1-\alpha/2} = 2,015$
$t_{\alpha/2} = -2,015$

Abbildung 4.9: Die t-Verteilung für den Freiheitsgrad $f = 5$

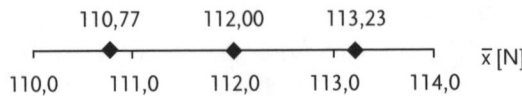

Abbildung 4.10: Der 90-%-Vertrauensbereich für den Mittelwert der Reißlast von Polymerfäden

Beispiel: Vertrauensbereich für den Mittelwert des Heizwertes von Steinkohle

Der spezifische Heizwert eines Brennstoffs ist die Wärmemenge, die bei der vollständigen Verbrennung von 1 kg des Brennstoffs frei wird.

Bei Verbrennungsversuchen mit Steinkohle wurden folgende Heizwerte gemessen (siehe Tabelle 4.4)

Berechnen Sie das 99-%-Vertrauensintervall für den Mittelwert dieser Stichprobe.

Aus den Stichprobenwerten berechnen wir $\bar{x} = 30309$ kJ/m^3 und $s = 42,4$ kJ/m^3.

Aus der verlangten Sicherheitswahrscheinlichkeit von $1-\alpha = 99\,\%$ ergibt sich:

98

Wie »gut« sind
die Kennwerte aus
Stichproben? –
Vertrauensbereiche

α $= 0,01$
$\alpha/2$ $= 0,005$
$1 - \alpha/2$ $= 1 - 0,005 = 0,995$
Die Zahl der Freiheitsgrade beträgt $f = n - 1 = 14$

Tabelle 4.4: Heizwerte von Steinkohle

Heizwerte von Steinkohle

Nr.	[kJ/m³]
1	30220
2	30250
3	30280
4	30280
5	30290
6	30290
7	30300
8	30310
9	30320
10	30330
11	30330
12	30340
13	30350
14	30360
15	30380

Aus der Tabelle der t-Verteilung lesen wir ab:

$$t_{1-\alpha/2;f} = t_{0,995;14} = 2,977$$

Als halbes Konfidenzintervall berechnen wir:

$$a = t_{1-\alpha/2;f} \cdot \frac{s}{\sqrt{n}} = 2,977 \cdot \frac{42,4\,kJ/m^3}{\sqrt{15}} \approx 32,6\,kJ/m^3$$

Der Vertrauensbereich lässt sich nun (gerundet) angeben:
Untere Grenze: $\bar{x} - a = 30309\,kJ/m^3 - 32,6\,kJ/m^3 \approx 30276\,kJ/m^3$
Obere Grenze: $\bar{x} + a = 30309\,kJ/m^3 + 32,6\,kJ/m^3 \approx 30341\,kJ/m^3$
Das Ergebnis lautet: Mit einer Sicherheitswahrscheinlichkeit von 99 %
bzw. einer Irrtumswahrscheinlichkeit von 1 % kann behauptet werden, dass
der wahre Mittelwert μ zwischen 30276 kJ/m³ und 30341 kJ/m³ liegt.
In Tabelle 4.5 sind zusätzlich die Werte für die 90- und 95 %-Vertrauens-
bereiche dargestellt. Abbildung 4.11 zeigt die Zusammenhänge grafisch.

99

Wie »gut« sind
die Kennwerte aus
Stichproben? –
Vertrauensbereiche

Tabelle 4.5: Vertrauensbereiche für den Mittelwert des Heizwertes von Steinkohle

Vertrauensbereiche

$1-\alpha =$	0,90	0,95	0,99
$\alpha =$	0,10	0,05	0,01
$\alpha/2 =$	0,050	0,025	0,005
$1-\alpha/2 =$	0,950	0,975	0,995
$t_{\alpha/2} =$	−1,761	−2,145	−2,977
$t_{1-\alpha/2} =$	1,761	2,145	2,977
$a =$	19,3	23,5	32,6
VB untere Grenze =	30289	30285	30276
VB obere Grenze =	30328	30332	30341

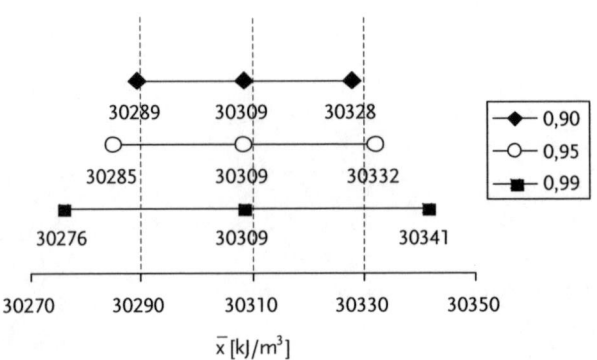

Vertrauensbereiche für den Mittelwert des Heizwertes von Steinkohle

Abbildung 4.11: Vertrauensbereiche für den Mittelwert des Heizwertes von Steinkohle

Rechenregeln

In Tabelle 4.6 sind die Schritte und Rechenregeln zur Berechnung des Vertrauensbereiches für den Mittelwert bei unbekannter Varianz dargestellt.

Wie »gut« sind die Kennwerte aus Stichproben? – Vertrauensbereiche

Tabelle 4.6: Der Vertrauensbereich für den Mittelwert (Varianz unbekannt)

Vertrauensbereich für den Mittelwert (σ unbekannt)
Rechenregeln

Legen Sie die gewünschte Konfidenzzahl $1-\alpha$ fest (Sicherheitswahrscheinlichkeit)

Ermitteln Sie den kritischen Wert $t_{1-\alpha/2;f}$ der t–Verteilung (Student-Verteilung) aus der Tabelle

Die Zahl der Freiheitsgrade ist $f = n - 1$

Berechnen Sie das halbe Vertrauensintervall $\quad a = t_{1-\alpha/2} \cdot \frac{s}{\sqrt{n}}$

Untere Grenze des Vertrauensbereiches: $\quad \bar{x} - a$

Obere Grenze des Vertrauensbereiches: $\quad \bar{x} + a$

Vertrauensbereich für die Varianz

Fragestellung und Nutzen

Welche Varianz der Grundgesamtheit einer Größe ist zu erwarten, wenn als Datenmaterial lediglich eine Stichprobe vorliegt?

Die entsprechende Fragestellung wurde in diesem Buch im Zusammenhang mit dem Mittelwert schon beantwortet. Die angewandte Methode aus der schließenden Statistik war die Berechnung des Vertrauensbereiches (Konfidenzintervall) für den Mittelwert. Dasselbe Verfahren wird im Folgenden für die Varianz entwickelt: Berechnen Sie den Vertrauensbereich für die Varianz und geben Sie diesen mit einer bestimmten Sicherheitswahrscheinlichkeit (Irrtumswahrscheinlichkeit) an.

Keine Angst! Unsere Kenntnisse aus den vorhergehenden Abschnitten lassen sich direkt anwenden; die Rechenmethode ist prinzipiell dieselbe wie beim Vertrauensbereich für den Mittelwert. An die entsprechende Formel und die Verteilung der Prüfgröße werden Sie sich schnell gewöhnen.

In vielen Anwendungsfällen der statistischen Praxis ist nicht in erster Linie die Einhaltung eines Mittelwertes, sondern eine »gesicherte« Varianz von Interesse. Dies ist oft bei der Überwachung von Produktionsverfahren von Bedeutung, bei denen es darauf ankommt, dass die Streuung bestimmter Größen in einem vorgegebenen (engen) Bereich bleibt. Nehmen Sie einmal an, dass die verfahrens- oder anlagenbedingte Streuung (der Grundgesamtheit) der Wirkstoffkonzentration in einem Reaktor zur Herstellung eines Medikaments nicht bekannt ist, so bleibt nur das Zahlenmaterial aus Stichproben, von denen auf die entsprechende Größe der Grundgesamtheit

101

Wie »gut« sind
die Kennwerte aus
Stichproben? –
Vertrauensbereiche

geschlossen werden kann: Wir schließen von der Varianz s^2 der Stichprobe auf die Varianz σ^2 der Grundgesamtheit.

Anhand eines Beispiels wird die von der Berechnung des Vertrauensbereiches für den Mittelwert bekannte Methode hergeleitet und am Ende des Kapitels als Rechenrezept dargestellt.

Beispiel

Ein Hersteller von Elektromotoren interessiert sich für die Streuung der Leistungsaufnahme einer Serie von Drehstrommotoren. Als Ergebnis eines Feldversuches mit 21 Motoren erhält er für die Standardabweichung der Leistungsaufnahme einen Wert von 0,3 kW.

Nun möchte er mit vorgegebener Sicherheitswahrscheinlichkeit von 95 % das Vertrauensintervall für die Varianz berechnen. Dafür muss natürlich die Überlegung angestellt werden, welcher Verteilung die Varianzen folgen.

Noch eine Verteilung: die χ^2-Verteilung

Hier haben wir es mit der in der schließenden Statistik sehr wichtigen so genannten χ^2-Verteilung (gesprochen Chi-Quadrat) zu tun. Die χ^2-Verteilung ist eine unsymmetrische Verteilung im Bereich von null bis unendlich. Ihre Form ist abhängig von der Zahl der Freiheitsgrade, die durch den Stichprobenumfang, vermindert um 1, definiert ist: $f = n-1$.

Für große Werte von n nähert sie sich der Normalverteilung. Kritische Werte sind wie bei der t-Verteilung tabelliert oder als Ergebnisse von Funktionen in Statistikprogrammen auf dem Computer bequem abrufbar. (Siehe Tabellen 8.9 und 8.10 im Anhang und die beiliegende CD-ROM). Die Dichte der χ^2-Verteilung ist für einige ausgewählte Freiheitsgrade in Abbildung 4.12 dargestellt. Mit zunehmendem Freiheitsgrad wird der schiefe, eingipflige Graph flacher und symmetrischer; qualitativ sichtbar ist die Annäherung an die Normalverteilung mit zunehmender Zahl der Freiheitsgrade.

Die Zufallsvariable der χ^2-Verteilung ist folgendermaßen definiert:

$$\chi^2 = \frac{s^2 \cdot (n-1)}{\sigma^2} \tag{1}$$

Der Mittelwert der χ^2-Verteilung entspricht der Zahl der Freiheitsgrade f:
$\mu = f = n-1$

Wie »gut« sind
die Kennwerte aus
Stichproben? –
Vertrauensbereiche

Als Varianz ergibt sich:
$\sigma^s = 2f = 2(n-1)$

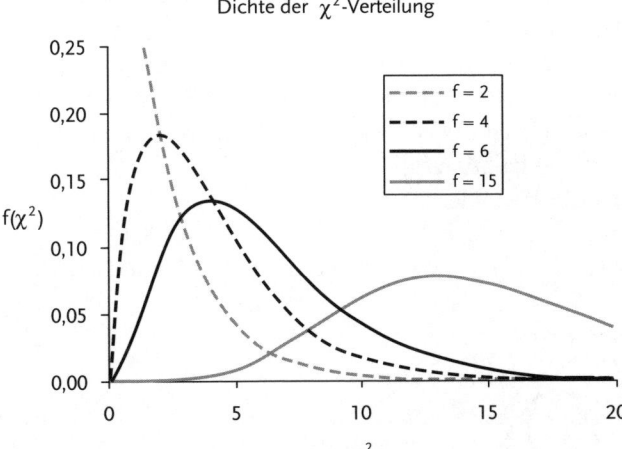

Dichte der χ^2-Verteilung

Abbildung 4.12: Dichte der χ^2-Verteilung für einige Freiheitsgrade f

Das Konfidenzintervall ist definitionsgemäß der Bereich zwischen den (entsprechend der gewählten Sicherheitswahrscheinlichkeit $1-\alpha$) zugrunde gelegten kritischen Werten der χ^2-Verteilung. Es gilt:

$$\chi^2_{\alpha/2;f} \leq \chi^2_{St} \leq \chi^2_{1-\alpha/2;f} \tag{2}$$

Das heißt, die kritischen Werte $\chi^2_{\alpha/2;f}$ und $\chi^2_{1-\alpha/2;f}$ bilden die obere bzw. untere Grenze des Vertrauensintervalls. Die aus der Stichprobe berechnete Zufallszahl χ^2_{St} liegt dazwischen.

Zur praktischen Berechnung des Vertrauensbereiches formen Sie nun die Ungleichung (2) etwas um. Zunächst erhalten Sie durch Einsetzen von (1):

$$\chi^2_{\alpha/2;f} \leq \frac{s^2 \cdot (n-1)}{\sigma^2} \leq \chi^2_{1-\alpha/2;f}$$

Durch Kehrwertbildung und Umstellung ergibt sich daraus die Ungleichung für die gesuchte Definition des Vertrauensbereiches:

$$\frac{s^2 \cdot (n-1)}{\chi^2_{1-\alpha/2;f}} \leq \sigma^2 \leq \frac{s^2 \cdot (n-1)}{\chi^2_{\alpha/2;f}} \tag{3}$$

103

Wie »gut« sind
die Kennwerte aus
Stichproben? –
Vertrauensbereiche

Dabei sind $\chi^2_{\alpha/2;\,f}$ und $\chi^2_{1-\alpha/2;\,f}$ die unteren bzw. oberen kritischen Werte der χ^2-Verteilung für die Sicherheitswahrscheinlichkeit $1-\alpha$ beim entsprechenden Freiheitsgrad f. Kritische Werte schlagen Sie in den Tabellen 8.9 und 8.10 nach oder ermitteln sie über den PC. n ist der Stichprobenumfang und s^2 die Varianz der Stichprobe.

Für die Stichprobe unseres Beispiels berechnen Sie aus der angegebenen Standardabweichung der Leistungsaufnahme (0,3 kW) die Varianz für die Stichprobe unseres Beispiels zu $s^2 = 0,09$ (kW)^2 (Maßeinheiten lassen Sie ab sofort der Übersichtlichkeit halber weg).

Als kritische Werte ermitteln Sie:

Kritischer Wert unten: $\quad \chi^2_{\alpha/2;\,f} = \chi^2_{0,025;\,20} = \quad$ 9,5908

Kritischer Wert oben: $\quad \chi^2_{1-\alpha/2;\,f} = \chi^2_{0,975;\,20} = \quad$ 34,1696

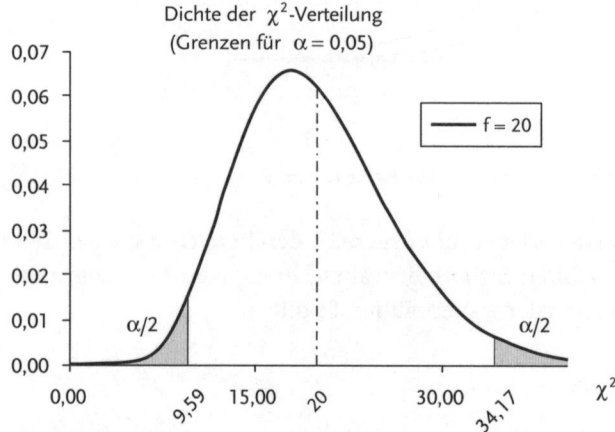

Abbildung 4.13: 5-%-Grenzen der χ^2-Verteilung für 20 Freiheitsgrade

Die Grenzen des gesuchten Vertrauensbereiches sind demnach:

Untere Grenze: $\quad \dfrac{s^2 \cdot (n-1)}{\chi^2_{0,975;20}} = \dfrac{0,09 \cdot 20}{34,1696} \approx 0,0527$

Obere Grenze: $\quad \dfrac{s^2 \cdot (n-1)}{\chi^2_{0,025;20}} = \dfrac{0,09 \cdot 20}{9,5908} \approx 0,1877$

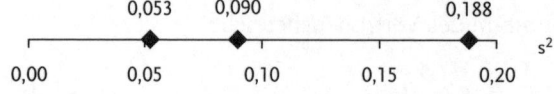

Abbildung 4.14: Vertrauensbereich für die Varianz der Leistungsaufnahme von Elektromotoren

104

Wie »gut« sind
die Kennwerte aus
Stichproben? –
Vertrauensbereiche

Als Ergebnis können Sie nun folgende Aussage machen: Mit einer Sicherheitswahrscheinlichkeit von 95 % bzw. einer Irrtumswahrscheinlichkeit von 5 % kann behauptet werden, dass die wahre Varianz σ^2 zwischen 0,053 und 0,188 liegt. Als Standardabweichung σ sind Werte zwischen 0,23 und 0,43 kW zu erwarten.

Beispiel : Wirkstoffanteil des Medikaments einer Tablette

Bei der Herstellung eines Medikaments mit Depotwirkung, das mehrmals täglich in Form einer Tablette eingenommen wird, ist die Streuung des Wirkstoffanteils pro Tablette ein wichtiges Qualitätskriterium.

Im Rahmen einer Stichprobe wurden 31 Tabletten untersucht und dabei eine Standardabweichung der Wirkstoffmenge von 0,7 mg gemessen. Innerhalb welcher Grenzen ist die Standardabweichung der Wirkstoffmengen in der Produktion zu erwarten? Rechnen Sie mit dem Signifikanzniveau 99 %.

Aus der Aufgabenstellung ergibt sich die Varianz zu $s^2 = 0,49$ (mg)^2; die Anzahl der Freiheitsgrade ist $f = n-1 = 30$.

Aus der Tabelle der χ^2-Verteilung ermitteln Sie als kritische Werte:

Kritischer Wert unten: $\chi^2_{\alpha/2;\,f} = \chi^2_{0,005;\,30} =$ 13,7867

Kritischer Wert oben: $\chi^2_{1-\alpha/2;\,f} = \chi^2_{0,995;\,30} =$ 53,6719

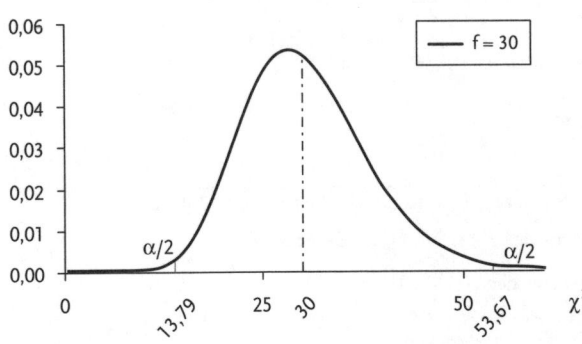

Abbildung 4.15: 1-%-Grenzen der χ^2-Verteilung für 30 Freiheitsgrade

Der Graph der Dichtefunktion für $f = 30$ in Abbildung 4.15 zeigt deutlich die Annäherung der χ^2-Verteilung an die Normalverteilung mit zunehmendem Stichprobenumfang bzw. Freiheitsgrad.

105

Wie »gut« sind
die Kennwerte aus
Stichproben? –
Vertrauensbereiche

Die Grenzen des gesuchten Vertrauensbereiches für σ^2 berechnen sich wie folgt:

Untere Grenze: $\dfrac{s^2 \cdot (n-1)}{\chi^2_{0,995;30}} = \dfrac{0{,}49 \cdot 30}{53{,}6719} \approx 0{,}2739$

Obere Grenze: $\dfrac{s^2 \cdot (n-1)}{\chi^2_{0,005;30}} = \dfrac{0{,}49 \cdot 30}{13{,}7867} \approx 1{,}0662$

Als Ergebnis können Sie nun folgende Aussage machen:

Mit einer Sicherheitswahrscheinlichkeit von 99 % bzw. einer Irrtumswahrscheinlichkeit von 1 % kann behauptet werden, dass die Varianz der Wirkstoffanteile in der Produktion im Bereich zwischen 0,27 und 1,07 mg^2 liegen wird.

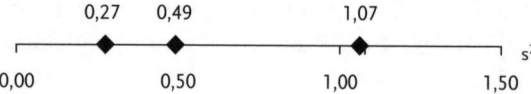

Abbildung 4.16: Vertrauensbereich für die Varianz der Wirkstoffanteile eines Medikaments

Rechenregeln

In Tabelle 4.7 sind die Schritte und Rechenregeln zur Berechnung des Vertrauensbereiches für die Varianz dargestellt.

Tabelle 4.7: Der Vertrauensbereich für die Varianz

Vertrauensbereich für die Varianz
Rechenregeln

Legen Sie die gewünschte Konfidenzzahl $1 - \alpha$ fest (Sicherheitswahrscheinlichkeit)

Ermitteln Sie die kritischen Werte der χ^2-Verteilung aus der Tabelle

Untere Grenze des Vertrauensbereiches $\dfrac{s^2 \cdot (n-1)}{\chi^2_{1-\alpha/2;f}}$

Obere Grenze des Vertrauensbereiches $\dfrac{s^2 \cdot (n-1)}{\chi^2_{\alpha/2;f}}$

Es gilt: f = n−1

106

Wie »gut« sind
die Kennwerte aus
Stichproben? –
Vertrauensbereiche

Vertrauensbereich – Übersicht

Die in diesem Kapitel behandelten Verfahren und Rechenvorschriften zur Berechnung der Vertrauensbereiche sind in Tabelle 4.8 als Übersicht dargestellt

Tabelle 4.8: Vertrauensbereiche für Mittelwert und Varianz: Die zugrunde gelegte Sicherheitswahrscheinlichkeit beträgt $1-\alpha$

Untersuchte Größe	Vertrauensbereich	Verteilungstyp
Mittelwert (σ bekannt)	$\bar{x} - z_{1-\alpha/2} \cdot \dfrac{\sigma}{\sqrt{n}} \leq \mu \leq \bar{x} + z_{1-\alpha/2} \cdot \dfrac{\sigma}{\sqrt{n}}$	Normalverteilung
Mittelwert (σ unbekannt)	$\bar{x} - t_{1-\alpha/2;f} \cdot \dfrac{s}{\sqrt{n}} \leq \mu \leq \bar{x} + t_{1-\alpha/2;f} \cdot \dfrac{s}{\sqrt{n}}$	t-Verteilung (Student-Verteilung) $f = n-1$
Varianz	$\dfrac{s^2 \cdot (n-1)}{\chi^2_{1-\alpha/2;f}} \leq \sigma^2 \leq \dfrac{s^2 \cdot (n-1)}{\chi^2_{\alpha/2;f}}$	χ^2-Verteilung $f = n-1$

5
Schuldig oder nicht schuldig –
der statistische Test

Die Fragestellung

Kennwerte aus Stichproben – zum Beispiel Mittelwert und Standardabweichung – entsprechen selten unseren Idealvorstellungen. Denn erinnern Sie sich: $\bar{x}$ und s sind ja Schätzwerte für die wahren Werte μ und σ der Grundgesamtheit. Das heißt, $\bar{x}$ und s werden sich in den meisten Fällen mehr oder weniger von den wahren Werten unterscheiden. Dennoch soll versucht werden, anhand dieser Kennwerte Hypothesen darüber aufzustellen, welche entsprechenden Kennwerte die Grundgesamtheit besitzt. Wir schließen beispielsweise vom Stichprobenmittelwert $\bar{x}$ auf den Mittelwert μ der Grundgesamtheit oder von der Stichprobenstandardabweichung s auf σ der Grundgesamtheit. Die aufzustellenden Hypothesen müssen durch den statistischen Test entweder bestätigt oder widerlegt werden. Bei diesem Verfahren handelt es sich also um eine Theorie der Entscheidungen.

Hypothesen und Alternativen: von der Justiz zur Statistik

Wir nähern uns der Fragestellung des statistischen Tests zunächst anhand eines Beispiels aus dem Bereich der Justiz: In Strafprozessen hat das Gericht die Aufgabe herauszufinden, ob der Angeklagte die Tat begangen hat oder nicht. Dabei bemüht sich das Gericht, nach der Vorlage von Aussagen und Indizien zu urteilen. Dies erfolgt »nach bestem Wissen und Gewissen«.

Zunächst wird durch die Staatsanwaltschaft Anklage erhoben. Es wird also eine Behauptung (Hypothese) aufgestellt: Der Angeklagte ist schuldig. Im Prozess wird dann versucht, diese Hypothese zu untermauern. Falls die Anklage nicht bestätigt werden kann, wird diese fallen gelassen und es wird automatisch die Alternative angenommen, die heißt: Freispruch. Oder: Wenn die Schuld nicht zweifelsfrei bewiesen werden kann, wird davon ausgegangen, dass der Angeklagte nicht schuldig ist (»In dubio pro reo« = Im Zweifelsfall für den Angeklagten).

Nach diesem Prinzip arbeitet auch der statistische Test: Es wird versucht, eine aufgestellte Hypothese zu bestätigen. Die »Haltbarkeit« dieser Hypothese wird anhand von Stichprobenwerten und der Kenntnis statistischer Verteilungen geprüft. Falls die Bestätigung der Hypothese nicht gelingt, wird eine Alternativhypothese angenommen.

Und wie bei der Justiz, so ist es auch in der Statistik: Eine zu 100 Prozent richtige Entscheidung gibt es nicht – die Aussagen des Tests können nur mit einer bestimmten Sicherheitswahrscheinlichkeit erfolgen.

Entsprechend Tabelle 5.1 gibt es zwei Möglichkeiten für richtige Entscheidungen des Gerichts, nämlich den Freispruch eines Unschuldigen und die Verurteilung eines Schuldigen. In den anderen beiden möglichen Fällen irrt das Gericht: Der Freispruch eines Schuldigen und die Verurteilung eines nicht Schuldigen werden als »Justizirrtümer« bezeichnet.

Tabelle 5.1: Zwei richtige und zwei falsche Entscheidungsmöglichkeiten des Gerichts

Urteil des Gerichts	In Wirklichkeit	
	nicht schuldig	schuldig
nicht schuldig	*Freispruch*	*Schuldiger wird freigesprochen*
schuldig	*Nicht Schuldiger wird verurteilt*	*Verurteilung*

Was hat nun diese juristische Fragestellung mit einem statistischen Test zu tun?

Dem statistischen Test liegt prinzipiell dieselbe Vorgehensweise zugrunde: Es wird eine Hypothese aufgestellt, zum Beispiel dass die Grundgesamtheit einen bestimmten Mittelwert besitze. Statistiker nennen sie die Nullhypothese H_0. Falls sich die Nullhypothese nach Auswertung der Stichprobe nicht widerlegen lässt, wird sie angenommen. Im anderen Fall wird die Alternative (die Alternativhypothese H_1) angenommen: die Grundgesamtheit habe nicht den angenommenen Mittelwert. Auch hierbei ist leicht einzusehen, dass – wie vor Gericht – die Richtigkeit des Testergebnisses (das Urteil) nicht mit 100-prozentiger Sicherheit garantiert werden kann. Die Aussagen des Tests können nur mit einer bestimmten Sicherheitswahrscheinlichkeit gemacht werden.

Beispiel: Durchmesser von PVC-Stäben

An die statistische Fragestellung und das Prinzip des statistischen Tests nähern wir uns mit einem Beispiel an, einem Test für den Mittelwert bei bekannter Standardabweichung.

Es geht um die Überwachung einer Produktion von PVC-Stäben, die idealerweise einen Durchmesser von 5 mm aufweisen. Es sei bekannt, dass die Maschine mit einer Standardabweichung von $\sigma = 1$ mm arbeitet. Zur Kontrolle wurde neun Mal in gleichen Zeitabständen ein Stab entnommen und dessen Durchmesser gemessen. Anschließend wurde aus den gemessenen Durchmessern der arithmetische Mittelwert $\bar{x}$ berechnet. Der Statistiker sagt: Die gemessenen Durchmesser stellen eine Zufallsvariable dar. Die Durchmesser unterliegen Schwankungen, die durch Ungleichheiten des Materials, Unregelmäßigkeiten der Maschine usw. erklärt sind. Die Hypothese für den statistischen Test definiert den gewünschten Fall und lautet demnach: Die Maschine produziert Stäbe, deren Mittelwert $\mu = 5$ mm beträgt. Weicht nun der Mittelwert $\bar{x}$ der Stichprobe nicht »zu sehr« von diesem gewünschten Wert ab, wird die Hypothese angenommen und man lässt die Produktion weiterlaufen. Übersteigt die Abweichung $\bar{x} - \mu$ ein bestimmtes Maß, so wird die Hypothese verworfen, die Produktion wird gestoppt und man beginnt mit der Fehlersuche.

Schließlich brauchen Sie noch eine Entscheidungshilfe, um die Grenze zwischen rein zufallsbedingten, unvermeidlichen und größeren Abweichungen zu ziehen, die nicht mehr durch den Zufall zu erklären sind. Letztere heißen signifikante Abweichungen im Gegensatz zu den rein zufallsbedingten.

Wie kommen Sie nun zu den Hypothesen (Nullhypothesen), der Definition des »gewünschten Falls«? Hierbei sind die beiden unten stehenden Fälle am häufigsten:

1. Die Hypothese ist entstanden aus früheren Versuchen oder Beobachtungen. Man stellt die Hypothese auf, dass der Prozess, die Maschine usw. in der Zukunft mit denselben Kenngrößen arbeitet. Beispiel: Anzahl der Sonnenscheinstunden pro Jahr in einem Feriengebiet.

2. Die Hypothese definiert eine Theorie, die man bestätigen möchte. Beispiel: Der Kraftstoffverbrauch eines bestimmten PKW beträgt im Jahresmittel 5,2 l/100 km.

Vorgehensweise beim statistischen Test: Fünf-Schritte-Prozedur

Man kann die Vorgehensweise beim statistischen Test in fünf Schritten beschreiben, wie dies im Folgenden anhand des Tests für den (gewünschten) Mittelwert μ_0 getan wird:

1. Schritt: Nullhypothese und Alternativhypothese definieren

Als Erstes stellen Sie eine Hypothese auf – die Nullhypothese H_0. Die Nullhypothese beschreibt den vermuteten oder gewünschten Fall, zum Beispiel dass ein bestimmter Mittelwert (Sollwert) eingehalten wird.

Nullhypothese $\quad H_0: \mu = \mu_0$

Als Nächstes wird nun eine Alternativhypothese formuliert, die im Falle der Nichtbestätigung der Nullhypothese angenommen werden soll. Beispiele für Alternativhypothesen sind:

$$H_1: \mu > \mu_0$$

Dies würde bedeuten, dass der wahre Mittelwert größer ist als der Stichprobenmittelwert (Überschreitung einer Obergrenze).

$$H_1: \mu < \mu_0$$

In diesem Fall würde der wahre Mittelwert eine untere Grenze überschreiten.

$$H_1: \mu \neq \mu_0$$

Diese Alternativhypothese (des zweiseitigen Tests) wird angenommen, wenn die Prüfgröße eine untere oder obere Grenze unter- bzw. überschreitet.

2. Schritt: Signifikanzzahl wählen

Nehmen Sie nun an bzw. Sie wissen, dass die Grundgesamtheit des untersuchten Merkmals (beispielsweise des Mittelwerts) normal verteilt ist und dass Sie deren Standardabweichung kennen. Trifft die Nullhypothese zu, so wissen Sie, dass die »meisten« Werte im Bereich um das wahre μ zu finden sind. Weicht der Stichprobenmittelwert $\bar{x}$ »zu sehr« von μ_0 – unserem vermuteten Wert – ab, so werten Sie das als Anzeichen dafür, dass die Nullhypothese wohl nicht stimmen kann, und verwerfen diese. Wie ziehen Sie aber die Grenze, ab der Sie verwerfen? Sie bestimmen die Grenze so, dass, falls die Nullhypothese richtig ist, nur ein sehr kleiner Teil der Werte diese überschreiten werden. Wie bei der Definition des Vertrauensbereiches legen Sie eine Signifikanzzahl α (Irrtumswahrscheinlichkeit) fest, zum Beispiel 5 % oder 1 %. Man riskiert dabei in jedem 20. bzw. jedem 100. Fall, dass man die Hypothese verwirft, obwohl sie richtig ist.

3. Schritt: Kritische(n) Wert(e) aus Tabelle ermitteln

Mit der gewählten Signifikanzzahl geht man nun in die Tabelle der zugehörigen Verteilung (zum Beispiel die Standardnormalverteilung) und liest den zugehörigen Grenzwert c ab. Dieser Grenzwert c wird auch kritischer Wert genannt. Sie werden noch sehen, dass bei zweiseitigen Tests zwei Grenzwerte existieren, ein unterer und ein oberer.

4. Schritt: Aus Stichprobenwert die Prüfgröße berechnen

Bevor im letzten Schritt die Testentscheidung getroffen wird, müssen Sie noch aus den Stichprobendaten die so genannte Prüfgröße berechnen. Eigentlich wäre hier der Stichprobenmittelwert die Prüfgröße, die im nächsten Schritt mit dem kritischen Wert aus der Tabelle der entsprechenden Verteilung verglichen werden soll. Da aber die Tabellenwerte normiert vorliegen, muss die Prüfgröße ebenfalls normiert werden.

Schuldig oder
nicht schuldig –
der statistische Test

Die Prüfgröße für den Mittelwerttest ist uns prinzipiell von der Berechnung des Vertrauensbereiches her bekannt und lautet:

$$c_{St} = \frac{\bar{x} - \mu_0}{\sigma} \cdot \sqrt{n}$$

Dabei sind

$\bar{x}$ Stichprobenmittelwert

μ_0 Mittelwert entsprechend Nullhypothese

σ Standardabweichung der Grundgesamtheit

n Stichprobenumfang

5. Schritt: Testentscheidung

Das Ergebnis des Tests lautet dann: Falls der Stichprobenmittelwert den kritischen Wert nicht »verletzt«, d. h. überschreitet bzw. unterschreitet, wird die Nullhypothese angenommen. Andernfalls wird H_0 verworfen und die Alternativhypothese angenommen.

Die »Verletzung« des kritischen Wertes wird im Folgenden anhand von Beispielen zum einseitigen und zweiseitigen Test noch genauer definiert werden.

Einseitige und zweiseitige Tests: die drei typischen Fälle

Bisher wurde anhand des Mittelwerttests von der Verletzung der Grenzen und von Überschreitungen des kritischen Wertes durch die Prüfgröße etwas pauschal gesprochen. Im Folgenden werden wir uns dies nun etwas genauer ansehen und die drei möglichen Fälle anhand unseres Beispiels der Durchmesser von PVC-Stäben beschreiben. Der Übersicht halber entfallen dabei in den Formeln die Benennungen der physikalischen Größen. Im nächsten Abschnitt werden dann weitere praktische Beispiele mit Zahlen dafür durchgerechnet.

Fall 1: Einseitiger Test – Risiko: Überschreitung eines Höchstwertes

In der Praxis ist oft die Überschreitung eines Höchstwertes der unerwünschte Fall, der durch den Test widerlegt werden soll. Da hier nur die Verletzung einer Grenze, nämlich einer oberen Grenze, interessiert, handelt es sich um einen einseitigen Test. Beispiele für den einseitigen Test mit oberer Grenze sind:

- Überdosierung eines Pharmawirkstoffes
- Überschreitung von Grenzwerten der Verunreinigung von Luft
- Überschreitung eines oberen Temperaturgrenzwertes in einer elektronischen Baugruppe

Die Unterschreitung der Grenzwerte interessiert in diesem Zusammenhang nicht. Welche Hypothesen und Alternativen sind nun hier sinnvoll? Erinnern Sie sich: Die Nullhypothese definiert den gewünschten Fall. Dieser heißt für das Beispiel: Der gewünschte Mittelwert (der Grundgesamtheit) wird eingehalten. Falls der Test dies mit der zugrunde gelegten Irrtumswahrscheinlichkeit nicht bestätigt, wird die Nullhypothese verworfen und die Alternativhypothese angenommen. Und diese muss dann lauten: Der gewünschte Mittelwert wird überschritten.

1. Schritt: Nullhypothese und Alternativhypothese
Die Hypothesen für unser Beispiel des Tests für den Mittelwert der Durchmesser von PVC-Stäben lauten:

Nullhypothese: $\quad\quad H_0: \mu = \mu_0 = 5,0$ (der gewünschte Fall)
Alternativhypothese: $\quad H_1: \mu > \mu_0$

2. Schritt: Signifikanzzahl
Als Signifikanzzahl (Irrtumswahrscheinlichkeit) für den Test sei $\alpha = 5\%$ vorgegeben.

3. Schritt: Kritischer Wert aus der Tabelle
Entsprechend der gewählten Irrtumswahrscheinlichkeit α ergibt sich der kritische Wert $c_{1-\alpha}$ aus der Tabelle als der Wert, der die Fläche unter der Kurve in die Anteile α und $1 - \alpha$ trennt. In unserem Beispiel legen wir die Standardnormalverteilung (siehe Tabelle 8.1 oder beigefügte CD-ROM) zugrunde und lesen ab: $c_{1-\alpha} = c_{0,95} = 1,645$.

4. Schritt: Die Prüfgröße aus Stichprobendaten
Nehmen Sie nun beispielsweise an, dass der Stichprobenmittelwert 5,3 mm war. Bei einem Stichprobenumfang von 9 und der bekannten Standardabweichung von 1 mm gilt:

$$c_{St} = \frac{\bar{x} - \mu_0}{\sigma} \cdot \sqrt{n} = \frac{5,3 - 5}{1} \cdot \sqrt{9} = 0,9$$

115

Schuldig oder
nicht schuldig –
der statistische Test

5. Schritt: Testentscheidung

Abbildung 5.1 zeigt den Verlauf der Wahrscheinlichkeitsdichte unserer Prüfgröße. Da hier von der Standardnormalverteilung ausgegangen wird, wissen Sie, dass diese symmetrisch ist und beim Wert 0 die größte Dichte besitzt. Der kritische Wert $c_{1-\alpha}$ ist eingezeichnet. Unsere Testentscheidung muss nun lauten: Da die Prüfgröße (c-Wert der Stichprobe) $c_{St} = 0{,}9$ kleiner ist als der kritische Wert $c_{1-\alpha} = 1{,}645$ aus der Tabelle, wird die Nullhypothese angenommen. Mit einer Sicherheitswahrscheinlichkeit von 95 % kann behauptet werden, dass der wahre Mittelwert $\mu = 5$ mm in der Produktion eingehalten wird.

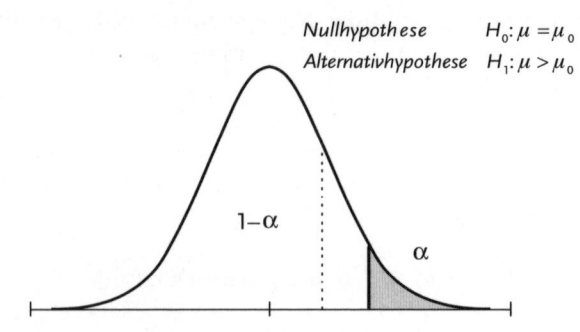

Einseitiger Test, obere Grenze

Nullhypothese $H_0: \mu = \mu_0$
Alternativhypothese $H_1: \mu > \mu_0$

Abbildung 5.1: Die Nullhypothese wird angenommen

Fall 2: Einseitiger Test – Risiko: Unterschreitung eines Mindestwertes

In vielen Fällen ist die Unterschreitung eines Mindestwertes der Risikofall und deshalb als Alternativhypothese zu definieren. Beispiele hierfür sind:

- Ein Stahlseil darf nicht unterhalb einer bestimmten Reißlast versagen
- Die Befüllungsmindestmenge einer Getränkeflasche darf nicht unterschritten werden

In diesen Fällen ist die Überschreitung der untersuchten Kenngröße ohne Belang. Wenn bei den genannten Beispielen die Festigkeit bzw. die

116

Schuldig oder
nicht schuldig –
der statistische Test

Füllmenge größer als der gewünschte Wert sind, stört das nicht – um diesen Fall brauchen Sie sich nicht zu kümmern.

Sie sehen natürlich sofort, dass der behandelte Fall 2 analog zum vorigen Beispiel wieder ein einseitiger Test ist, nur mit dem Unterschied, dass das Risiko in der Unterschreitung einer Grenze liegt.

Sie können also wieder nach unserem Rezept in fünf Schritten vorgehen und anhand des Beispiels der Durchmesser von PVC-Stäben rechnen.

1. Schritt: Nullhypothese und Alternativhypothese

An der Nullhypothese, die ja den gewünschten Fall darstellt, ändert sich nichts:

Nullhypothese: $\qquad H_0: \mu = \mu_0 = 5,0$ (der gewünschte Fall)

Die Alternativhypothese, die in unserem Beispiel das Unterschreiten einer unteren Grenze ausdrückt, ist wie folgt zu formulieren:

Alternativhypothese: $\quad H_1: \mu < \mu_0$

2. Schritt: Signifikanzzahl

Als Signifikanzzahl (Irrtumswahrscheinlichkeit) für unseren Test sei wieder $\alpha = 5\,\%$ vorgegeben.

3. Schritt: Kritischer Wert aus der Tabelle

Entsprechend der gewählten Irrtumswahrscheinlichkeit α ergibt sich nun der kritische Wert $c_\alpha = -1{,}645$ aus der Tabelle. Wegen der Symmetrie der zugrunde gelegten Normalverteilung ist der Betrag dieses Wertes gleich wie im Fall 1, nur eben negativ.

4. Schritt: Die Prüfgröße aus Stichprobendaten

Nehmen Sie jetzt an, dass der Stichprobenmittelwert 4,3 mm war. Bei einem Stichprobenumfang von 9 und der bekannten Standardabweichung von 1 mm gilt:

$$c_{St} = \frac{\bar{x} - \mu_0}{\sigma} \cdot \sqrt{n} = \frac{4,3 - 5}{1} \cdot \sqrt{9} = -2,1$$

5. Schritt: Testentscheidung

Unsere Testentscheidung muss nun lauten: Da die Prüfgröße (c-Wert der Stichprobe) $c_{St} = -2{,}1$ kleiner ist als der kritische Wert $c_\alpha = -1{,}645$ aus der

Schuldig oder
nicht schuldig –
der statistische Test

Tabelle, wird die Nullhypothese verworfen und die Alternativhypothese angenommen. Mit einer Sicherheitswahrscheinlichkeit von 95 % kann behauptet werden, dass der wahre Mittelwert $\mu = 5$ mm in der Produktion nicht eingehalten, sondern unterschritten wird.

Einseitiger Test, untere Grenze

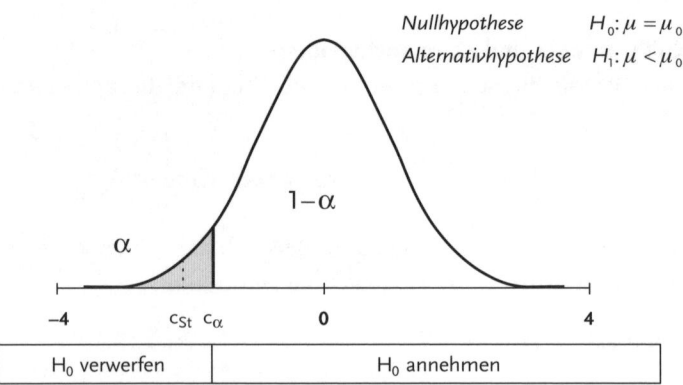

Nullhypothese $\quad H_0 : \mu = \mu_0$
Alternativhypothese $\quad H_1 : \mu < \mu_0$

Abbildung 5.2: Die Nullhypothese wird verworfen

Fall 3: Zweiseitiger Test – Risiko:
Unter- oder Überschreitung zweier Grenzwerte

In vielen Anwendungsfällen interessieren sowohl untere als auch obere Spezifikationsgrenzen, die weder über- noch unterschritten werden sollen. Wenn für das obige Beispiel der Durchmesser von PVC-Stäben sowohl zu kleine als auch zu große Durchmesser nicht akzeptabel sind, müssen Sie einen zweiseitigen Test durchführen, der beide Grenzen überwacht.

Es werden also zwei kritische Werte zu ermitteln sein – der »Verwerfungsbereich« besteht aus zwei Teilen.

Beispiele für zweiseitige Testfragestellungen sind:

- Die Dosierung eines Medikaments darf weder unter- noch überschritten werden
- Die Schmelztemperatur von Reagenzgläsern muss in einem bestimmten Bereich liegen
- Die Lebensdauer von Bauteilen soll nicht zu kurz, aber auch nicht zu lang sein.

Im Unterschied zu den vorher behandelten Fällen des einseitigen Tests müssen Sie hier den Verwerfungsbereich entsprechend Abbildung 5.3 zweiteilen. Die Flächen unter der Dichte der angenommen Wahrscheinlichkeitsverteilung werden dann durch zwei kritische Werte, nämlich $c_{\alpha/2}$ und $c_{1-\alpha/2}$ begrenzt.

Wie das geht, ist wieder in fünf Schritten anhand unseres Beispiels der Durchmesser von PVC-Stäben nachzuvollziehen.

1. Schritt: Nullhypothese und Alternativhypothese

An der Nullhypothese, die ja den gewünschten Fall darstellt, ändert sich nichts:

Nullhypothese: $\qquad H_0\colon \mu = \mu_0 = 5,0$ (der gewünschte Fall)

Die Alternativhypothese, die sowohl das Überschreiten der oberen Grenze als auch das der unteren Grenze ausdrücken soll, heißt nun:

Alternativhypothese: $\quad H_1\colon \mu \neq \mu_0$

2. Schritt: Signifikanzzahl

Wegen der Vergleichbarkeit der Werte zu den vorigen Fällen 1 und 2 wählen Sie wieder als Signifikanzzahl $\alpha = 5\,\%$.

3. Schritt: Kritische Werte aus der Tabelle

Die beiden Verwerfungsbereiche »teilen« sich nun die vorgegebene Fläche α, die durch folgende kritische Werte definiert sind:

Kritischer Wert unten: $\quad c_{\alpha/2}$
Kritischer Wert oben: $\quad c_{1-\alpha/2}$

Aus der Tabelle 8.1 können Sie ablesen:

$c_{\alpha/2} = c_{0,025} = -1,96$
$c_{1-\alpha/2} = c_{0,975} = 1,96$

Sie sehen also hier schon, dass beim zweiseitigen Test – vorausgesetzt Sie wählen dieselbe Irrtumswahrscheinlichkeit – die Verwerfungsgrenzen »großzügiger« nach oben und unten werden, als dies beim einseitigen Test der Fall war. Er wird demnach die Nullhypothese für Stichprobenwerte bestätigen, bei denen der einseitige Test schon verworfen hätte.

4. Schritt: Die Prüfgröße aus Stichprobendaten

Nehmen Sie an, dass der Stichprobenmittelwert 4,5 mm war. Bei einem Stichprobenumfang von 9 und der bekannten Standardabweichung von 1 mm gilt:

$$c_{St} = \frac{\bar{x} - \mu_0}{\sigma} \cdot \sqrt{n} = \frac{4,5 - 5}{1} \cdot \sqrt{9} = -1,5$$

5. Schritt: Testentscheidung

Ihre Testentscheidung muss nun lauten: Da die Prüfgröße (c-Wert der Stichprobe) $c_{St} = -1,5$ größer ist als der untere kritische Wert $c_{\alpha/2} = -1,96$ und kleiner als der obere kritische Wert $c_{1-\alpha/2} = 1,96$ der Tabelle, wird die Nullhypothese angenommen. Mit einer Sicherheitswahrscheinlichkeit von 95 % kann behauptet werden, dass der wahre Mittelwert $\mu = 5$ mm in der Produktion eingehalten wird.

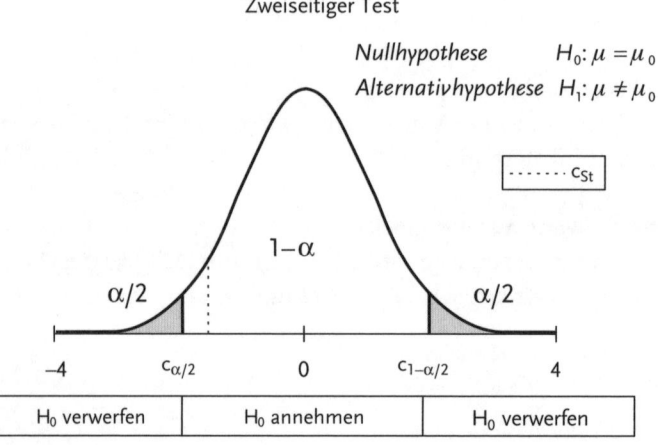

Abbildung 5.3: Die Nullhypothese wird angenommen

Falsche Testentscheidungen: Fehler 1. und 2. Art

Welche Risiken gehen Sie nun ein, wenn Sie solche Hypothesen annehmen oder verwerfen? Erinnern Sie sich an das Beispiel der Justiz und übertragen Sie diese Überlegungen einmal auf die Statistik entsprechend dem Schema in Tabelle 5.2.

Tabelle 5.2: Richtige und falsche Testentscheidungen

Test-Entscheidung	In Wirklichkeit		
	H_0 trifft zu	H_0 trifft nicht zu	
H_0 wird angenommen	*Richtige Entscheidung*	*Fehler 2. Art*	← Kundenrisiko: H_0 wird angenommen, obwohl falsch
H_0 wird verworfen H_1 wird angenommen	*Fehler 1. Art* ↑	*Richtige Entscheidung*	

Lieferantenrisiko:
H_0 wird verworfen,
obwohl richtig

Zunächst gibt es zwei Möglichkeiten für richtige Entscheidungen zur Annahme oder zum Verwerfen der Nullhypothese: Richtig entscheiden Sie, wenn Sie eine Hypothese oder Alternative annehmen, die der Realität entspricht.

Leider haben Sie auch zwei – wenn auch kleine – Risiken für Fehlentscheidungen:

Fehler 1. Art – Lieferantenrisiko

Als Fehler 1. Art wird der Fall bezeichnet, wenn die Nullhypothese verworfen wird, obwohl sie richtig wäre.

Beispielsweise entnimmt man einer Lieferung eine Stichprobe und testet die Hypothese, dass die Lieferung der Spezifikation entspricht. Weist man »versehentlich« die Lieferung zurück, obwohl sie der Spezifikation entspricht, so begeht man einen Fehler 1. Art. Dieser Fall wird als Lieferantenrisiko (Produzentenrisiko) bezeichnet: Ein einwandfreies Produkt wird nicht ausgeliefert oder vom Kunden zurückgewiesen.

Fehler 2. Art – Kundenrisiko

Als Fehler 2. Art wird der Fall bezeichnet, wenn die Nullhypothese angenommen wird, obwohl sie falsch ist.

Nimmt man beispielsweise eine Lieferung an, die nicht der Spezifikation entspricht, so begeht man einen Fehler 2. Art. Dieser Fall wird als Kundenrisiko (Konsumentenrisiko) bezeichnet.

Statistischer Test für den Mittelwert (σ bekannt; z-Test)

Typische Fragestellungen aus der Praxis

In der Praxis ist oft bekannt, mit welcher Varianz/Standardabweichung eines Produktmerkmals (Länge, Menge, prozentualer Anteil) eine Maschine oder Anlage arbeitet. Eine kleine Standardabweichung für die Fertigungstoleranz ist ja eines der wesentlichen Merkmale beispielsweise einer Präzisionswerkzeugmaschine.

Es hängt von der Einstellung der Maschine ab, welchen Mittelwert eines Produktmerkmals sie hervorbringt. Er ist also von Produkt zu Produkt zu verschieden.

Ziel ist es nun, aus einem Stichprobenmittelwert auf den Mittelwert der Grundgesamtheit zu schließen, wobei die Varianz der Grundgesamtheit eine bekannte Größe ist. Anders ausgedrückt ist folgende Frage zu beantworten: Kann unter Berücksichtigung einer Irrtumswahrscheinlichkeit auf die Einhaltung vorgegebener Mittelwerte (Sollwerte, Spezifikationen) geschlossen werden, obwohl die Stichprobe (ein wenig) davon abweicht?

Die Antwort erbringt der statistische Test für den Mittelwert bei bekannter Varianz der Grundgesamtheit, genannt z-Test, dessen Rechenregeln wir im vorigen Abschnitt hergeleitet haben. Getestet wird die Nullhypothese, dass ein bestimmter Mittelwert – ein Sollwert – eingehalten wird, gegen verschiedene Alternativen.

Die Fragestellungen lauten etwa wie folgt:

1. Ist zu erwarten, dass der Wirkstoffanteil eines Medikaments den auf dem Beipackzettel angegebenen Wert 23,00 % nicht überschreitet, obwohl eine Stichprobe vom Umfang 100 einen Mittelwert von 23,22 % ergab?
(Einseitiger Test zur Überwachung der Überschreitung einer Grenze mit dem Ziel, sich gegen Haftungsansprüche der Kunden abzusichern)

2. Kann mit vorgegebener Sicherheit behauptet werden, dass die Härtegrade von Stahlscheiben einen bestimmten Wert nicht unterschreiten?
(Einseitiger Test zur Überwachung der Unterschreitung einer Grenze mit dem Ziel, Mindesthärtegrade sicherzustellen)

Schuldig oder
nicht schuldig –
der statistische Test

3. Kann mit einer Irrtumswahrscheinlichkeit von 5 % behauptet werden, dass der Mittelwert der Durchmesser einer Getriebewelle die Spezifikation 12,00 mm einhält, obwohl die Stichprobe einen Wert von 12,04 mm ergibt? (Zweiseitiger Test mit dem Ziel, weder zu kleine noch zu große Wellendurchmesser zu produzieren)

Anhand von Beispielen werden im Folgenden die drei typischen Fragestellungen dieses Mittelwerttests behandelt: ein einseitiger Test und ein zweiseitiger Test mit der Prüfung auf Überschreitung oder/und Unterschreitung des Sollwerts. Am Ende des Kapitels haben Sie dieses statistische Verfahren mit den drei Varianten kennen gelernt und können es anhand der dargestellten Rechenrezepte leicht einsetzen.

Als Voraussetzung für die Anwendung dieses Tests gilt, dass die Grundgesamtheit normal verteilt ist und deren Varianz bekannt ist. Von der Ermittlung des Vertrauensbereiches ist ja bekannt, dass die Mittelwerte ebenfalls der Normalverteilung folgen. Als Prüfgröße dient

$$z = \frac{\bar{x} - \mu}{\sigma} \cdot \sqrt{n}$$

Der statistische Test folgt dem im vorigen Abschnitt dargestellten Konzept der fünf Schritte:

1. Schritt: Nullhypothese und Alternativhypothese definieren
2. Schritt: Signifikanzzahl wählen
3. Schritt: Kritische(n) Wert(e) aus Tabelle ermitteln
4. Schritt: Aus Stichprobenwert Prüfgröße berechnen
5. Schritt: Testentscheidung durch Vergleich der Prüfgröße mit den Tabellenwerten

Beispiel 1: Test für den Mittelwert eines Wirkstoffanteils in einer Brausetablette (einseitiger Test, obere Grenze)

Bei der Herstellung von Brausetabletten für Mineralstoffgetränke soll der Anteil eines Wirkstoffes pro Tablette den Wert 24 mg nicht übersteigen, weil sich dann Nachteile für den Geschmack und die Haltbarkeit des Produktes ergeben würden.

Anhand von 10 Stichproben wurde ein Mittelwert $\bar{x} = 25{,}2$ mg des Wirkstoffes ermittelt. Die Standardabweichung, mit der die Anlage arbeitet, sei bekannt und betrage $\sigma = 3$ mg.

123

Schuldig oder
nicht schuldig –
der statistische Test

Kann mit einer Irrtumswahrscheinlichkeit von 5 % behauptet werden, dass die Anlage im Mittel nicht höher dosiert ist als 24 mg des Wirkstoffes in einer Tablette?

Ziel des Herstellers ist, zu ermitteln, ob der gewünschte Mittelwert der Grundgesamtheit eingehalten wird, obwohl die Stichprobe einen höheren Wert ergeben hat.

1. Schritt: Nullhypothese und Alternativhypothese definieren

Als Nullhypothese formulieren Sie den gewünschten Fall, nämlich dass der Sollwert (der vom Hersteller auf die Verpackung gedruckte Wert) eingehalten wird.

Nullhypothese: $H_0: \mu = \mu_0 = 24$

Für den Fall, dass das Testergebnis die Nullhypothese nicht bestätigen sollte, brauchen Sie eine Alternativhypothese. Diese beschreibt nun den unerwünschten Fall. In unserem Beispiel hieße dieser, dass der wahre Mittelwert der Grundgesamtheit zu hoch liegt, also eine Beeinträchtigung von Geschmack und Haltbarkeit des Produktes vorliegen würde. Es handelt sich also hierbei um einen einseitigen Test. Formulieren Sie deshalb als Alternativhypothese:

Alternativhypothese: $H_1: \mu > \mu_0$

Bitte beachten Sie, dass eine Unterdosierung des Wirkstoffes hier nicht interessiert (einseitiger Test mit Prüfung auf Überschreitung).

2. Schritt: Signifikanzzahl wählen

Die Irrtumswahrscheinlichkeit von 5 % ist durch die Aufgabenstellung vorgegeben.

3. Schritt: Kritischen Wert aus Tabelle ermitteln

Der z-Tabelle der Standardnormalverteilung entnehmen Sie den Grenzwert (den kritischen Wert) für die angegebene Sicherheitswahrscheinlichkeit:

Kritischer Wert: $z_{krit} = z_{1-\alpha} = z_{0,95} = 1{,}645$

4. Schritt: Aus Stichprobenwert Prüfgröße berechnen

Für unseren Wert $\bar{x}$ der Stichprobe berechnen wir die zugehörige Prüfgröße, den z–Wert der Normalverteilung:

$$z_{St} = \frac{\bar{x}-\mu_0}{\sigma} \cdot \sqrt{n} = \frac{25{,}2-24}{3} \cdot \sqrt{10} \approx 1,265$$

5. Schritt: Testentscheidung

Der Vergleich des Stichprobenwertes z_{St} mit der Grenze liefert nun das Testergebnis:

Da der z-Wert der Stichprobe (1,265) kleiner ist als der kritische Wert aus der z-Tabelle (1,645), wird die Nullhypothese angenommen. Mit einer Irrtumswahrscheinlichkeit von 5 % kann behauptet werden, dass der wahre Mittelwert des Wirkstoffanteils 24 mg nicht übersteigt.

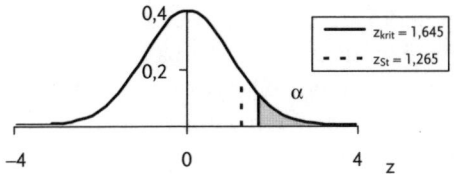

Dichte der Standardnormalverteilung
(z-Verteilung)
(Kritischer Wert für $\alpha = 0{,}05$)

$z_{krit} = 1{,}645$
$z_{St} = 1{,}265$

Abbildung 5.4: Die Nullhypothese wird angenommen

Tabelle 5.3 gibt einen Überblick über die Stichprobe und die kritischen Werte.

Tabelle 5.3: Test für den Mittelwert eines Wirkstoffanteils in einer Brausetablette

Stichprobe	
$\bar{x}$	n
25,2	10
$z_{St} = 1{,}265$	

Aus Tabelle z-Verteilung		
α	z_{krit}	$\bar{x}_{krit}$
0,05	1,645	25,56

Anmerkung:

Zur Testentscheidung wurde der z-Wert aus der Stichprobe mit dem kritischen Wert aus der z-Tabelle verglichen. Genauso gut hätte man im x-Bereich rechnen können:

Zum kritischen z-Wert gehört der kritische x-Wert:

$$\bar{x}_{krit} = \mu_0 + \frac{\sigma}{\sqrt{n}} \cdot z_{1-\alpha} = 24 + \frac{3}{\sqrt{10}} \cdot 1,645 \approx 25,56$$

Das Testergebnis lautet dann:

Da der Mittelwert der Stichprobe (25,20 mg) kleiner ist als der kritische Wert (25,56 mg), wird die Nullhypothese angenommen und die Alternativhypothese abgelehnt.

Beispiel 2: Test für den Mittelwert des Anteils eines Konservierungsstoffes in einem Kakaogetränk (einseitiger Test, untere Grenze)

In einem Labor der Lebensmittelchemie ist der Anteil eines Konservierungsstoffes ein wichtiges Qualitätsmerkmal. Ziel ist, die Unterschreitung eines vorgegebenen Anteils zu vermeiden, da dies die Haltbarkeit des Produktes maßgeblich verringern würde. Aus vorangegangen Messungen sei bekannt, dass die Dosiereinrichtung mit einer Standardabweichung von 0,3 % arbeitet. Die Analyse von 20 Packungen ergab einen Mittelwert für den Anteil an Konservierungsstoff von 1,8 %.

Kann der Hersteller mit 1 % Irrtumswahrscheinlichkeit behaupten, dass in der Gesamtproduktion der Mittelwert 2 % nicht unterschritten wird?

1. Schritt: Nullhypothese und Alternativhypothese definieren

Nullhypothese ist wie immer der »gewünschte Fall«, nämlich dass der Mittelwert (die Spezifikation) eingehalten wird.

Nullhypothese: $H_0: \mu = \mu_0 = 2$

Falls der Test die Nullhypothese nicht bestätigt, brauchen wir eine Alternativhypothese. Diese ist in unserem Beispiel durch den unerwünschten Fall gegeben, dass die Spezifikation unterschritten würde. Es handelt sich also hier um einen einseitigen Test mit dem Risiko der Unterschreitung eines Grenzwertes und wir formulieren als Alternativhypothese:

Alternativhypothese: $H_1: \mu < \mu_0$

2. Schritt: Signifikanzzahl wählen

Die Signifikanzzahl (Irrtumswahrscheinlichkeit) ist laut Aufgabenstellung 1 %.

3. Schritt: Kritischen Wert aus Tabelle ermitteln

Entnehmen Sie der z-Tabelle den Grenzwert (den kritischen Wert) für die angegebene Irrtumswahrscheinlichkeit:

Kritischer Wert: $z_{krit} = z_\alpha = z_{0,01} = -2{,}326$

4. Schritt: Aus Stichprobenwert Prüfgröße berechnen

Für den Wert $\bar{x}$ der Stichprobe berechnen Sie den zugehörigen z-Wert:

$$z_{St} = \frac{\bar{x} - \mu_0}{\sigma} \cdot \sqrt{n} = \frac{1{,}8 - 2}{0{,}3} \cdot \sqrt{20} \approx -2{,}981$$

5. Schritt: Testentscheidung

Der Vergleich des Stichprobenwertes z_{St} mit der Grenze liefert das Testergebnis:

Da der z-Wert der Stichprobe (–2,981) kleiner ist als der kritische Wert aus der z-Tabelle (–2,326), wird die Nullhypothese verworfen und die Alternativhypothese angenommen. Mit einer Irrtumswahrscheinlichkeit von 1 % kann behauptet werden, dass der Mittelwert für den Anteil an Konservierungsstoff den Sollwert 2 % unterschreitet.

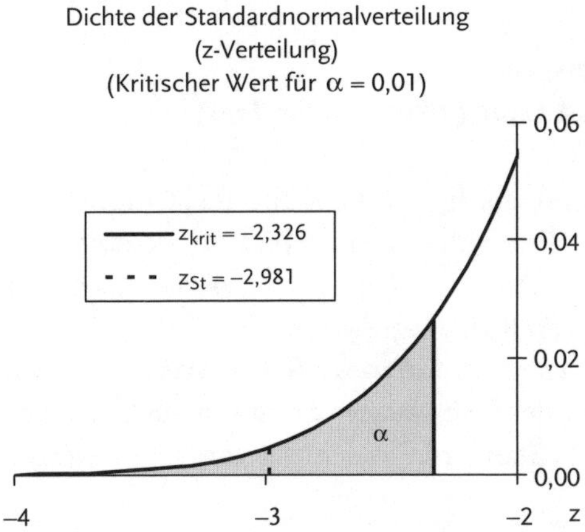

Dichte der Standardnormalverteilung
(z-Verteilung)
(Kritischer Wert für $\alpha = 0{,}01$)

Abbildung 5.5: Die Nullhypothese wird verworfen

In Tabelle 5.4 sind nochmals alle Werte des Tests zusammengefasst.

Tabelle 5.4: Test für den Mittelwert des Anteils eines Konservierungsstoffes in einem Kakaogetränk

Stichprobe		
$\bar{x}$	n	
1,8	20	
$z_{St} = -2,981$		

Aus Tabelle z-Verteilung		
α	z_{krit}	$\bar{x}_{krit}$
0,01	$-2,326$	1,84

Anmerkung:

Wir haben zur Testentscheidung den z-Wert aus der Stichprobe mit den kritischen Werten aus der z-Tabelle verglichen. Genauso gut hätten wir im x-Bereich rechnen können:

Zum kritischen z-Wert gehört der kritische x-Wert:

$$\bar{x}_{krit} = \mu_0 + \frac{\sigma}{\sqrt{n}} \cdot z_\alpha = 2 + \frac{0,3}{\sqrt{20}} \cdot (-2,326) \approx 1,84$$

Das Testergebnis lautet dann:

Da der Mittelwert der Stichprobe (1,80 %) kleiner ist als der kritische Wert (1,84 %), wird die Nullhypothese verworfen und die Alternativhypothese angenommen.

Beispiel 3: Test für den Mittelwert der Einwaage eines Fischproduktes (zweiseitiger Test)

Ein Hersteller von hochwertigen Fischprodukten für die Gastronomie möchte die Abfüllmengen seines Produktes überwachen. Er ist einerseits daran interessiert, keine Unterfüllung zu haben, andererseits möchte er auch die Überfüllung vermeiden, um Kosten zu sparen.

Auf dem Etikett seines Produktes steht: Einwaage 800 g. Das Auswiegen von 20 Packungen ergab eine mittlere Einwaage von 804 g. Bekannt sei, dass die Dosierapparatur mit einer Standardabweichung von 12 g zuverlässig arbeitet.

Der Hersteller schließt aus der Stichprobe, dass eine Unterfüllung nicht zu befürchten ist. Ihn interessiert aber, ob in der Produktion eine Überfüllung zu erwarten ist, wodurch teures Produkt verschenkt würde. Seinen

Mitarbeitern in der Qualitätssicherung gibt er den Auftrag, einen statistischen Test durchzuführen. Der Test soll auch für weitere Stichproben zur Überwachung sowohl der Unterschreitung als auch der Überschreitung der angegebenen Einwaage dienen (Sicherheitswahrscheinlichkeit 99 %).

Für den geforderten allgemeinen Fall des Tests auf Unter- und Überschreitung des Sollwertes benötigen wir einen zweiseitigen Test.

1. Schritt: Nullhypothese und Alternativhypothese definieren

Als Nullhypothese formulieren Sie den gewünschten Fall, nämlich dass die angegebene Einwaage (der Sollwert) eingehalten wird.

Nullhypothese: $\qquad H_0: \mu = \mu_0 = 800$

Falls der Test die Nullhypothese nicht bestätigt, nehmen Sie die Alternativhypothese an. In unserem Beispiel wären zu kleine Abfüllmengen genauso unerwünscht wie zu große. Die Alternativhypothese lautet:

Alternativhypothese: $\qquad H_1: \mu \neq \mu_0$

2. Schritt: Signifikanzzahl wählen

Die Sicherheitswahrscheinlichkeit von 99 % ist durch die Aufgabenstellung vorgegeben.

3. Schritt: Kritische Werte aus Tabelle ermitteln

Der z-Tabelle entnehmen Sie die Grenzwerte (die kritischen Werte) für die angegebene Irrtumswahrscheinlichkeit:

Kritischer Wert unten: $\qquad z_{krit\_u} = z_{\alpha/2} = z_{0,005} = -2,576$
Kritischer Wert oben: $\qquad z_{krit\_o} = z_{1-\alpha/2} = z_{0,995} = 2,576$

4. Schritt: Aus Stichprobenwert Prüfgröße berechnen

Berechnen Sie nun den zugehörigen z-Wert für unseren Wert $\bar{x}$ der Stichprobe:

$$z_{St} = \frac{\bar{x} - \mu_0}{\sigma} \cdot \sqrt{n} = \frac{804-800}{12} \cdot \sqrt{20} \approx 1,491$$

5. Schritt: Testentscheidung

Der Vergleich des Stichprobenwertes z_{St} mit der Grenze liefert das Testergebnis:

Schuldig oder
nicht schuldig –
der statistische Test

Da der z-Wert der Stichprobe (1,491) im Intervall zwischen dem unteren (−2,576) und dem oberen (2,576) kritischen Wert aus der z-Tabelle liegt, wird die Nullhypothese angenommen. Mit einer Irrtumswahrscheinlichkeit von 1 % kann deshalb behauptet werden, dass der Mittelwert 800 g für die Einwaage eingehalten wird.

Wie die Abbildung 5.6 zeigt, hätten Sie sich natürlich die Überprüfung auf Unterschreitung der unteren Grenze sparen können, da der Mittelwert der Stichprobe größer ist als der Sollwert. Im anderen Fall hätten Sie nur auf die Unterschreitung der unteren Grenze achten müssen.

Dichte der Standardnormalverteilung
(z-Verteilung)
(Kritischer Wert für $\alpha = 0,01$)

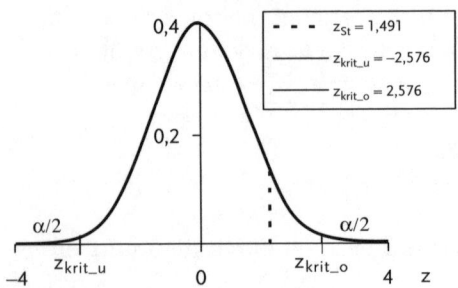

Abbildung 5.6: Die Nullhypothese wird angenommen

Anmerkung:

Sie haben zur Testentscheidung den z-Wert aus der Stichprobe mit den kritischen Werten aus der z-Tabelle verglichen. Genauso gut hätten Sie im x-Bereich rechnen können:

Zu den unteren bzw. oberen kritischen z-Werten gehören die kritischen x-Werte:

$$\bar{x}_u = \mu_0 + \frac{\sigma}{\sqrt{n}} \cdot z_{\alpha/2} = 800 + \frac{12}{\sqrt{20}} \cdot (-2,576) \approx 793$$

$$\bar{x}_o = \mu_0 + \frac{\sigma}{\sqrt{n}} \cdot z_{1-\alpha/2} = 800 + \frac{12}{\sqrt{20}} \cdot 2,576 \approx 807$$

Das Testergebnis lautet dann:

Da der Mittelwert der Stichprobe (804 g) zwischen den Werten 793 g und 807 g liegt, wird die Nullhypothese angenommen und die Alternativhypothese abgelehnt.

Schuldig oder
nicht schuldig –
der statistische Test

In Tabelle 5.5 sind nochmals alle Werte unseres Tests zusammengefasst.

Tabelle 5.5: Test für den Mittelwert der Einwaage eines Fischproduktes

Stichprobe				
$\bar{x}$	n			
804	20			
$z_{St} = 1{,}491$				

Aus Tabelle z-Verteilung				
α	z_{krit_u}	z_{krit_o}	$\bar{x}_{krit\_u}$	$\bar{x}_{krit\_o}$
0,01	−2,576	2,576	793	807

Rechenregeln

In Tabelle 5.6 sind die Rechenregeln für den statistischen Test für den Mittelwert bei bekannter Varianz in der Übersicht dargestellt.

Tabelle 5.6: Rechenregeln für den z-Test

Rechenregeln			
Statistischer Test für den Mittelwert bei bekannter Varianz (z-Test)			
Null-hypothese H_0	Alternativ-hypothese H_1	Testtyp	Testergebnis: H_0 annehmen, wenn der z-Wert der Stichprobe $z_{St} = \dfrac{\bar{x}-\mu_0}{\sigma} \cdot \sqrt{n}$
H_0: $\mu = \mu_0$	H_1: $\mu > \mu_0$	einseitig; Überschreitung Höchstwert	kleiner als Grenzwert $\quad z_{St} \leq z_{1-\alpha}$
	H_1: $\mu < \mu_0$	einseitig; Unterschreitung Mindestwert	größer als Grenzwert $\quad z_{St} \geq z_{\alpha}$
	H_1: $\mu \neq \mu_0$	zweiseitig	zwischen zwei Grenzwerten $\quad z_{\alpha/2} \leq z_{St} \leq z_{1-\alpha/2}$

Statistischer Test für den Mittelwert (σ unbekannt; t-Test)

Typische Fragestellungen aus der Praxis

In der Praxis besteht das zur Verfügung stehende Datenmaterial in vielen Fällen aus Stichprobenwerten, aus denen dann der Mittelwert und die Varianz bzw. die Standardabweichung berechnet werden. Mit welcher Sicherheit können wir nun von der Stichprobe auf den Mittelwert der Grundgesamtheit schließen?

Die Antwort erbringt der statistische Test für den Mittelwert bei unbekannter Varianz der Grundgesamtheit, genannt t-Test. Getestet wird wie beim z-Test der vorangehenden Kapitel die Nullhypothese, dass ein bestimmter Mittelwert – ein Sollwert – eingehalten wird, gegen verschiedene Alternativen.

Die Fragestellungen lauten etwa wie folgt:

1. Kann mit einer Irrtumswahrscheinlichkeit von 5 % behauptet werden, dass der Mittelwert der Masse von Frühstücksbrötchen im gesetzlich vorgeschriebenen Rahmen bleibt?
(Zweiseitiger Test mit dem Ziel, weder zu kleine noch zu große Brötchen zu produzieren)

2. Ist zu erwarten, dass der Kraftstoffverbrauch eines PKW-Modells in der Serie den vom Hersteller genannten Höchstwert von 4,8 l/100 km nicht überschreitet?
(Einseitiger Test zur Überwachung der Überschreitung einer Grenze mit dem Ziel, sich gegen Haftungsansprüche der Kunden abzusichern)

3. Kann mit vorgegebener Sicherheit behauptet werden, dass die Durchmesser von Tomaten einen bestimmten Wert nicht unterschreiten?
(Einseitiger Test zur Überwachung der Unterschreitung einer Grenze mit dem Ziel, Mindestgrößen von Tomaten zu überwachen)

Anhand von Beispielen werden im Folgenden die drei typischen Fragestellungen dieses Mittelwerttests behandelt: der einseitige Test mit der Prüfung auf Überschreitung bzw. Unterschreitung des Sollwerts und der zweiseitige Test. Am Ende des Kapitels ist das statistische Verfahren als Rechenrezept dargestellt.

Ähnliche Fragestellungen wurden im Zusammenhang mit dem Test für den Mittelwert in den vorangegangenen Kapiteln schon beantwortet. Sie werden sehen, dass der t-Test nach demselben Schema abläuft.

Zunächst sind aber ein paar Überlegungen anzustellen:

Wie im vorangegangenen Kapitel wird bei dem folgenden Test davon ausgegangen, dass die Grundgesamtheit normal verteilt ist. Jetzt nehmen Sie aber an, keine Information über die Varianz der Grundgesamtheit zu haben. Sie können die Varianz der Stichprobenwerte berechnen und diese als Schätzwert für die tatsächliche Varianz heranziehen. Dann wissen Sie auch, dass die Mittelwerte – wie bei der Ermittlung des Vertrauensbereiches beschrieben – der t-Verteilung folgen. Als Prüfgröße dient

$$t = \frac{\bar{x} - \mu}{s} \cdot \sqrt{n}$$

Sie sehen nun: Der Unterschied dieser Zufallsvariable t der Student-Verteilung zur Variable z der Normalverteilung liegt darin, dass s als Ersatz für das unbekannte σ eingesetzt wird.

Der statistische Test folgt nun wiederum dem bekannten Konzept, das die Nullhypothese gegen die Alternativhypothese abgrenzt. Wie das im vorliegenden Fall geht, wird nun am besten anhand praktischer Beispiele gezeigt.

Beispiel 1: Test für den Mittelwert des Kraftstoffverbrauchs eines Kleinwagens (einseitiger Test, obere Grenze)

Für einen Test zum Kraftstoffverbrauch stehen 8 Kleinwagen identischer Bauart und Motorisierung zur Verfügung. Bei den Verbrauchsmessungen im Überlandverkehr wurden als Mittelwert $\bar{x} = 4{,}1$ l/100 km und als Standardabweichung $s = 0{,}4$ l/100 km gemessen.

Der Hersteller behauptet, dass der Verbrauch im Überlandverkehr 3,9 l/100 km nicht überschreitet. Zu testen ist mit 95-%-Sicherheitswahrscheinlichkeit, ob er Recht hat.

1. Schritt: Nullhypothese und Alternativhypothese definieren

Als Nullhypothese formulieren Sie den gewünschten Fall, nämlich dass der Sollwert (der vom Hersteller genannte Wert) eingehalten wird.

Nullhypothese: H_0: $\mu = \mu_0 = 3{,}9$

Falls der Test die Nullhypothese nicht bestätigt, nehmen Sie die Alternativhypothese an. In unserem Beispiel würde nur ein zu großer Mittelwert den unerwünschten Fall bedeuten, dass der Verbrauch größer als der gewünschte Wert ist, also ein Mehrverbrauch vorliegen würde. Es handelt sich also um einen einseitigen Test. Formulieren Sie als Alternativhypothese:

Alternativhypothese: $\qquad H_1: \mu > \mu_0$

2. Schritt: Signifikanzzahl wählen

Zu testen ist laut Aufgabenstellung mit einer Irrtumswahrscheinlichkeit von 5 %.

3. Schritt: Kritischen Wert aus Tabelle ermitteln

Der t-Tabelle entnehmen Sie den Grenzwert (den kritischen Wert) für die angegebene Sicherheitswahrscheinlichkeit beim Freiheitsgrad $f = n-1 = 7$:

Kritischer Wert: $\qquad t_{krit} = t_{1-\alpha;\ f} = t_{0,95;\ 7} = 1,895$

4. Schritt: Aus Stichprobenwert Prüfgröße berechnen

Für unseren Wert $\bar{x}$ der Stichprobe berechnen Sie den zugehörigen t-Wert:

$$t_{St} = \frac{\bar{x} - \mu_0}{s} \cdot \sqrt{n} = \frac{4,1 - 3,9}{0,4} \cdot \sqrt{8} \approx 1,414$$

5. Schritt: Testentscheidung

Der Vergleich des Stichprobenwertes t_{St} mit der Grenze liefert das Testergebnis:

Da der t-Wert der Stichprobe (1,414) kleiner ist als der kritische Wert aus der t-Tabelle (1,895), wird die Nullhypothese angenommen. Mit einer Irrtumswahrscheinlichkeit von 5 % kann behauptet werden, dass der Verbrauch 3,9 l/100 km nicht übersteigt.

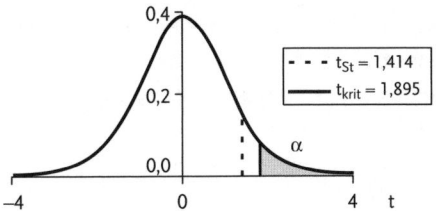

Dichte der t-Verteilung, f = 7
(Kritischer Wert für α = 0,05)

$t_{St} = 1,414$
$t_{krit} = 1,895$

Abbildung 5.7: Die Nullhypothese wird angenommen

In Tabelle 5.7 sind alle Zahlenwerte des t-Tests dargestellt.

Tabelle 5.7: Test für den Mittelwert des Kraftstoffverbrauchs eines Kleinwagens

Aus Stichprobe

$\bar{x}$	s	n
4,1	0,4	8

$t_{St} = 1,414$

Aus Tabelle t-Verteilung

α	$f = n-1$	t_{krit}	$\bar{x}_{krit}$
0,05	7	1,895	4,2

Beispiel 2: Test für den Mittelwert der Reißlast von polymeren Faserbündeln (einseitiger Test, untere Grenze)

In einem Prüflabor soll die Reißlast von Faserbündeln aus Kunststoff untersucht werden. Bei einer Stichprobe von $n = 16$ Messungen zur Ermittlung der Reißlast ergab sich ein Mittelwert $\bar{x} = 44700$ N. Als Standardabweichung wurde aus der Stichprobe der Wert $s = 1150$ N berechnet.

Kann mit einer 95-%-Sicherheitswahrscheinlichkeit behauptet werden, dass der wahre Mittelwert der geforderten Reißlast (Sollwert) $\mu_0 = 45000$ N entspricht?

1. Schritt: Nullhypothese und Alternativhypothese definieren

Als Nullhypothese formulieren Sie den gewünschten Fall, nämlich dass der Sollwert (die Spezifikation) eingehalten wird.

135

Nullhypothese: H_0: $\mu = \mu_0 = 45000$

Falls der Test die Nullhypothese nicht bestätigt, nehmen Sie die Alternativhypothese an. In unserem Beispiel würde nur ein zu kleiner Mittelwert den unerwünschten Fall bedeuten, dass die Faserbündel schon bei geringerer Last reißen würden. Es handelt sich also um einen einseitigen Test und Sie formulieren als Alternativhypothese:

Alternativhypothese: H_1: $\mu < \mu_0$

2. Schritt: Signifikanzzahl wählen

Die Irrtumswahrscheinlichkeit von 5 % ist durch die Aufgabenstellung vorgegeben.

3. Schritt: Kritischen Wert aus Tabelle ermitteln

Der t-Tabelle entnehmen Sie den Grenzwert (den kritischen Wert) für die angegebene Irrtumswahrscheinlichkeit:

Kritischer Wert: $t_{krit} = t_{\alpha;\ f} = t_{0,05;\ 15} = -1{,}753$

4. Schritt: Aus Stichprobenwert Prüfgröße berechnen

Für unseren Wert $\bar{x}$ der Stichprobe berechnen Sie den zugehörigen t-Wert:

$$t_{St} = \frac{\bar{x} - \mu_0}{s} \cdot \sqrt{n} = \frac{44700 - 45000}{1150} \cdot \sqrt{16} \approx -1{,}043$$

5. Schritt: Testentscheidung

Der Vergleich des Stichprobenwertes t_{St} mit der Grenze liefert das Testergebnis:

Da der t-Wert der Stichprobe (–1,043) größer ist als der kritische Wert aus der t-Tabelle (–1,753), wird die Nullhypothese angenommen. Mit einer Irrtumswahrscheinlichkeit von 5 % kann behauptet werden, dass der Mittelwert für die Reißlast nicht unter 45000 N liegt.

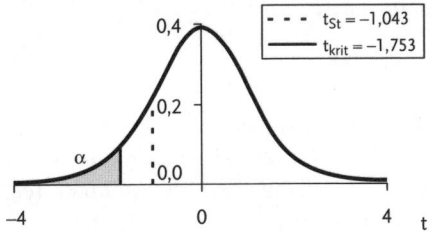

Dichte der t-Verteilung, f = 15
(Kritischer Wert für α = 0,05)

$t_{St} = -1,043$
$t_{krit} = -1,753$

Abbildung 5.8: Die Nullhypothese wird angenommen

Tabelle 5.8 zeigt alle Zahlenwerte des t-Tests im Überblick.

Tabelle 5.8: Test für den Mittelwert der Reißlast von polymeren Faserbündeln

Aus Stichprobe

$\bar{x}$	s	n
44 700	1 150	16

$t_{St} = -1,043$

Aus Tabelle t-Verteilung

α	f = n−1	t_{krit}	$\bar{x}_{krit}$
0,05	15	−1,753	44 496

Beispiel 3: Test für den Mittelwert der Innendurchmesser von Kugellagern (zweiseitiger Test)

In der Eingangskontrolle einer Maschinenbaufirma werden die Innendurchmesser von Kugellagern vermessen. Im Rahmen einer Stichprobenerhebung wurden 30 Lager einer Lieferung vermessen. Als Mittelwert ergab sich ein Innendurchmesser von 30,03 mm; die Standardabweichung wurde zu 0,09 mm gemessen.

Zu testen ist, ob mit einer Irrtumswahrscheinlichkeit von 5 % behauptet werden kann, dass der Sollwert 30,00 mm eingehalten wird.

1. Schritt: Nullhypothese und Alternativhypothese definieren

Als Nullhypothese formulieren Sie den gewünschten Fall, nämlich dass der Sollwert (die Spezifikation) eingehalten wird.

Nullhypothese: $\qquad H_0: \mu = \mu_0 = 30,00$

Falls der Test die Nullhypothese nicht bestätigt, nehmen Sie die Alternativhypothese an. In unserem Beispiel wären zu kleine Durchmesser genauso unerwünscht wie zu große. Hier ist demnach ein zweiseitiger Test angebracht. Formulieren Sie als Alternativhypothese:

Alternativhypothese: $\qquad H_1: \mu \neq \mu_0$

2. Schritt: Signifikanzzahl wählen

Die anzunehmende Signifikanzzahl ist laut Aufgabenstellung $\alpha = 5\,\%$.

3. Schritt: Kritische Werte aus Tabelle ermitteln

Der t-Tabelle entnehmen Sie die Grenzwerte (die kritischen Werte) für die angegebene Sicherheitswahrscheinlichkeit:

Kritischer Wert unten: $\qquad t_{krit\_u} = t_{\alpha/2;\ f} = t_{0,025;\ 29} = -2,045$

Kritischer Wert oben: $\qquad t_{krit\_o} = t_{1-\alpha/2;\ f} = t_{0,975;\ 29} = 2,045$

4. Schritt: Aus Stichprobenwert Prüfgröße berechnen

Für unseren Wert $\bar{x}$ der Stichprobe berechnen Sie den zugehörigen t-Wert:

$$t_{St} = \frac{\bar{x} - \mu_0}{s} \cdot \sqrt{n} = \frac{30,03 - 30}{0,09} \cdot \sqrt{30} \approx 1,826$$

5. Schritt: Testentscheidung

Der Vergleich des Stichprobenwertes t_{St} mit der Grenze liefert das Testergebnis:

Da der t-Wert der Stichprobe (1,826) im Intervall zwischen dem unteren (−2,045) und dem oberen (2,045) kritischen Wert aus der t-Tabelle liegt, wird die Nullhypothese angenommen. Mit einer Irrtumswahrscheinlichkeit von 5 % kann behauptet werden, dass der Mittelwert 30 mm für den Innendurchmesser eingehalten wird.

Wie die Abbildung 5.9 zeigt, hätten Sie sich natürlich die Überprüfung auf Unterschreitung der unteren Grenze sparen können, da der Mittelwert der Stichprobe größer ist als der Sollwert. Im anderen Fall hätten Sie nur auf die Unterschreitung der unteren Grenze achten müssen.

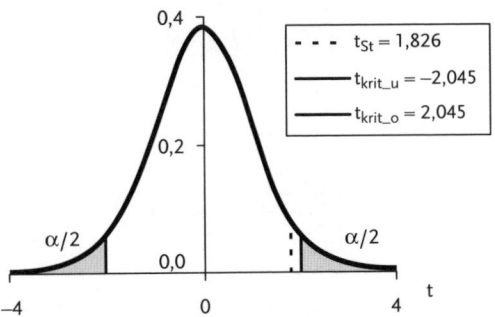

Dichte der t-Verteilung, f = 29
(Kritischer Wert für $\alpha = 0,05$)

- - - $t_{St} = 1,826$
—— $t_{krit\_u} = -2,045$
—— $t_{krit\_o} = 2,045$

Abbildung 5.9: Die Nullhypothese wird angenommen

Anmerkung:

Zur Testentscheidung haben Sie den t-Wert aus der Stichprobe mit den kritischen Werten aus der t-Tabelle verglichen. Genauso gut hätten Sie im x-Bereich rechnen können:

Zu den unteren bzw. oberen kritischen t-Werten gehören die kritischen x-Werte:

$$\bar{x}_{krit\_u} = \mu_0 + \frac{s}{\sqrt{n}} \cdot t_{\alpha/2;f} = 30 + \frac{0,09}{\sqrt{30}} \cdot (-2,045) \approx 29,966$$

$$\bar{x}_{krit\_o} = \mu_0 + \frac{s}{\sqrt{n}} \cdot t_{1-\alpha/2;f} = 30 + \frac{0,09}{\sqrt{30}} \cdot 2,045 \approx 30,034$$

Das Testergebnis lautet dann:

Da der Mittelwert der Stichprobe (30,03 mm) zwischen den Werten 29,966 mm und 30,034 mm liegt, wird die Nullhypothese angenommen und die Alternativhypothese abgelehnt.

In Tabelle 5.9 sind nochmals alle Werte unseres Tests zusammengefasst.

Tabelle 5.9: Test für den Mittelwert der Innendurchmesser von Kugellagern

Aus Stichprobe

$\bar{x}$	s	n
30,03	0,09	30

$t_{St} = 1,826$

Aus Tabelle t-Verteilung

α	$f = n-1$	t_{krit_u}	t_{krit_o}	$\bar{x}_{krit\_u}$	$\bar{x}_{krit\_o}$
0,05	29	−2,045	2,045	29,966	30,034

Rechenregeln

In Tabelle 5.10 sind die Rechenregeln für den statistischen Test für den Mittelwert bei unbekannter Varianz im Überblick dargestellt.

Tabelle 5.10: Rechenregeln für den t-Test. f = n-1 ist die Zahl der Freiheitsgrade

Rechenregeln
Statistischer Test für den Mittelwert bei unbekannter Varianz (t-Test)

Null-hypothese H_0	Alternativ-hypothese H_1	Testtyp	Testergebnis: H_0 annehmen, wenn der t-Wert der Stichprobe $t_{St} = \frac{\bar{x}-\mu}{s} \cdot \sqrt{n}$	
H_0: $\mu = \mu_0$	H_1: $\mu > \mu_0$	einseitig; Überschreitung Höchstwert	kleiner als Grenzwert	$t_{St} \leq t_{1-\alpha;f}$
	H_1: $\mu < \mu_0$	einseitig; Unterschreitung Mindestwert	größer als Grenzwert	$t_{St} \geq t_{\alpha;f}$
	H_1: $\mu \neq \mu_0$	zweiseitig	zwischen zwei Grenzwerten	$t_{\alpha/2;f} \leq t_{St} \leq t_{1-\alpha/2;f}$

Schuldig oder
nicht schuldig –
der statistische Test

Statistischer Test für den Mittelwert der Differenz zweier Messreihen (t-Test)

Typische Fragestellungen aus der Praxis

In diesem Kapitel wird nun eine weitere Anwendung des t-Tests vorgestellt. Der t-Test arbeitet nach dem demselben Schema wie im vorigen Kapitel.

In der Praxis werden oft die einzelnen Werte zweier Messreihen verglichen, zwischen denen ein Zusammenhang besteht. Beispiele für Zusammenhänge sind Messungen, die

- am selben Tag,
- von derselben Person oder
- an Produkten aus derselben Charge durchgeführt wurden.

Die statistische Fragestellung lautet nun: Sind die beobachteten Differenzen der korrespondierenden Werte der beiden Messreihen durch die natürliche Streuung zu erklären oder liegt ein signifikanter Unterschied vor? Zu untersuchen ist also, wie stark die Differenzen der zusammengehörigen Messwerte von null abweichen.

Die Antwort erbringt der statistische Test für den Mittelwert bei unbekannter Varianz der Grundgesamtheit. Getestet wird die Nullhypothese, dass der Mittelwert der Differenz der Messwertpaare gleich null sei, gegen die Alternative, dass dem nicht so sei.

Beispiele für Fragestellungen lauten etwa wie folgt:

1. Ist der täglich gemessene Unterschied der gefertigten Anzahl von Frästeilen zweier CNC-Maschinen signifikant, oder kann behauptet werden, dass Maschine A mehr Teile pro Tag fertigt als Maschine B?
(Einseitiger Test mit oberer Grenze)

2. Kann mit vorgegebener Sicherheitswahrscheinlichkeit behauptet werden, dass die Fehlerhäufigkeit eines Messsystems A kleiner ist als die eines Messsystems B?
(Einseitiger Test mit unterer Grenze)

3. Kann mit einer Irrtumswahrscheinlichkeit von 5 % behauptet werden, dass die mit zwei unterschiedlichen Messgeräten gemessenen Härtegrade einer Stahlplatte signifikant sind, d. h., dass die beiden Messgeräte unterschiedliche Ergebnisse liefern?
(Zweiseitiger Test)

Anhand von Beispielen werden im Folgenden die typischen Fragestellungen des einseitigen und zweiseitigen Mittelwerttests behandelt. Am Ende des Kapitels ist das statistische Verfahren als Rechenrezept dargestellt.

Das mathematisch identische Rezept für diesen Test ist im Zusammenhang mit dem Test für den Mittelwert in den vorangegangenen Kapiteln schon entwickelt worden. Wir werden sehen, dass der t-Test nach demselben Schema abläuft.

An einige Voraussetzungen sei hier nochmals erinnert:

Wie im vorangegangenen Kapitel gehen Sie auch bei dem folgenden Test davon aus, dass die Grundgesamtheit normal verteilt und keine Information über die Varianz der Grundgesamtheit vorhanden ist. Sie verwenden deshalb wieder die Varianz der Stichprobenwerte als Schätzwert für die tatsächliche Varianz. Dann wissen Sie auch, dass die Mittelwerte – hier die Mittelwerte der Differenzen der Messwertpaare – der Student'schen t-Verteilung folgen.

Bitte beachten Sie: Bei diesem Test werden nicht die Unterschiede der Einzelwerte an sich getestet, sondern der Mittelwert der Unterschiede der Messwertpaare. Es handelt sich also wieder um einen Test für den Mittelwert. Dessen Prüfgröße heißt wieder:

$$t = \frac{\bar{x} - \mu}{s} \cdot \sqrt{n}$$

Der statistische Test folgt wiederum dem bekannten Konzept, die Nullhypothese gegen die Alternativhypothese abzugrenzen. Wie das im vorliegenden Fall geht, ist am besten an praktischen Beispielen zu zeigen.

Beispiel 1: Test für den Mittelwert der Differenz der Abweichungen von einer Satellitenbahn (einseitiger Test mit oberer Grenze)

Bei zwei Umläufen eines Satelliten um die Erde wurden zu bestimmten Zeitpunkten die Abweichungen von der vorgeschriebenen Bahn gemessen. Entsprechend Tabelle 5.11 wurden die Differenzen der Messwertpaare gebildet und deren Mittelwert berechnet.

Tabelle 5.11: Differenz zweier Messreihen
(Abweichungen von einer Satellitenbahn)

Abweichungen in Winkelminuten

	Umlauf 1	Umlauf 2	Differenz
	34	32	2
	33	33	0
	32	32	0
	32	31	1
	33	31	2
	32	30	2
	34	31	3
	32	35	−3
	31	30	1
	31	29	2
	31	28	3
	32	32	0
	32	33	−1
	29	28	1
	28	30	−2
	29	28	1
$\bar{x} =$	31,56	30,81	0,75
$s =$	1,711	2,007	1,693

Zu testen ist mit $\alpha = 5\%$, ob die beobachtete größere Abweichung bei Umlauf 1 signifikant ist.

1. Schritt: Nullhypothese und Alternativhypothese definieren

Als Nullhypothese formulieren Sie den gewünschten Fall. Dieser heißt: Die gemessene Differenz ist nicht signifikant und allein durch die Streuung zu erklären. Oder: Der wirkliche Mittelwert der Abweichung ist gleich null. Die Nullhypothese lautet wie folgt:

Nullhypothese: $\quad\quad H_0: \mu = \mu_0 = 0$

Falls der Test die Nullhypothese nicht bestätigt, nehmen Sie die Alternativhypothese an, und diese heißt: Der Mittelwert der Abweichungen ist größer als null. Dies testen Sie mit einem einseitigen Test mit Prüfung auf Überschreitung einer Obergrenze. Die Alternativhypothese lautet:

Alternativhypothese: $\quad H_1: \mu > \mu_0$

143

2. Schritt: Signifikanzzahl wählen

Entsprechend der Aufgabenstellung ist eine Irrtumswahrscheinlichkeit (Signifikanzzahl) von $\alpha = 5\%$ vorgegeben.

3. Schritt: Kritischen Wert aus Tabelle ermitteln

Der t-Tabelle entnehmen Sie den oberen Grenzwert (den kritischen Wert) für die angegebene Sicherheitswahrscheinlichkeit:

Kritischer Wert: $\qquad t_{krit} = t_{1-\alpha;\ f} = t_{\ 0,95;\ 15} = 1{,}753$

4. Schritt: Aus Stichprobenwert Prüfgröße berechnen

Für den Wert $\bar{x}$ der Stichprobe (Mittelwert der Differenzen der beiden Messreihen) berechnen Sie die Prüfgröße:

$$t_{St} = \frac{\bar{x}-0}{s} \cdot \sqrt{n} = \frac{0{,}75-0}{1{,}693} \cdot \sqrt{16} \approx 1{,}772$$

5. Schritt: Testentscheidung

Der Vergleich des Stichprobenwertes t_{St} mit der oberen Grenze (kritischer Wert) liefert das Testergebnis:

Da die Prüfgröße (t-Wert der Stichprobe) $t_{St} = 1{,}772$ größer ist als der kritische Wert $t_{1-\alpha;\ f} = 1{,}753$ aus der Tabelle, wird die Nullhypothese verworfen und die Alternativhypothese angenommen. Mit einer Sicherheitswahrscheinlichkeit von 95 % kann behauptet werden, dass eine signifikante Differenz der Abweichungen besteht. Es ist davon auszugehen, dass tatsächlich eine Abweichung von der berechneten Bahn vorliegt.

In Tabelle 5.12 sind nochmals alle Werte unseres Tests zusammengefasst.

Tabelle 5.12: Test für den Mittelwert der Differenzen der Abweichungen von einer Satellitenbahn

Aus Stichprobe		
$\bar{x}$	s	n
0,75	1,693	16
$t_{St} = 1{,}772$		

Aus Tabelle t-Verteilung		
α	$f = n-1$	t_{krit}
0,05	15	1,753

Beispiel 2: Test für den Mittelwert der Differenz zweier Härtemessungen (einseitiger Test mit unterer Grenze)

In einem Labor zur Qualitätssicherung werden an einem Prüfkörper mit zwei baugleichen Messgeräten je zwei Messungen der Härte nach Brinell [HB] vorgenommen.

Es wurden Daten entsprechend Tabelle 5.13 gemessen.

Tabelle 5.13: Differenz zweier Messreihen (Härtegrade nach Brinell)

Härtegrade [HB]		
Gerät 1	Gerät 2	Differenz
229	227	2
230	231	−1
227	228	−1
226	227	−1
228	228	0
226	228	−2
227	227	0
230	229	1
226	227	−1
226	227	−1
$\bar{x} =$ 227,50	227,90	−0,40
$s =$ 1,650	1,287	1,174

Zu testen ist, ob die mittlere Differenz den Schluss zulässt, dass Gerät 1 zu kleine Werte misst (Irrtumswahrscheinlichkeit 1 %).

1. Schritt: Nullhypothese und Alternativhypothese definieren

Die Nullhypothese ist, wie schon bekannt für den Test der Differenz zweier Messreihen, der gewünschte Fall, dass die untersuchte Differenz gleich null ist:

Nullhypothese: $\qquad H_0: \mu = \mu_0 = 0$

Falls der Test die Nullhypothese nicht bestätigt, nehmen Sie die Alternativhypothese an. In diesem Beispiel würde ein zu kleiner Mittelwert den unerwünschten Fall bedeuten, dass Gerät 1 zu kleine Werte messen würde. Es handelt sich also um einen einseitigen Test mit der Überprüfung der Unterschreitung der unteren Grenze und Sie formulieren als Alternativhypothese:

Alternativhypothese: $H_1: \mu < \mu_0$

2. Schritt: Signifikanzzahl wählen

Entsprechend der Aufgabenstellung ist eine Irrtumswahrscheinlichkeit (Signifikanzzahl) von $\alpha = 1\,\%$ vorgegeben.

3. Schritt: Kritischen Wert aus Tabelle ermitteln

Der t-Tabelle entnehmen Sie den Grenzwert (den kritischen Wert) für die angegebene Irrtumswahrscheinlichkeit:

Kritischer Wert: $\qquad t_{krit} = t_{\alpha;\,f} = t_{\,0,01;\,9} = -2{,}821$

4. Schritt: Aus Stichprobenwert Prüfgröße berechnen

Für unseren Wert $\bar{x}$ der Stichprobe berechnen Sie den zugehörigen t-Wert:

$$t_{St} = \frac{\bar{x}-0}{s} \cdot \sqrt{n} = \frac{-0{,}4-0}{1{,}174} \cdot \sqrt{10} \approx -1,078$$

5. Schritt: Testentscheidung

Der Vergleich des Stichprobenwertes t_{St} mit der Grenze liefert das Testergebnis:

Da die Prüfgröße (t-Wert der Stichprobe) $t_{St} = -1{,}078$ größer ist als der kritische Wert $t_{\alpha;\,f} = -2{,}821$ aus der Tabelle, wird die Nullhypothese angenommen.

Mit einer Sicherheitswahrscheinlichkeit von $99\,\%$ kann behauptet werden, dass keine signifikante Differenz der Abweichungen besteht. Es ist davon auszugehen, dass beide Geräte die gleichen Messwerte erbringen.

In Tabelle 5.14 sind nochmals alle Werte unseres Tests zusammengefasst.

Tabelle 5.14: Test für den Mittelwert der Differenz der Messwerte zweier Härtemessungen

Aus Stichprobe		
$\bar{x}$	s	n
−0,40	1,174	10
$t_{St} = -1{,}078$		

Aus Tabelle t-Verteilung		
α	$f = n-1$	t_{krit}
0,01	9	−2,821

Beispiel 3: Test für den Mittelwert der Differenz zweier Messreihen zur Bestimmung des Kohlenstoffgehalts (zweiseitiger Test)

In einem Labor überprüfen zwei Arbeitsschichten eine Woche lang täglich den Kohlenstoffgehalt eines Produkts. Es liegen Ergebnisse entsprechend Tabelle 5.15 vor.

Tabelle 5.15: Differenz zweier Messreihen (Kohlenstoffgehalt)

Tag	C-Gehalt in%		
	Schicht A	Schicht B	Differenz
Mo	14,8	15,2	−0,40
Di	14,0	14,7	−0,70
Mi	14,7	15,1	−0,40
Do	14,2	14,4	−0,20
Fr	15,3	15,3	0,00
Sa	14,8	15,1	−0,30
So	14,6	14,9	−0,30
$\bar{x} =$	14,63	14,96	−0,329
$s =$	0,427	0,315	0,214

Zu testen ist, ob mit einer Irrtumswahrscheinlichkeit von 1% behauptet werden kann, dass die beiden Schichten unterschiedlich messen. Dieser Test soll wöchentlich durchgeführt werden. Es ist davon auszugehen, dass der Mittelwert der Differenzen positive und negative Werte ergeben kann. Deshalb fällt die Entscheidung für einen zweiseitigen Test.

1. Schritt: Nullhypothese und Alternativhypothese definieren

Als Nullhypothese formulieren Sie den gewünschten Fall. Dieser heißt, beide Schichten messen gleich. Die Nullhypothese lautet dann wie folgt:

Nullhypothese: $\quad H_0: \mu = \mu_0 = 0$

Falls der Test die Nullhypothese nicht bestätigt, nehmen Sie die Alternativhypothese an. In unserem Beispiel wäre ein zu großer Betrag des Mittelwertes in beiden Richtungen unerwünscht. Hier ist demnach ein zweiseitiger Test angebracht. Formulieren Sie als Alternativhypothese:

Alternativhypothese: $\quad H_1: \mu \neq \mu_0$

2. Schritt: Signifikanzzahl wählen

Entsprechend der Aufgabenstellung ist eine Irrtumswahrscheinlichkeit (Signifikanzzahl) von $\alpha = 1\%$ vorgegeben.

3. Schritt: Kritische Werte aus Tabelle ermitteln

Der t-Tabelle entnehmen Sie die Grenzwerte (die kritischen Werte) für die angegebene Sicherheitswahrscheinlichkeit:

Kritischer Wert unten: $\quad t_{krit\_u} = t_{\alpha/2;\ f} = t_{0,005;\ 6} = -3{,}707$

Kritischer Wert oben:: $\quad t_{krit\_o} = t_{1-\alpha/2;\ f} = t_{0,995;\ 6} = 3{,}707$

4. Schritt: Aus Stichprobenwert Prüfgröße berechnen

Für den Wert $\bar{x}$ der Stichprobe (Mittelwert der Differenzen der beiden Messreihen) berechnen Sie die Prüfgröße:

$$t_{St} = \frac{\bar{x}-0}{s} \cdot \sqrt{n} = \frac{-0{,}329-0}{0{,}214} \cdot \sqrt{7} \approx -4{,}066$$

5. Schritt: Testentscheidung

Der Vergleich des Stichprobenwertes t_{St} mit der unteren Grenze (kritischer Wert) liefert das Testergebnis:

Da die Prüfgröße (t-Wert der Stichprobe) $t_{St} = -4{,}066$ kleiner ist als der untere kritische Wert $t_{\alpha/2;\ f} = -3{,}707$ aus der Tabelle, wird die Nullhypothese verworfen. Mit einer Sicherheitswahrscheinlichkeit von 99 % kann behauptet werden, dass eine signifikante Differenz der Messungen der beiden Schichten besteht. Oder: Mindestens eine der beiden Schichten misst falsch.

In Tabelle 5.16 sind nochmals alle Werte unseres Tests zusammengefasst.

Tabelle 5.16: Test für den Mittelwert der Differenz zweier Messreihen zur Bestimmung des Kohlenstoffgehalts

Aus Stichprobe

$\bar{x}$	s	n
−0,329	0,214	7

$t_{St} = -4,066$

Aus Tabelle t-Verteilung

α	$f = n-1$	t_{krit}	$\bar{x}_{krit}$
0,01	6	−3,707	3,707

Rechenregeln

In Tabelle 5.17 sind die Rechenregeln für den statistischen Test für den Mittelwert der Differenz zweier Messreihen im Überblick dargestellt.

Tabelle 5.17: Test für den Mittelwert der Differenz zweier Messreihen (t-Test)

Rechenregeln
Statistischer Test für den Mittelwert der Differenz zweier Messreihen (t-Test)

Null-hypothese H_0	Alternativ-hypothese H_1	Testtyp	Testergebnis: H_0 annehmen, wenn der t-Wert der Stichprobe $t_{St} = \frac{\bar{x}-0}{s} \cdot \sqrt{n}$	
H_0: $\mu = \mu_0 = 0$	H_1: $\mu > \mu_0$	einseitig; Überschreitung Höchstwert	kleiner als Grenzwert	$t_{St} \leq t_{1-\alpha;f}$
	H_1: $\mu < \mu_0$	einseitig; Unterschreitung Mindestwert	größer als Grenzwert	$t_{St} \geq t_{\alpha;f}$
	H_1: $\mu \neq \mu_0$	zweiseitig	zwischen zwei Grenzwerten	$t_{\alpha/2;f} \leq t_{St} \leq t_{1-\alpha/2;f}$

Anmerkungen:
1. Beide Stichproben sind gleich groß
2. Je ein Wert der einen und je ein Wert der anderen Stichprobe gehören zusammen
3. Freiheitsgrad der t-Verteilung: $f = n - 1$

Schuldig oder
nicht schuldig –
der statistische Test

Statistischer Test für den Vergleich zweier Mittelwerte (t-Test)

Typische Fragestellungen aus der Praxis

In der Praxis – zum Beispiel bei der Qualitätssicherung in der Eingangskontrolle – stellt sich oft die Frage, ob vorliegende Werte von zwei Stichproben aus derselben Grundgesamtheit stammen oder nicht. Hierzu bietet sich natürlich ein statistischer Test wie folgt an.

Die Fragestellung ergibt sich jeweils aus zwei Mittelwerten, die aus verschiedenen Stichproben stammen. Beispiele für Fragestellungen lauten etwa wie folgt:

1. Kann mit einer bestimmten Irrtumswahrscheinlichkeit behauptet werden, dass die Kühlwirkung eines von zwei untersuchten Kühlmitteln größer ist, weil der Stichprobenmittelwert einen größeren Wert erbrachte?
(Einseitiger Test mit oberer Grenze)

2. Ist zu erwarten, dass der Zeitbedarf für das Aussortieren fehlerhaft produzierter Werkstücke durch das Personal von der eingesetzten Methode abhängt? Kann anhand vorliegender Mittelwerte behauptet werden, dass eine von zwei Methoden weniger Zeit beansprucht?
(Einseitiger Test mit unterer Grenze)

3. Kann mit vorgegebener Sicherheit behauptet werden, dass die Arbeitszufriedenheit der Mitarbeiter in einem Reisekonzern im Sommer gleich ist wie im Winter?
(Zweiseitiger Test)

Anhand von Beispielen werden wieder die drei typischen Fragestellungen des einseitigen und zweiseitigen Mittelwerttests behandelt und am Ende des Kapitels das statistische Verfahren als Rechenrezept dargestellt werden.

Getestet wird die Nullhypothese, dass die beiden Mittelwerte gleich sind, gegen die Alternative, dass dem nicht so ist.

Voraussetzung ist wieder die Annahme, dass eine Normalverteilung vorliegt. Die Varianzen der beiden Grundgesamtheiten brauchen nicht bekannt zu sein, werden aber als gleich vorausgesetzt. Es wird der Fall behandelt, dass beide Stichproben gleich groß sind.

Wie im vorangegangenen Kapitel wird bei dem folgenden Test davon ausgegangen, dass die Grundgesamtheit normal verteilt ist. Die Mittelwerte folgen der t-Verteilung.

Schuldig oder
nicht schuldig –
der statistische Test

Bei diesem Test interessieren die Differenzen zweier Mittelwerte. Damit haben Sie als Prüfgröße

$$t = \frac{\bar{x}_1 - \bar{x}_2}{\sqrt{s_1^2 + s_2^2}} \cdot \sqrt{n}$$

Diese Formel gilt unter der Voraussetzung, dass die Stichprobenumfänge beider Messreihen gleich groß sind – davon gehen Sie im Folgenden aus. Im Nenner der Formel steht die »gepoolte« Varianz, die sich aus den Varianzen der beiden Stichproben ergibt.

Der statistische Test folgt nun wiederum dem bekannten Konzept, die Nullhypothese gegen die Alternativhypothese abzugrenzen. Dies wird wieder anhand praktischer Beispiele plausibel gemacht.

Beispiel 1: Test für den Vergleich der Mittelwerte von Kennzahlen der Wirkung zweier Kühlmittel (einseitiger Test mit oberer Grenze)

Im Rahmen der Untersuchung der Kühlwirkung zweier Kältemittel für die Klimaanlage eines PKW wurden für die beiden Mittel A und B je eine Messreihe durchgeführt. Die Kühlergebnisse wurden in Form von Kennzahlen ausgedrückt und es wurden davon die Mittelwerte gebildet. Anhand der Ergebnisse in Tabelle 5.18 soll mit einer Sicherheitswahrscheinlichkeit von 95 % getestet werden, ob von Kühlmittel A eine bessere Wirkung erwartet werden kann als von Mittel B.

Tabelle 5.18: Vergleich zweier Mittelwerte (Kühlmittel einer Klimaanlage)

Kennzahl Kühlwirkung

Mittel A	Mittel B
108	85
122	152
144	83
129	69
107	95
115	87
114	71
97	94
96	83
126	94

151

Aus den Stichproben ermitteln wir:

$\bar{x}_1$	$\bar{x}_2$	s_1	s_2	n
115,8	91,3	14,91	23,14	10

1. Schritt: Nullhypothese und Alternativhypothese definieren

Als Nullhypothese formulieren Sie den gewünschten Fall. Dieser heißt, beide Kühlmittel haben dieselbe Kühlwirkung. Der größere Mittelwert von Mittel A wird allein durch die Streuung erklärt.

Die Nullhypothese lautet wie folgt:

Nullhypothese: $\qquad H_0: \mu_1 = \mu_2$

Falls der Test die Nullhypothese nicht bestätigt, nehmen Sie die Alternativhypothese an. In unserem Beispiel ist dies der unerwünschte Fall, nämlich dass Mittel A größere Wirkung als Mittel B zeigt. Dies testen Sie mit einem einseitigen Test mit Prüfung auf Überschreitung einer Obergrenze. Die Alternativhypothese lautet dann:

Alternativhypothese: $\qquad H_1: \mu_1 > \mu_2$

2. Schritt: Signifikanzzahl wählen

In der Aufgabenstellung ist eine Irrtumswahrscheinlichkeit (Signifikanzzahl) von $\alpha = 5\,\%$ vorgegeben.

3. Schritt: Kritischen Wert aus Tabelle ermitteln

Bevor Sie der t-Tabelle die Grenzwerte entnehmen, müssen Sie beachten, dass sich die Zahl der Freiheitsgrade abhängig von den Umfängen n_1 und n_2 der beiden Stichproben wie folgt berechnet:

$$f = (n_1-1) + (n_2-1)$$

Da Sie mit gleich großen Stichprobenumfängen $n_1 = n_2 = n$ arbeiten, können Sie schreiben:

$$f = 2(n-1)$$

Der Freiheitsgrad der t-Verteilung berechnet sich für unser Beispiel zu

$$f = 2(n-1) = 2(10-1) = 18$$

Als kritischen Wert lesen Sie damit aus der t-Tabelle ab:

Kritischer Wert: $t_{krit} = t_{1-\alpha;\ f} = t_{0,95;\ 18} = 1,734$

4. Schritt: Aus Stichprobenwert Prüfgröße berechnen

Für die Werte aus der Stichprobe ergibt sich folgende Prüfgröße:

$$t_{St} = \frac{\bar{x}_1 - \bar{x}_2}{\sqrt{s_1^2 + s_2^2}} \cdot \sqrt{n} = \frac{115,8 - 91,3}{\sqrt{14,91^2 + 23,14^2}} \cdot \sqrt{10} \approx 2,815$$

5. Schritt: Testentscheidung

Der Vergleich des Stichprobenwertes t_{St} mit der oberen Grenze (kritischer Wert) liefert das Testergebnis:

Da die Prüfgröße (t-Wert der Stichprobe) $t_{St} = 2,815$ größer ist als der kritische Wert $t_{1-\alpha;\ f} = 1,734$ aus der Tabelle, wird die Nullhypothese verworfen und die Alternativhypothese angenommen. Mit einer Sicherheitswahrscheinlichkeit von 95 % kann behauptet werden, dass Kühlmittel A größere Kühlwirkung aufweist als Kühlmittel B.

In Tabelle 5.19 sind nochmals alle Werte unseres Tests zusammengefasst.

Tabelle 5.19: Test für den Vergleich der Mittelwerte von Kennzahlen der Wirkung zweier Kühlmittel

Aus Stichproben				
$\bar{x}_1$	$\bar{x}_2$	s_1	s_2	n
115,8	91,3	14,91	23,14	10
$t_{St} = 2,815$				

Aus Tabelle t-Verteilung		
α	$f = 2(n-1)$	t_{krit}
0,05	18	1,734

Beispiel 2: Test für den Vergleich der Mittelwerte der anhand zweier Methoden gefundenen Anzahl Softwarefehler (einseitiger Test mit unterer Grenze)

In einem Softwarehaus werden zwei Systematiken zum Auffinden von Softwarefehlern in einem Programmsystem untersucht. Bei gleichen Zeitvorgaben untersuchen zwei Gruppen von Entwicklern die Programme mit zwei verschiedenen Methoden. Das Ergebnis der gefundenen Fehler lässt vermuten, dass mit Methode A weniger Fehler gefunden werden, diese Methode also weniger effektiv ist als die andere. Ob dies stimmt, soll durch einen Test mit einer Irrtumswahrscheinlichkeit von 5 % untersucht werden.

Tabelle 5.20 zeigt die Ergebnisse der Untersuchung.

Tabelle 5.20: Vergleich zweier Mittelwerte (Anzahl Softwarefehler)

	Anzahl erkannter Fehler	
	Methode A	Methode B
	221	205
	253	260
	276	279
	215	230
	229	267
	245	253
	215	281
	238	265
$\bar{x}$	238,7	262,1

Aus den Werten der Stichprobe ermitteln wir:

$\bar{x}_1$	$\bar{x}_2$	s_1	s_2	n
238,7	262,1	21,81	17,29	8

1. Schritt: Nullhypothese und Alternativhypothese definieren

Als Nullhypothese formulieren Sie den gewünschten Fall. Dieser heißt, beide Methoden zur Fehlersuche sind gleich effektiv. Der kleinere Mittelwert von Methode A wird allein durch die Streuung erklärt.

Die Nullhypothese lautet wie folgt:

Nullhypothese: $\quad H_0: \mu_1 = \mu_2$

Falls der Test die Nullhypothese nicht bestätigt, nehmen Sie die Alternativhypothese an. In unserem Beispiel heißt dies, dass Methode A schlechtere Wirkung zeigt als Methode B. Dies testen Sie mit einem einseitigen Test mit Prüfung auf Unterschreitung einer Untergrenze. Die Alternativhypothese lautet:

Schuldig oder nicht schuldig – der statistische Test

Alternativhypothese: H_1: $\mu_1 < \mu_2$

2. Schritt: Signifikanzzahl wählen

Entsprechend der Aufgabenstellung ist eine Irrtumswahrscheinlichkeit (Signifikanzzahl) von $\alpha = 5\%$ vorgegeben.

3. Schritt: Kritischen Wert aus Tabelle ermitteln

Der Freiheitsgrad der t-Verteilung berechnet sich zu

$$f = 2(n-1) = 2(8-1) = 14$$

Als kritischen Wert lesen Sie damit aus der t-Tabelle ab:

Kritischer Wert: $t_{krit} = t_{\alpha;\ f} = t_{\ 0,05;\ 14} = -1{,}761$

4. Schritt: Aus Stichprobenwert Prüfgröße berechnen

Für die Werte aus der Stichprobe ergibt sich folgende Prüfgröße:

$$t_{St} = \frac{\bar{x}_1 - \bar{x}_2}{\sqrt{s_1^2 + s_2^2}} \cdot \sqrt{n} = \frac{238{,}7 - 262{,}1}{\sqrt{21{,}81^2 + 17{,}29^2}} \cdot \sqrt{8} \approx -2{,}381$$

5. Schritt: Testentscheidung

Der Vergleich des Stichprobenwertes t_{St} mit der Grenze liefert das Testergebnis:

Da die Prüfgröße (t-Wert der Stichprobe) $t_{St} = -2{,}381$ kleiner ist als der kritische Wert $t_{\alpha;\ f} = -1{,}761$ aus der Tabelle, wird die Nullhypothese verworfen und die Alternativhypothese angenommen. Mit einer Sicherheitswahrscheinlichkeit von 95% kann behauptet werden, dass die Methoden einen signifikanten Unterschied aufweisen: Methode A ist weniger effektiv als Methode B.

In Tabelle 5.21 sind nochmals alle Werte unseres Tests zusammengefasst.

Tabelle 5.21: Test für den Vergleich der Mittelwerte der Anzahl der anhand zweier Methoden gefundener Softwarefehler

Aus Stichproben

$\bar{x}_1$	$\bar{x}_2$	s_1	s_2	n
238,7	262,1	21,81	17,29	8

$t_{St} = -2,381$

Signifikanzzahl	Freiheitsgrad	Kritischer Wert
α	$f = n-1$	t_{krit}
0,05	14	−1,761

Beispiel 3: Test für den Vergleich der Mittelwerte von Kennzahlen der Arbeitszufriedenheit (zweiseitiger Test)

Die Mitarbeiter eines Reisekonzerns wurden im Sommer und im Winter mehrmals nach ihrer Arbeitszufriedenheit befragt. Aus den Ergebnissen wurden Kennzahlen gebildet, deren Mittelwerte zum Test herangezogen werden sollen. Folgende Messergebnisse liegen vor.

Tabelle 5.22: Vergleich zweier Mittelwerte (Arbeitszufriedenheit im Sommer und Winter)

Kennzahl Arbeitszufriedenheit

	Sommer	Winter
	357	346
	359	302
	413	358
	390	371
	402	399
	389	355
	367	368
$\bar{x}$	382,43	357,00
s	21,801	29,530

Zu testen ist, ob mit einer Irrtumswahrscheinlichkeit von 5 % behauptet werden kann, dass die Arbeitszufriedenheit im Sommer und im Winter gleich ist. Dieser Test soll jährlich wiederkehrend durchgeführt werden. Eventuell kann auch der Fall eintreten, dass der Winterwert der Arbeitszufriedenheit größer ist als der Sommerwert. Wir entschließen uns deshalb für einen zweiseitigen Test.

1. Schritt: Nullhypothese und Alternativhypothese definieren

Als Nullhypothese formulieren Sie den gewünschten Fall. Dieser heißt: Die Arbeitszufriedenheit ist im Sommer und im Winter gleich. Die beiden unterschiedlichen Mittelwerte werden durch die natürliche Streuung erklärt. Die Nullhypothese lautet wie folgt:

Nullhypothese: $\qquad H_0: \mu_1 = \mu_2$

Falls der Test die Nullhypothese nicht bestätigt, nehmen Sie die Alternativhypothese an. In unserem Beispiel sind zu große Abweichungen der Mittelwerte in beiden Richtungen unerwünscht. Für den zweiseitigen Test formulieren Sie als Alternativhypothese:

Alternativhypothese: $\qquad H_1: \mu_1 \neq \mu_2$

2. Schritt: Signifikanzzahl wählen

Entsprechend der Aufgabenstellung ist eine Irrtumswahrscheinlichkeit (Signifikanzzahl) von $\alpha = 5\%$ vorgegeben.

3. Schritt: Kritische Werte aus Tabelle ermitteln

Der Freiheitsgrad der t-Verteilung berechnet sich zu

$$f = 2(n-1) = 2(7-1) = 12$$

Als kritische Werte lesen Sie damit aus der t-Tabelle ab:

Kritischer Wert unten: $\qquad t_{krit\_u} = t_{\alpha/2;\ f} = t_{0,025;\ 12} = -2,179$

Kritischer Wert oben: $\qquad t_{krit\_o} = t_{1-\alpha/2;\ f} = t_{0,975;\ 12} = 2,179$

4. Schritt: Aus Stichprobenwerten Prüfgröße berechnen

Für die Werte aus der Stichprobe ergibt sich nun folgende Prüfgröße:

$$t_{St} = \frac{\bar{x}_1 - \bar{x}_2}{\sqrt{s_1^2 + s_2^2}} \cdot \sqrt{n} = \frac{382,43 - 357,00}{\sqrt{21,801^2 + 29,530^2}} \cdot \sqrt{7} \approx 1,833$$

5. Schritt: Testentscheidung

Der Vergleich des Stichprobenwertes t_{St} mit der unteren und oberen Grenze (kritische Werte) liefert das Testergebnis:

Da die Prüfgröße (t-Wert der Stichprobe) $t_{St} = 1,833$ größer ist als der untere kritische Wert $t_{\alpha/2;\ f} = -2,179$ und kleiner als der obere kritische Wert

Schuldig oder
nicht schuldig –
der statistische Test

$t_{1-\alpha/2;\,f} = 2,179$ aus der Tabelle, wird die Nullhypothese angenommen. Mit einer Sicherheitswahrscheinlichkeit von 95 % kann behauptet werden, dass kein signifikanter Unterschied der Mittelwerte der beiden Messreihen vorliegt. Oder: Die Arbeitszufriedenheit im Sommer und im Winter ist nicht unterschiedlich.

In Tabelle 5.23 sind nochmals alle Werte unseres Tests zusammengefasst.

Tabelle 5.23: Test zum Vergleich zweier Mittelwerte von Kennzahlen der Arbeitszufriedenheit im Sommer und Winter

Aus Stichproben

$\bar{x}_1$	$\bar{x}_2$	s_1	s_2	n
382,43	357,00	21,801	29,530	7

$t_{St} = 1,833$

Aus t-Tabelle

α	$f = 2(n-1)$	t_{krit_u}	t_{krit_o}
0,05	12	−2,179	2,179

Rechenregeln

In Tabelle 5.24 finden Sie einen Überblick über die Rechenregeln für den statistischen Test zum Vergleich zweier Mittelwerte.

Schuldig oder
nicht schuldig –
der statistische Test

Tabelle 5.24: Statistischer Test zum Vergleich zweier Mittelwerte (t-Test)

Rechenregeln
Statistischer Test für den Vergleich zweier Mittelwerte (t-Test)

Null-hypothese H_0	Alternativ-hypothese H_1	Testtyp	Testergebnis: H_0 annehmen, wenn der t-Wert der Stichprobe $t_{St} = \dfrac{\bar{x}_1 - \bar{x}_2}{\sqrt{s_1^2 + s_2^2}} \cdot \sqrt{n}$	
$H_0: \dot{\mu}_1 = \mu_2$	$H_1: \mu_1 > \mu_2$	einseitig; Überschreitung Höchstwert	kleiner als Grenzwert	$t_{St} \leq t_{1-\alpha;f}$
	$H_1: \mu_1 < \mu_2$	einseitig; Unterschreitung Mindestwert	größer als Grenzwert	$t_{St} \geq t_{\alpha;f}$
	$H_1: \mu_1 \neq \mu_2$	zweiseitig	zwischen zwei Grenzwerten	$t_{\alpha/2;f} \leq t_{St} \leq t_{1-\alpha/2;f}$

Voraussetzungen:
1. Beide Stichproben sind gleich groß: Umfang n
2. Freiheitsgrad der t-Verteilung: f = 2(n–1)

Statistischer Test für den Vergleich zweier Mittelwerte: Ausreißertest (t-Test)

Typische Fragestellungen aus der Praxis

Messreihen enthalten oft Werte, die man augenscheinlich im Verdacht hat, dass sie nicht die Messgröße repräsentieren, weil sie sich zu sehr von den anderen Werten unterscheiden. So könnten Sie geneigt sein, solche Werte entsprechend Abbildung 5.10 als Ausreißer zu bezeichnen. Echte Ausreißer beruhen zum Beispiel auf Messfehlern und man möchte diese Werte am liebsten aus der Stichprobe streichen. Doch mit welchem Recht darf man bestimmte Werte als Ausreißer betrachten?

Die beurteilende Statistik hat auch für dieses Problem eine Lösung parat: die so genannten Ausreißertests.

Die folgenden Überlegungen zeigen den Weg zu einem einfachen Ausreißertest, der auf dem t-Test beruht. Sie werden sehen, dass die zugrunde liegende Mathematik weitgehend vom vorigen Kapitel her bekannt ist. Der Ausreißertest beruht auf dem t-Test zum Vergleich zweier Mittelwerte. Voraussetzung ist wieder die Annahme, dass Normalverteilung vorliegt.

An einem Beispiel wird die Testsystematik hergeleitet.

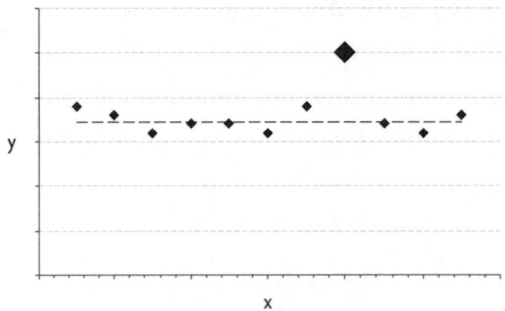

y

x

Abbildung 5.10: Zu testen ist, ob der dick markierte Wert als Ausreißer zu betrachten ist

Beispiel 1: Masse eines Körpers (Ausreißertest)

Bei der Wägung von Prüfkörpern einer Analysenwaage ergaben sich Werte entsprechend Tabelle 5.25.

Tabelle 5.25: Ausreißertest (Massen von Prüfkörpern)

Nr.	Massen [g]
1	9,966
2	9,965
3	9,965
4	9,965
5	9,964
6	9,963
7	**9,960 A**
8	9,963
9	9,965
10	9,963
11	9,964

Zu testen ist, ob der kleinste Wert (= der Wert, der vom Mittelwert am stärksten abweicht, hier Nr. 7) als Ausreißer zu betrachten ist, der durch Messfehler, Ablesefehler, Berechnungsfehler oder Schreibfehler zustande gekommen sein könnte.

Das Prinzip für diesen Ausreißertest ist das Folgende: Betrachten Sie den »verdächtigen« Wert A als eigene Messreihe und vergleichen Sie dessen

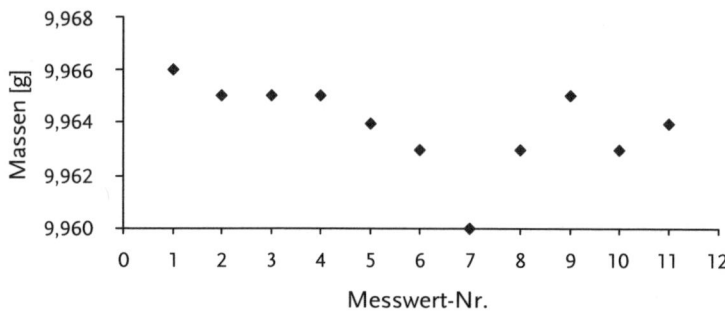

Ist Wert Nr. 7 ein Ausreißer?

Abbildung 5.11: Ausreißertest (Massen von Prüfkörpern)

»Mittelwert« – das ist sein Wert selbst – mit dem Mittelwert der restlichen Werte. Tun Sie einfach so, also ob wir es mit zwei Stichproben zu hätten: die unverdächtigen Werte als Messreihe 2 und der mutmaßliche Ausreißer A als Messreihe 1 mit nur einem Wert.

Der Stichprobenumfang der unverdächtigen Werte wird mit n_2 bezeichnet.

Wie bei den Tests der vorangegangenen Kapitel gehen wir wieder in fünf Schritten vor.

1. Schritt: Nullhypothese und Alternativhypothese definieren

Als Nullhypothese formulieren Sie den gewünschten Fall. Dieser heißt: Beide Stichproben entstammen derselben Grundgesamtheit, d. h., der verdächtige Wert ist kein Ausreißer. Die Nullhypothese lautet wie folgt:

Nullhypothese: $H_0: \mu_1 = \mu_2$

Falls der Test die Nullhypothese nicht bestätigt, nehmen Sie die Alternativhypothese an: Die Stichproben entstammen verschiedenen Grundgesamtheiten, d. h., A ist ein Ausreißer. Formulieren Sie einen zweiseitigen Test mit der Alternativhypothese:

Alternativhypothese: $H_1: \mu_1 \neq \mu_2$

Es sei hier angemerkt, dass je nach Anwendungsfall auch ein einseitiger Test angewandt werden kann. Im vorliegenden Fall, da der vermeintliche Ausreißer der Kleinstwert der Reihe ist, würde man dann die Alternativhypothese so formulieren: $H_1: \mu_1 < \mu_2$

161
———

Schuldig oder
nicht schuldig –
der statistische Test

2. Schritt: Signifikanzzahl wählen

Nun legen Sie die Irrtumswahrscheinlichkeit fest, mit der Sie testen wollen. Wählen Sie $\alpha = 5\%$.

3. Schritt: Kritische Werte aus Tabelle ermitteln

Zum Ablesen der kritischen Werte aus der t-Tabelle benötigen Sie noch den Freiheitsgrad für diesen Test:

$$f = n_2 - 1 = 10 - 1 = 9$$

Als kritische Werte lesen Sie ab:

Kritischer Wert unten: $\quad t_{krit\_u} = t_{\alpha/2;\ f} = t_{0,025;\ 9} = -2,262$

Kritischer Wert oben:: $\quad t_{krit\_o} = t_{1-\alpha/2;\ f} = t_{0,975;\ 9} = 2,262$

4. Schritt: Aus Stichprobenwerten Prüfgröße berechnen

Die Prüfgröße kennen Sie vom Test der Differenzen zweier Mittelwerte wie folgt:

$$t = \frac{\bar{x}_1 - \bar{x}_2}{\sqrt{s_1^2 + s_2^2}} \sqrt{n}$$

Da die eine Messreihe – nämlich der mutmaßliche Ausreißer A selbst – den Sonderfall einnimmt, nur aus einem Messwert zu bestehen, müssen Sie die Formel für die Prüfgröße ein wenig umstellen. Auf die Herleitung sei hier verzichtet und das Ergebnis lautet:

$$t_{St} = \frac{A - \bar{x}_2}{s_2} \sqrt{\frac{n_2}{n_2 + 1}}$$

Hierbei sind $\bar{x}_2$ der Mittelwert, s_2 die Standardabweichung und n_2 die Anzahl der unverdächtigen Werte. A ist der als Ausreißer verdächtigte Wert. Aus unserer Stichprobe ergeben sich folgende Werte:

$\bar{x}_2$	A	$\bar{s}_2$	$\bar{n}_2$
9,9643	9,9600	0,0010593	10

Für unser Beispiel schreiben wir:

$$t_{St} = \frac{9,960 - 9,9643}{0,0010593} \sqrt{\frac{10}{10+1}} \approx -3,870$$

5. Schritt: Testentscheidung

Der Vergleich des Stichprobenwertes t_{St} mit der unteren und oberen Grenze (kritische Werte) liefert das Testergebnis:

Da die Prüfgröße (t-Wert der Stichprobe) $t_{St} = -3,870$ kleiner ist als der untere kritische Wert $t_{\alpha/2;\ f} = -2,262$ wird die Nullhypothese verworfen und die Alternativhypothese angenommen. Mit einer Sicherheitswahrscheinlichkeit von 95 % kann behauptet werden, dass ein signifikanter Unterschied der Mittelwerte der beiden Messreihen vorliegt. Oder: der Wert A wird als Ausreißer bestätigt.

In Tabelle 5.26 sind nochmals alle Werte unseres Ausreißertests zusammengefasst.

Tabelle 5.26: Ausreißertest (Massen von Prüfkörpern)

Aus Stichprobe			
$\bar{x}_2$	A	s_2	n_2
9,9643	9,9600	0,0010593	10
$t_{St} = -3,870$			

Aus Tabelle t-Verteilung			
α	$f = n_2 - 1$	$t_{krit\_u} = t_{\alpha/2;f}$	$t_{krit\_o} = t_{1-\alpha/2;f}$
0,05	9	−2,262	2,262

Beispiel 2: Zugfestigkeit von Chrom-Nickel-Stahl (Ausreißertest)

Bei der Prüfung der Zugfestigkeit von Chrom-Nickel-Einsatzstahl ergaben sich Messwerte entsprechend Tabelle 5.27.

Tabelle 5.27: Ausreißertest
(Zugfestigkeit von Chrom-Nickel-Stahl)

Nr.	Zugfestigkeit [N/mm²]
1	1085
2	1087
3	1083
4	**1074 A**
5	1082
6	1088
7	1082

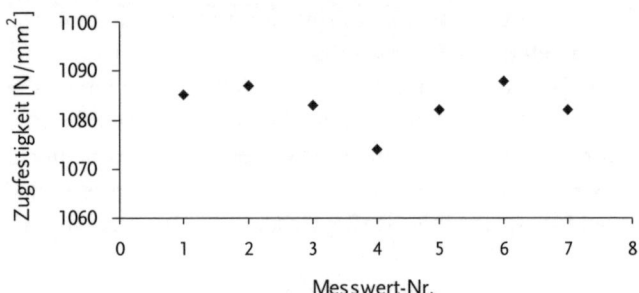

Ist Wert Nr. 4 ein Ausreißer?

Zugfestigkeit [N/mm²] / Messwert-Nr.

Abbildung 5.12: Ausreißertest (Zugfestigkeit von Chrom-Nickel-Stahl)

Zu testen ist mit einer Sicherheitswahrscheinlichkeit von 99 %, ob der kleinste gemessene Wert als Ausreißer zu betrachten ist.

1. Schritt: Nullhypothese und Alternativhypothese definieren

Als Nullhypothese formulieren Sie den gewünschten Fall: Beide Stichproben stammen aus derselben Grundgesamtheit, d. h., der verdächtige Wert A (Wert Nr. 4) ist kein Ausreißer. (Messreihe 2 bilden alle Werte außer A, Messreihe 1 besteht aus nur einem Wert, nämlich A selbst.) Die Nullhypothese lautet wie folgt:

Nullhypothese: $\qquad H_0: \mu_1 = \mu_2$

Falls der Test die Nullhypothese nicht bestätigt, nehmen Sie die Alternativhypothese an: Die Stichproben entstammen verschiedenen Grundgesamtheiten, d. h., A ist ein Ausreißer.

Alternativhypothese: $\quad H_1: \mu_1 \neq \mu_2$

Hier wäre wie im vorigen Beispiel auch ein einseitiger Test auf Unterschreitung einer unteren Grenze möglich.

2. Schritt: Signifikanzzahl wählen

Die Irrtumswahrscheinlichkeit ist in der Aufgabenstellung mit 1 % vorgegeben.

3. Schritt: Kritische Werte aus Tabelle ermitteln

Die Zahl der Freiheitsgrade berechnet sich wie folgt:

$$f = n_2 - 1 = 6 - 1 = 5$$

Als kritische Werte lesen Sie ab:

Kritischer Wert unten: $t_{/krit\_u} = t_{\alpha/2;\ f} = t_{0,005;\ 5} = -4,032$

Kritischer Wert oben:: $t_{krit\_o} = t_{1-\alpha/2;\ f} = t_{0,995;\ 5} = 4,032$

4. Schritt: Aus Stichprobenwerten Prüfgröße berechnen

Aus dieser Stichprobe ergeben sich folgende Werte ($\bar{x}_2$ ist der Mittelwert, s_2 die Standardabweichung und n_2 die Anzahl der unverdächtigen Werte. A ist der als Ausreißer verdächtigte Wert):

$\bar{x}_2$	A	s_2	n_2
1084,5	1074	2,6	6

Als Prüfgröße berechnen Sie:

$$t_{St} = \frac{A - \bar{x}_2}{s_2} \sqrt{\frac{n_2}{n_2 + 1}} = \frac{1074 - 1084,5}{2,6} \sqrt{\frac{6}{6+1}} \approx -3,756$$

5. Schritt: Testentscheidung

Der Vergleich des Stichprobenwertes t_{St} mit der unteren und oberen Grenze (kritische Werte) liefert das Testergebnis:

Da die Prüfgröße (t-Wert der Stichprobe) $t_{St} = -3,756$ größer ist als der untere kritische Wert $t_{\alpha/2;\ f} = -4,032$ und kleiner als der obere kritische Wert $t_{1-\alpha/2;\ f} = 4,032$ wird die Nullhypothese angenommen. Mit einer Sicherheitswahrscheinlichkeit von 99 % kann behauptet werden, dass der verdächtige Wert nicht als Ausreißer bestätigt werden kann.

In Tabelle 5.28 sind nochmals alle Werte unseres Tests zusammengefasst.

Tabelle 5.28: Ausreißertest (Zugfestigkeit von Chrom-Nickel-Stahl)

Aus Stichprobe

$\bar{x}_2$	A	s_2	n_2
1084,5	1074	2,6	6

$t_{St} = -3,756$

Aus Tabelle t-Verteilung

α	$f = n_2 - 1$	$t_{krit\_u} = t_{\alpha/2;f}$	$t_{krit\_o} = t_{1-\alpha/2;f}$
0,01	5	−4,032	4,032

Schuldig oder
nicht schuldig –
der statistische Test

Rechenregeln

In Tabelle 5.29 sind die Rechenregeln für den Ausreißertest dargestellt.

Tabelle 5.29: Ausreißertest (t-Test für den Mittelwert)

**Rechenregeln
Ausreißertest (t-Test)**

Null-hypothese H_0	Alternativ-hypothese H_1	Testtyp	Testergebnis: H_0 annehmen, wenn der t-Wert der Stichprobe $t_{St} = \frac{A - \bar{x}_2}{s_2} \sqrt{\frac{n_2}{n_2 + 1}}$	
$H_0: \mu_1 = \mu_2$	$H_1: \mu_1 \neq \mu_2$	zweiseitig	zwischen zwei Grenzwerten liegt	$t_{\alpha/2;f} \leq t_{St} \leq t_{1-\alpha/2;f}$

Anmerkungen:
1. $\bar{x}_2$ ist der Mittelwert, s_2 die Standardabweichung und n_2 die Anzahl der unverdächtigen Werte.
2. A ist der der mutmaßliche Ausreißer
3. Freiheitsgrad der t-Verteilung: $f = n_1 - 1$

Anmerkung: Der Ausreißertest kann auch als einseitiger Test durchgeführt werden, wie die Rechenbeispiele auf der beiliegenden CD zeigen.

Statistischer Test für die Varianz (χ^2-Streuungstest)

Typische Fragestellungen aus der Praxis

Als Datenmaterial aus Stichproben liegt oftmals die Varianz oder Standardabweichung einer Kenngröße für die Streuung vor. Mit welcher Sicherheit von diesem Stichprobenwert auf die Varianz der Grundgesamtheit zu schließen ist, erbringt der statistische Test für die Varianz: Mit dem so genannten Streuungstest testen wir die Nullhypothese, dass eine bestimmte Varianz – ein Sollwert – eingehalten wird, gegen verschiedene Alternativen.

Die Fragestellungen lauten etwa wie folgt:

1. Kann mit einer Irrtumswahrscheinlichkeit von 5 % behauptet werden, dass die Streuung der Länge von Hühnereiern 3 mm beträgt?
(Zweiseitiger Test mit dem Ziel, Verpackungsbehälter mit passenden Abmessungen zu bestellen)

2. Ist zu erwarten, dass die Schwankung des Kraftstoffverbrauchs eines PKW-Modells im Jahresverlauf den vom Hersteller genannten Wert von 0,8 Liter pro 100 Kilometer nicht überschreitet?
(Einseitiger Test zur Überwachung der Überschreitung einer Grenze mit dem Ziel, sich gegen Haftungsansprüche der Kunden abzusichern)

3. Kann mit vorgegebener Sicherheit behauptet werden, dass die Schwankung des Streukreisdurchmessers einer Düngemaschine den gewünschten Wert von 0,6 m nicht unterschreitet?
(Einseitiger Test zur Überwachung der Unterschreitung einer Grenze mit dem Ziel, eine gleichmäßige Streuwirkung der Maschine in der Serie zu bestätigen)

Anhand von Beispielen werden im Folgenden die drei typischen Fragestellungen dieses Streuungstests behandelt. Am Ende des Kapitels ist dieses statistische Verfahren als Rechenrezept dargestellt.

Ähnliche Fragestellungen haben Sie im Zusammenhang mit dem Test für den Mittelwert in den vorangegangenen Kapiteln schon kennen gelernt. Sie werden sehen, dass der Streuungstest nach demselben Schema abläuft.

Die Verteilung von Varianzen folgt der χ^2-Verteilung, die Sie schon bei der Berechnung des Vertrauensbereiches für die Varianz kennen gelernt haben. Der anzuwendende Test wird als χ^2-Streuungstest bezeichnet.

Als Prüfgröße für die χ^2-Verteilung dient bekannter Weise

$$\chi^2 = \frac{s^2 \cdot (n-1)}{\sigma^2}$$

Dabei sind s^2 die Varianz der Stichprobe und σ^2 die Varianz der Grundgesamtheit.

Beispiel 1: Test für die Varianz der horizontalen Abweichung einer Sportwaffe (einseitiger Test, obere Grenze)

Ein Hersteller von Sportwaffen untersucht anhand einer Stichprobe, ob die horizontale Streuung auf der Zielscheibe in vorgegebenem Abstand den in der Spezifikation genannten Wert einhält.

Die Stichprobe vom Umfang 25 ergab eine Varianz von 49 mm^2. Zu testen ist mit einer Irrtumswahrscheinlichkeit von 5 %, ob der Sollwert 36 mm^2 eingehalten wird.

1. Schritt: Nullhypothese und Alternativhypothese definieren

Als Nullhypothese formulieren Sie den gewünschten Fall, nämlich dass der Sollwert (die Spezifikation) eingehalten wird.

Nullhypothese: $\quad H_0: \sigma^2 = \sigma_0^2 = 36$

Falls der Test die Nullhypothese nicht bestätigt, nehmen Sie die Alternativhypothese an. In unserem Beispiel würde nur eine zu große Varianz den unerwünschten Fall bedeuten – zu kleine Varianzen werden hier nicht betrachtet. Es handelt sich also um einen einseitigen Test und Sie formulieren als Alternativhypothese:

Alternativhypothese: $\quad H_1: \sigma^2 > \sigma_0^2$

2. Schritt: Signifikanzzahl wählen

Die Aufgabenstellung verlangt als Signifikanzzahl $\alpha = 5\,\%$.

3. Schritt: Kritischen Wert aus Tabelle ermitteln

Für die Anzahl der Freiheitsgrade rechnen Sie: $f = n-1 = 24$.

Der χ^2-Tabelle entnehmen Sie den Grenzwert (den kritischen Wert) für die angegebene Sicherheitswahrscheinlichkeit:

Kritischer Wert: $\quad \chi^2_{krit} = \chi^2_{1-\alpha;\ f} = \chi^2_{0,95;\ 24} = 36{,}415$

4. Schritt: Aus Stichprobenwert Prüfgröße berechnen

Für den Wert s^2 der Stichprobe berechnen Sie den zugehörigen χ^2-Wert:

$$\chi^2_{St} = \frac{s^2}{\sigma_0^2} \cdot (n-1) = \frac{49}{36} \cdot (25-1) \approx 32{,}667$$

5. Schritt: Testentscheidung

Der Vergleich des Stichprobenwertes χ^2_{St} mit dem kritischen Wert liefert das Testergebnis:

Da der χ^2-Wert der Stichprobe (32,667) kleiner ist als der kritische Wert aus der χ^2-Tabelle (36,415), wird die Nullhypothese angenommen. Mit einer Irrtumswahrscheinlichkeit von $5\,\%$ kann behauptet werden, dass die Varianz $36\ mm^2$ für die horizontale Abweichung eingehalten wird.

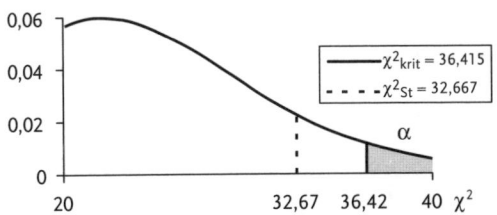

Dichte der χ^2-Verteilung, f = 24
(Kritischer Wert für $\alpha = 0{,}05$)

$\chi^2_{krit} = 36{,}415$
$\chi^2_{St} = 32{,}667$

Abbildung 5.13: Streuungstest: Die Nullhypothese wird angenommen

Anmerkung:

Sie haben zur Testentscheidung den χ^2_{St}-Wert aus der Stichprobe mit dem kritischen Wert aus der χ^2-Tabelle verglichen. Genauso gut hätten Sie im s^2-Bereich wie folgt rechnen können (zum kritischen χ^2-Wert gehört der kritische s^2-Wert):

$$s^2_{krit} = \frac{\sigma_0^2}{(n-1)}\chi^2_{1-\alpha,f} = \frac{36}{24}\cdot 36{,}415 \approx 54{,}6$$

Das Testergebnis lautet dann:

Da die Varianz $s^2 = 49 \ mm^2$ der Stichprobe kleiner ist als $s^2_{krit} = 54{,}6 \ mm^2$, wird die Nullhypothese angenommen.

Beim χ^2-Streuungstest betrachten Sie jeweils die Varianzen. Dies ist etwas unanschaulich, weil Sie es mit den quadrierten Werten der Standardabweichungen zu tun haben. Die Größe der Werte und die quadrierten Benennungen sollen aber nicht stören. Für dieses Beispiel ermitteln Sie die Annahmegrenze des Tests durch Ziehen der Quadratwurzel aus dem Wert s^2_{krit}. Sie erhalten für die Annahmegrenze als Standardabweichung ausgedrückt:

$s_{krit} \approx 7{,}4 \ mm$

Als Ergebnis können Sie dann formulieren: Da die Standardabweichung $s = 7{,}0 \ mm$ der Stichprobe kleiner ist als der kritische Wert $s_{krit} = 7{,}4 \ mm$, wird die Nullhypothese angenommen.

Tabelle 5.30 gibt einen Überblick über die Testdaten.

169

Schuldig oder
nicht schuldig –
der statistische Test

Tabelle 5.30: Test für die Varianz der horizontalen Abweichung von Sportwaffen

Aus Stichprobe		
s_2	s	n
49	7	25

$\chi^2_{St} = 32{,}667$

Aus Tabelle χ^2-Verteilung				
α	$f = n - 1$	χ^2_{krit}	s^2_{krit}	s_{krit}
0,05	24	36,415	54,6	7,4

Beispiel 2: Test für die Varianz der Breite des ausgebrachten Saatstreifens (einseitiger Test, untere Grenze)

Eine Spezifikation von Sämaschinen für die Landwirtschaft schreibt vor, dass die Varianz der Breite des ausgebrachten Saatstreifens einen Mindestwert nicht unterschreitet.

Im Rahmen einer Untersuchung von 18 Maschinen wurde als Varianz für die Breite der Wert 0,81 m^2 ermittelt. Kann mit einer Sicherheitswahrscheinlichkeit von 99 % behauptet werden, dass in der Serie der Mindestwert von 1,8 m^2 nicht unterschritten wird?

1. Schritt: Nullhypothese und Alternativhypothese definieren

Als Nullhypothese formulieren Sie den gewünschten Fall, nämlich dass der Sollwert (die Spezifikation) eingehalten wird.

Nullhypothese: $\qquad H_0: \sigma^2 = \sigma_0^2 = 1,8$

Falls der Test die Nullhypothese nicht bestätigt, nehmen Sie die Alternativhypothese an. In unserem Beispiel würde nur eine zu kleine Varianz den unerwünschten Fall bedeuten – zu große Varianzen werden hier nicht betrachtet. Es handelt sich also um einen einseitigen Test. Formulieren Sie als Alternativhypothese:

Alternativhypothese: $\quad H_1: \sigma^2 < \sigma_0^2$

2. Schritt: Signifikanzzahl wählen

Die Signifikanzzahl beträgt laut Aufgabenstellung 1 %.

3. Schritt: Kritischen Wert aus Tabelle ermitteln

Die Zahl der Freiheitsgrade beträgt f = n–1 = 17.

Der χ^2-Tabelle entnehmen Sie den Grenzwert (den kritischen Wert) für die angegebene Irrtumswahrscheinlichkeit:

Kritischer Wert: $\quad \chi^2_{krit} = \chi^2_{\alpha;\ f} = \chi^2_{0,01;\ 17} = 6,408$

4. Schritt: Aus Stichprobenwert Prüfgröße berechnen

Für unseren Wert s^2 der Stichprobe berechnen Sie den zugehörigen χ^2-Wert:

$$\chi^2_{St} = \frac{s^2}{\sigma_0^2} \cdot (n-1) = \frac{0,81}{1,8} \cdot (18-1) \approx 7,65$$

5. Schritt: Testentscheidung

Der Vergleich des Stichprobenwertes χ^2_{St} mit dem kritischen Wert liefert das Testergebnis:

Da der χ^2-Wert der Stichprobe (7,65) größer ist als der kritische Wert aus der χ^2-Tabelle (6,408), wird die Nullhypothese angenommen. Mit einer Irrtumswahrscheinlichkeit von 1 % kann behauptet werden, dass die Varianz 1,8 m² für die Breite des ausgebrachten Saatstreifens nicht unterschritten wird.

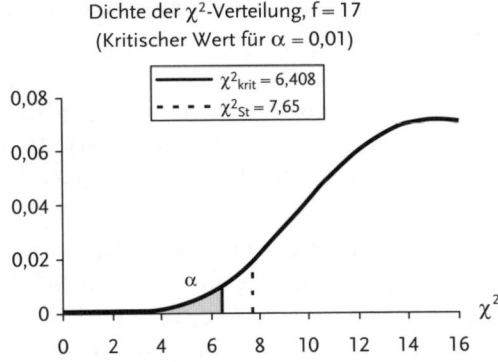

Abbildung 5.14: Die Nullhypothese wird angenommen

Falls Sie die Testentscheidung anhand der Werte im s^2-Bereich treffen wollen, müssen Sie den kritischen s^2-Wert berechnen:

$$s^2_{krit} = \frac{\sigma_0^2}{(n-1)} \cdot \chi^2_{\alpha;f} = \frac{1,8}{17} \cdot 6,408 \approx 0,68$$

Das Testergebnis lautet dann:

Da die Varianz $s^2 = 0,81\ m^2$ der Stichprobe größer ist als $s^2_{krit} = 0,68\ m^2$, wird die Nullhypothese angenommen. Als untere Annahmegrenze, ausgedrückt als Standardabweichung, erhalten Sie:

$s_{krit} \approx 0,82\ m$

Als Ergebnis können Sie dann formulieren: Da die Standardabweichung $s = 0,9\ m$ der Stichprobe größer ist als der kritische Wert $s_{krit} = 0,82\ m$, wird die Nullhypothese angenommen.

Tabelle 5.31 gibt einen Überblick über die Testdaten.

Tabelle 5.31: Test für die Varianz der Breite des ausgebrachten Saatstreifens

Aus Stichprobe		
s_2	s	n
0,81	0,9	18
$\chi^2_{St} = 7,650$		

Aus Tabelle χ^2-Verteilung				
α	$f = n - 1$	χ^2_{krit}	s^2_{krit}	s_{krit}
0,01	17	6,408	0,68	0,82

Beispiel 3: Test für die Varianz von Kraftstoffverbräuchen (zweiseitiger Test)

Ein Hersteller von Industriemotoren interessiert sich für die Streuung des Kraftstoffverbrauchs einer Serie. Es interessiert hier also nicht der Verbrauch an sich, sondern die Streuung der Verbräuche, die in der Serie einen bestimmten Wert einhalten soll.

Als Ergebnis eines Feldversuches mit 10 Motoren erhält er für die Varianz des Kraftstoffverbrauchs einen Wert von $0,57\ l^2/h^2$ (die Benennungen lassen wir zunächst wieder weg). Er möchte nun wissen, ob in der Serie (= der Grundgesamtheit aller Motoren) die Verbräuche die gewünschte Varianz von $0,25\ l^2/h^2$ einhalten. Dazu führt er einen statistischen Test für die Varianz durch. Er rechnet mit einer Sicherheitswahrscheinlichkeit von 95 %.

1. Schritt: Nullhypothese und Alternativhypothese definieren

Als Nullhypothese definieren Sie den gewünschten Fall, nämlich dass die Varianz der Grundgesamtheit $\sigma^2_0 = 0{,}25$ ist.

Nullhypothese: $\qquad H_0: \sigma^2 = \sigma_0^2 = 0,25$

Falls der Test die Nullhypothese nicht bestätigt, nehmen Sie die Alternativhypothese an. Da in diesem Beispiel sowohl eine zu große als auch eine zu kleine Varianz zum Verwerfen der Nullhypothese führen soll, setzen Sie einen zweiseitigen Test an. Wir schreiben:

Alternativhypothese: $\qquad H_1: \sigma^2 \neq \sigma_0^2$

2. Schritt: Signifikanzzahl wählen

Die Irrtumswahrscheinlichkeit wird entsprechend der Aufgabenstellung zu 5 % angesetzt.

3. Schritt: Kritische Werte aus Tabelle ermitteln

Wir haben hier $f = n{-}1 = 9$ Freiheitsgrade.

Der χ^2-Tabelle entnehmen wir die Grenzwerte (die kritischen Werte) für die angegebene Sicherheitswahrscheinlichkeit:

Kritischer Wert unten: $\qquad \chi^2_{krit\_u} = \chi^2_{\alpha/2;\ f} = \chi^2_{0,025;\ 9} = 2{,}7004$

Kritischer Wert oben: $\qquad \chi^2_{krit\_o} = \chi^2_{1-\alpha/2;\ f} = \chi^2_{0,975;\ 9} = 19{,}0228$

4. Schritt: Aus Stichprobenwert Prüfgröße berechnen

Für den Wert s^2 der Stichprobe berechnen Sie jetzt den zugehörigen χ^2-Wert:

$$\chi^2_{St} = \frac{s^2}{\sigma_0^2} \cdot (n-1) = \frac{0,57}{0,25} \cdot (10-1) \approx 20,52$$

5. Schritt: Testentscheidung

Der Vergleich des Stichprobenwertes χ^2_{St} mit der oberen und unteren Grenze liefert das Testergebnis:

Da der χ^2-Wert der Stichprobe (20,52) größer ist als der obere kritische Wert aus der χ^2-Tabelle (19,0228), wird die Nullhypothese verworfen und die Alternativhypothese angenommen. Mit einer Irrtumswahrscheinlichkeit von 5 % kann behauptet werden, dass die Varianz 0,25 für den Kraftstoffverbrauch nicht eingehalten wird.

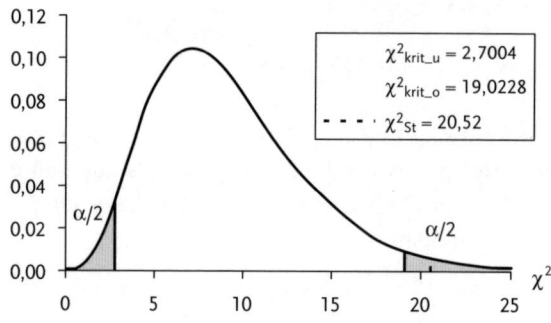

Dichte der χ^2-Verteilung, $f = 9$
(Kritische Werte für $\alpha = 0,05$)

$\chi^2_{krit\_u} = 2,7004$
$\chi^2_{krit\_o} = 19,0228$
$\chi^2_{St} = 20,52$

Abbildung 5.15: Die Nullhypothese wird verworfen

Zu den unteren bzw. oberen kritischen χ^2-Werten gehören die kritischen s^2-Werte:

$$s^2_{krit\_u} = \frac{\sigma_0^2}{(n-1)} \cdot \chi^2_{\alpha/2;f} = \frac{0,25}{9} \cdot 2,7004 \approx 0,075$$

$$s^2_{krit\_o} = \frac{\sigma_0^2}{(n-1)} \cdot \chi^2_{1-\alpha/2;f} = \frac{0,25}{9} \cdot 19,0228 \approx 0,528$$

Das Testergebnis lautet dann:

Da die Varianz $s^2 = 0,57\ l^2/h^2$ der Stichprobe größer ist als $s^2_{krit\_o} = 0,528\ l^2/h^2$, wird die Nullhypothese abgelehnt und die Alternativhypothese angenommen.

Als Annahmegrenzen des Tests erhalten Sie für die Standardabweichung:

$s_{krit\_u} = 0,274\ l/h$
$s_{krit\_o} = 0,727\ l/h$

In Tabelle 5.32 sind nochmals alle Werte dieses Tests zusammengefasst.

Tabelle 5.32: Test für die Varianz von Kraftstoffverbräuchen

Aus Stichprobe

s^2	s	n
0,57	0,755	10

$\chi^2_{St} = 20,520$

Aus Tabelle χ^2-Verteilung

α	$f = n-1$	$\chi^2_{krit\_u}$	$\chi^2_{krit\_o}$	$s^2_{krit\_u}$	$s^2_{krit\_o}$	s_{krit_u}	s_{krit_o}
0,05	9	2,7004	19,0228	0,075	0,528	0,274	0,727

Rechenregeln

In Tabelle 5.33 sind die Rechenregeln des statistischen Tests für die Varianz dargestellt.

Tabelle 5.33: Statistischer Test für die Varianz (χ^2-Streuungstest).
Die Zahl der Freiheitsgrade ist f = n–1

Rechenregeln
Statistischer Test für die Varianz (χ^2–Streuungstest)

Null-hypothese H_0	Alternativ-hypothese H_1	Testtyp	Testergebnis: H_0 annehmen, wenn der χ^2–Wert der Stichprobe $\chi^2_{St} = \frac{s^2}{\sigma_0^2} \cdot (n-1)$
H_0: $\sigma = \sigma_0$	H_1: $\sigma > \sigma_0$	einseitig; Überschreitung Höchstwert	kleiner als Grenzwert $\quad \chi^2_{St} \leq \chi^2_{1-\alpha;f}$
	H_1: $\sigma < \sigma_0$	einseitig; Unterschreitung Mindestwert	größer als Grenzwert $\quad \chi^2_{St} \geq \chi^2_{\alpha;f}$
	H_1: $\sigma \neq \sigma_0$	zweiseitig	zwischen zwei Grenzwerten $\quad \chi^2_{\alpha/2;f} \leq \chi^2_{St} \leq \chi^2_{1-\alpha/2;f}$

Statistischer Test – Übersicht

Die in diesem Kapitel behandelten Verfahren und Rechenvorschriften zu den statischen Tests sind in Tabelle 5.34 als Übersicht dargestellt

Tabelle 5.34: Die statistischen Tests mit ihren Prüfgrößen und Verteilungstypen

Untersuchte Größe	Prüfgröße	Verteilungstyp
Mittelwert (σ bekannt)	$z_{St} = \dfrac{\bar{x}-\mu_0}{\sigma} \cdot \sqrt{n}$	Normalverteilung
Mittelwert (σ unbekannt)	$t_{St} = \dfrac{\bar{x}-\mu_0}{s} \cdot \sqrt{n}$	t-Verteilung (Student-Verteilung) f = n–1
Differenz zweier Messreihen: Mittelwert-Test (σ unbekannt)	$t_{St} = \dfrac{\bar{x}-0}{s} \cdot \sqrt{n}$	t-Verteilung (Student-Verteilung) f = n–1
Vergleich zweier Mittelwerte (σ unbekannt)	$t_{St} = \dfrac{\bar{x}_1-\bar{x}_2}{\sqrt{s_1^2+s_2^2}} \cdot \sqrt{n}$	t-Verteilung (Student-Verteilung) f = 2(n–1)
Ausreißer-Test als Mittelwert-Test (σ unbekannt)	$t_{St} = \dfrac{A-\bar{x}_2}{s_2} \cdot \sqrt{\dfrac{n_2}{n_2+1}}$	t-Verteilung (Student-Verteilung) f = n_2–1
Varianz	$\chi_{St}^2 = \dfrac{s^2}{\sigma_0^2} \cdot (n-1)$	χ^2-Verteilung f = n–1

6
Ist ein vermuteter Parametereinfluss wirklich vorhanden oder durch die zufällige Streuung zu erklären?

Die einfache Streuungszerlegung (Varianzanalyse)

Erinnern Sie sich: Beim Vergleich zweier Mittelwerte (t-Test) war die typische statistische Frage betrachtet worden, ob die unterschiedlichen Stichprobenmittelwerte durch die zufällige Streuung zu erklären sind oder eben nicht. Die Frage ließ sich durch einen statistischen Test beantworten, dessen Nullhypothese lautete, dass die beiden Mittelwerte gleich seien.

In der Praxis werden Sie es oft mit mehr als zwei Messreihen zu tun haben, deren Mittelwerte verglichen werden sollen. Die Fragestellung heißt hier: Sind die Differenzen der Mittelwerte signifikant, d. h. durch Einfluss eines Versuchsparameters, oder sind die Unterschiede durch die natürliche Streuung zu erklären?

177

Ist ein vermuteter
Parametereinfluss
wirklich vorhanden
oder durch die
zufällige Streuung
zu erklären?

Beispiele für Fragestellungen

1) Auf fünf Getreidefeldern ergeben sich unterschiedliche Ernteerträge. Ist dies auf den Einfluss der Düngemittel zurückzuführen oder liegen die Unterschiede im Rahmen der natürlichen Streuung?
2) Ist der unterschiedliche Brennstoffverbrauch dreier baugleicher Chemiereaktoren auf die natürliche Streuung zurückzuführen oder führt die windgeschützte Bauweise eines der Reaktoren zu signifikant niedrigeren Verbräuchen?
3) Ist die höhere Fertigungstoleranz einer speziell klimatisierten Schleifmaschine im Vergleich zu anderen Maschinen signifikant oder kann man sich diesen Aufwand sparen?
4) Erzielt ein Vertreter in verschiedenen Verkaufsgebieten unterschiedliche Umsätze?
5) Ist der zwischen den 16 Bundesländern unterschiedliche mittlere prozentuale Anteil an Abiturienten durch zufällige Einflüsse bestimmt oder gibt es signifikante Unterschiede?

Die Methode

Was die Aufgabe betrifft, sind die Bezeichnungen »Streuungszerlegung« oder »Varianzanalyse« etwas irreführend, denn es sollen hier nicht Streuungen untersucht, sondern Mittelwerte verglichen werden. Allerdings stützt sich die Methode der Streuungszerlegung auf die »Zerlegung« von Varianzen – was das heißt, werden Sie gleich sehen.

Sie haben n unabhängige Stichproben (n > 2), deren Gesamtstreuung (alle Messwerte aller Stichproben einbezogen) in zwei Teile »zerlegt« wird: in die parameterbedingte Streuung und die natürliche Streuung. Ist die Erste von beiden gegenüber der anderen groß genug, so ist der Einfluss des Versuchsparameters nachgewiesen.

Lernen Sie diese Methode an einem Beispiel kennen:

Die Ausbeute mehrerer Reaktoren gleichen Typs zur Herstellung von Polyethen variiert von Reaktor zu Reaktor, auch wenn diese unter denselben »Arbeitsbedingungen« betrieben werden. Dieser bekannte Sachverhalt erklärt sich durch die Zufallsvariabilität. Sie ist hervorgerufen durch Umstände, die sich einer genauen Kenntnis und Kontrolle entziehen.

Werden diese Reaktoren nun unterschiedlich betrieben – zum Beispiel mit verschiedenen Katalysatoren –, so überlagert sich möglicherweise eine

178

Ist ein vermuteter Parametereinfluss wirklich vorhanden oder durch die zufällige Streuung zu erklären?

Variabilität, die durch die verschiedenen Katalysatoren hervorgerufen wird. Wenn Sie nun wissen wollen, ob der Katalysator Einfluss auf die Ausbeute hat, so müssen Sie versuchen, diesen Einfluss vom Zufallseinfluss zu trennen. Dies ist eine typische Aufgabe der Streuungszerlegung (Varianzanalyse). Genauer gesagt handelt es sich hier um eine einfache Varianzanalyse. Die Bezeichnung kommt daher, weil der Einfluss eines Parameters (des Katalysators) untersucht wird.

Einführendes Beispiel: Ausbeuten mehrerer Reaktoren

Drei verschiedene Katalysatoren werden als Neuentwicklung für die Polymerisation von Ethen vorgeschlagen. Unter sonst gleichen Bedingungen werden nach einer Stunde folgende Ausbeuten in Prozent der maximalen Ausbeute an Polyethen gemessen:

Tabelle 6.1: Haben die Katalysatoren Einfluss auf die Ausbeuten?

Ausbeuten an Polyethen [%]

	Katalysator 1	Katalysator 2	Katalysator 3
Messung 1	23	16	20
Messung 2	21	17	22
Messung 3	24	20	25
Messung 1	17	21	25
Messung 5	19		

Mit Hilfe der Streuungszerlegung soll nun überprüft werden, ob sich die drei Katalysatoren hinsichtlich ihrer Polymerisationsaktivität signifikant voneinander unterscheiden.

Prinzip der Streuungszerlegung ist, die Gesamtstreuung der gemessenen Werte so in zwei Teile zu zerlegen, dass der eine Teil die zufälligen Einflüsse und der andere Teil nicht zufällige Einflüsse repräsentiert. Lässt sich anhand eines anschließenden Tests nachweisen, dass der Anteil der nicht zufälligen Einflüsse signifikant größer ist als der der zufälligen, so ist der Parametereinfluss (in unserem Beispiel die Wirksamkeit des Katalysators) nachgewiesen. Tabelle 6.2 veranschaulicht das Prinzip der Streuungszerlegung, nämlich die Gesamtstreuung TS (Total Sum of Squares) in den Parametereinfluss SS_I (Sum of Squares) und in den Anteil der natürlichen Streuung SS_R zu zerlegen. Ziel ist, die unterschiedlichen Größen von SS_I

179

Ist ein vermuteter Parametereinfluss wirklich vorhanden oder durch die zufällige Streuung zu erklären?

und SS_R durch einen anschließenden Test zu bestätigen, also zu zeigen, dass signifikanter Parametereinfluss vorliegt.

Tabelle 6.2: Prinzip der Streuungszerlegung: $TS = SS_I + SS_R$

Gesamtstreuung TS	
SS_I	**SS_R**
Nicht zufällige Einflüsse (Parametereinfluss)	zufällige Einflüsse

Nomenklatur der einfachen Streuungszerlegung (Varianzanalyse)

Bevor die Arithmetik der Varianzanalyse entwickelt wird, möchte ich die folgende Nomenklatur einführen:

Zusammengehörige Messwerte, beispielsweise die mit Katalysator 2 gemessenen Ausbeuten, können als Gruppen bezeichnet werden. Diese sind im ersten Beispiel als Spalten dargestellt. Sie können sich vorstellen, dass jede Gruppe eine unabhängige Stichprobe darstellt. Die Stichproben dürfen durchaus unterschiedliche Umfänge aufweisen.

Die komplette Nomenklatur lässt sich gut anhand von Tabelle 6.3 erklären:

Die Anzahl der Gruppen soll mit I bezeichnet werden, die Zahl der Messwerte pro Gruppe beträgt J oder weniger. Die laufenden Indizes für die Messwerte werden mit den Kleinbuchstaben i (Gruppenindex) bzw. j (Messwertindex) bezeichnet. Punkte im Index bedeuten, dass es sich um einen Kennwert handelt, der sich auf alle Werte einer ganzen Gruppe bezieht. Beispielsweise bezeichnet

$x_{2.}$ die Summe der Werte der 2. Gruppe,

$x_{..}$ die Summe aller Werte,

$\bar{x}_{4.}$ den Mittelwert der 4. Gruppe und

$\bar{x}$ den Gesamtmittelwert (das Großmittel).

180

Ist ein vermuteter Parametereinfluss wirklich vorhanden oder durch die zufällige Streuung zu erklären?

Tabelle 6.3: Die Nomenklatur der einfachen Streuungszerlegung (Varianzanalyse)

	Gruppen 1 bis I						
Messwerte 1 bis J	**1**	**2**	...	**i**	...	**I**	
1	x_{11}	x_{21}	...	x_{i1}	...	x_{I1}	
2	x_{12}	x_{22}	...	x_{i2}	...	x_{I2}	
...	...	...	...	...	...	...	
j	x_{1j}	x_{2j}	...	x_{ij}	...	x_{Ij}	
...	...	...	...	...	...		
J	x_{1J}	x_{2J}	...	x_{iJ}	...	x_{IJ}	
Summe	$x_{1.}$	$x_{2.}$	...	$x_{i.}$	...	$x_{I.}$	$x_{..}$
Mittelwert	$\bar{x}_{1.}$	$\bar{x}_{2.}$	...	$\bar{x}_{i.}$	...	$\bar{x}_{I.}$	$\bar{x}$

Die Arithmetik der Streuungszerlegung (Varianzanalyse)

Nun sollen zunächst die Rechenregeln der Streuungszerlegung hergeleitet werden.

Dazu definieren Sie zunächst einige Kenngrößen pro Gruppe sowie gruppenübergreifende Kenngrößen unter Berücksichtigung der Nomenklatur entsprechend Tabelle 6.3. Sie werden sehen, dass Sie zum praktischen Rechnen am Computer auf einige der Zwischenwerte verzichten können. Zur Herleitung des Verfahrens seien diese aber ausführlich beschrieben.

Die Summe der Werte einer Gruppe ist:

$$x_{i.} = \sum_{j=1}^{n_i} x_{ij}$$

n_i ist die Anzahl der Messwerte in der Gruppe, die von Gruppe zu Gruppe verschieden sein kann.

Die Gruppenmittelwerte berechnen sich:

$$\bar{x}_{i.} = \frac{1}{n_i} \sum_{j=1}^{n_i} x_{ij}$$

Zur Berechnung der Varianz aller Werte (Gesamtstreuung) müssen Sie die Summe der Abweichungsquadrate bilden, also jeweils Einzelwert minus Gesamtmittelwert quadrieren und die Quadrate aufsummieren. Sie erin-

181

Ist ein vermuteter Parametereinfluss wirklich vorhanden oder durch die zufällige Streuung zu erklären?

nern sich: Um die Varianz einer Stichprobe zu berechnen, müssen Sie die Summe der Abweichungsquadrate durch die Anzahl der Freiheitsgrade dividieren:

$$s^2 = \frac{1}{n-1} \sum_{i=1}^{n} (x_i - \bar{x})^2$$

Daraus folgt in der Nomenklatur für die Summe der Abweichungsquadrate TS (=Total Sum of Squares):

$$TS = \sum_{i=1}^{I} \sum_{j=1}^{n_i} \left(x_{ij} - \bar{x}\right)^2$$

Obige Formel heißt: Berechnen Sie für alle Werte x_{ij} aller Gruppen die Abstände zum Großmittel $\bar{x}$, quadrieren Sie diese Werte und bilden Sie anschließend die Summe dieser Quadrate.

Ziel der Streuungszerlegung ist es nun, diese Quadratsumme TS in zwei Teile SS_I und SS_R zu zerlegen. SS_R ist der zufällige Anteil, SS_I der (nachzuweisende) Parametereinfluss.

$$TS = SS_I + SS_R$$

Aus dieser Formel wird durch Umformung (auf die Herleitung sei hier verzichtet):

$$TS = \underbrace{\sum_{i=1}^{I} n_i(\bar{x}_{i.} - \bar{x})^2}_{SS_I} + \underbrace{\sum_{i=1}^{I} \sum_{j=1}^{n_i} \left(x_{ij} - \bar{x}_{i.}\right)^2}_{SS_R}$$

Darin definiert $SS_I = \sum_{i=1}^{I} n_i \cdot \left(\bar{x}_{i.} - \bar{x}\right)^2$ die Summe der Abweichungen der Gruppenmittelwerte vom Großmittel (Gesamtmittel), also ein Maß für die Unterschiede zwischen den Gruppen, den gesuchten Parametereinfluss. Dieser Zusammenhang ist in Abbildung 6.1 grafisch dargestellt.

Ist ein vermuteter
Parametereinfluss
wirklich vorhanden
oder durch die
zufällige Streuung
zu erklären?

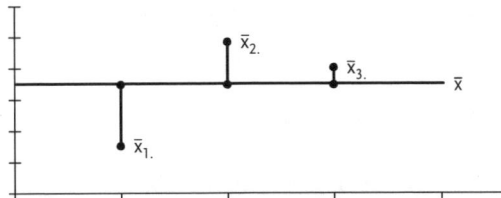

Summe der Abweichungsquadrate zwischen den Gruppen

Abbildung 6.1: Abstände der Gruppenmittelwerte vom Gesamtmittel

Hingegen definiert $SS_R = \sum_{i=1}^{I} \sum_{j=1}^{n_i} \left(x_{ij} - \bar{x}_{i.} \right)^2$ die Summe der Abweichungen der Werte der Gruppen zu ihren jeweiligen Gruppenmittelwerten (Abbildung 6.2). Sie ist ein Maß für die Summe aller zufälligen Schwankungen innerhalb der Gruppen und wird auch als Restsumme bezeichnet.

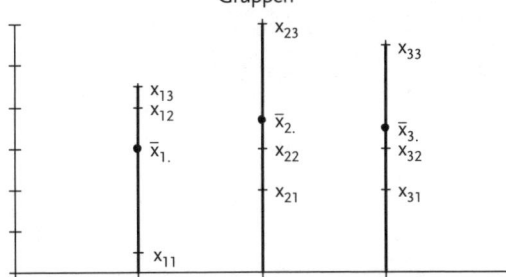

Summe der Abweichungsquadrate innerhalb der Gruppen

Abbildung 6.2: Abstände der Einzelwerte von ihrem Gruppenmittel

In Tabelle 6.4 sind diese Zusammenhänge nochmals zusammengefasst.

183

Ist ein vermuteter Parametereinfluss wirklich vorhanden oder durch die zufällige Streuung zu erklären?

Tabelle 6.4: Zerlegung der Gesamtstreuung TS in die Anteile SS_I und SS_R

Gesamtstreuung TS = SS_I + SS_R

$$SS_I = \sum_{i=1}^{I} n_i \cdot \left(\bar{x}_{i.} - \bar{x}\right)^2 \qquad\qquad SS_R = \sum_{i=1}^{I}\sum_{j=1}^{n_i} \left(x_{ij} - \bar{x}_{i.}\right)^2$$

Summe der Abweichungen
der Gruppenmittelwerte vom Großmittel

Abweichung zwischen den Gruppen

Parametereinfluss

Summe der Abweichungen
der Werte vom jeweiligen Gruppenmittelwert

Abweichung innerhalb der Gruppen

Restsumme

Nun zurück zu unserem Beispiel. Berechnen Sie nun die in den Formeln benötigten Kennwerte. Die Ergebnisse sind in Tabelle 6.5 dargestellt – Zahlenwerte von Zwischenergebnissen sind der Übersichtlichkeit wegen teilweise gerundet. Sie haben es hier mit I = 3 Gruppen mit j = 5, 4 und 4 Messwerten zu tun. Die Gesamtanzahl aller Werte ist also N = 13.

Tabelle 6.5: Einfache Streuungszerlegung: Ausbeuten an Polyethen

Ausbeuten an Polyethen [%]

j \ i	1	2	3	
1	23	16	20	
2	21	17	22	
3	24	20	25	
4	17	21	25	
5	19			
n_i	5	4	4	
$x_{i.}$	104	74	92	
$\bar{x}_{i.}$	20,80	18,50	23,00	20,77 $= \bar{x}$
$n_i(\bar{x}_{i.}-\bar{x})^2$	0,005	20,598	19,905	40,508 $= \Sigma n_i(\bar{x}_{i.}-\bar{x})^2 = SS_I$
$\Sigma(x_{ij}-\bar{x}_{i.})^2$	32,80	17,00	18,00	67,80 $= \Sigma\Sigma(x_{ij}-\bar{x}_{i.})^2 = SS_R$
				108,308 $= TS = SS_I + SS_R$

Für die 3 Gruppen ergeben sich folgende Gruppenmittelwerte:

$$\bar{x}_{1.} = \frac{1}{n_1}\left(x_{11} + x_{12} + x_{13} + x_{14} + x_{15}\right) = \frac{1}{5}(23 + 21 + 24 + 17 + 19) = 20,8$$

$$\bar{x}_{2.} = \frac{1}{n_2}\left(x_{21} + x_{22} + x_{23} + x_{24}\right) = \frac{1}{4}(16 + 17 + 20 + 21) = 18,5$$

$$\bar{x}_{3.} = \frac{1}{n_3}\left(x_{31} + x_{32} + x_{33} + x_{34}\right) = \frac{1}{4}(20 + 22 + 25 + 25) = 23,0$$

Ist ein vermuteter Parametereinfluss wirklich vorhanden oder durch die zufällige Streuung zu erklären?

Zur Berechnung des Großmittels müssen Sie alle Werte aller Gruppen heranziehen und durch die Gesamtanzahl der Werte teilen:

$$\bar{x} = \frac{1}{N}\sum_{i=1}^{I}\sum_{j=1}^{n_i} x_{ij}$$

Sie können sich etwas Rechenarbeit ersparen und durch folgende Umformung die Gruppenmittelwerte zur Berechnung des Großmittels heranziehen. Es gilt:

$$\bar{x} = \frac{1}{N}\sum_{i=1}^{I}\sum_{j=1}^{n_i} x_{ij} = \frac{1}{N}\sum_{i=1}^{I} n_i \cdot \bar{x}_{i.}$$

Multiplizieren Sie also die Gruppenmittelwerte $\bar{x}_{i.}$ mit der jeweiligen Anzahl n_i der Werte der Gruppe und dividieren Sie die Summe dieser Produkte durch die Gesamtanzahl N aller Stichprobenwerte:

$$\bar{x} = \frac{1}{N}\sum_{i=1}^{I} n_i \bar{x}_{i.} = \frac{1}{13}(5\cdot 20,8 + 4\cdot 18,5 + 4\cdot 23) = \frac{270}{13} \approx 20,77$$

Jetzt können Sie SS_I, die Abweichung zwischen den Gruppen, berechnen:

$$SS_I = \sum_{i=1}^{3} n_i(\bar{x}_{i.} - \bar{x})^2 = n_1(\bar{x}_{1.} - \bar{x})^2 + n_2(\bar{x}_{2.} - \bar{x})^2 + n_3(\bar{x}_{3.} - \bar{x})^2$$
$$= 5(20,8 - \bar{x})^2 + 4(18,5 - \bar{x})^2 + 4(23 - \bar{x})^2$$
$$= 0,005 + 20,598 + 19,905 \approx 40,51$$

Und für die Abweichung SS_R ergibt sich

$$SS_R = \sum_{i=1}^{3}\sum_{j=1}^{n_i}\left(x_{ij} - \bar{x}_{i.}\right)^2 = \sum_{j=1}^{5}\left(x_{1j} - \bar{x}_{1.}\right)^2 + \sum_{j=1}^{4}\left(x_{2j} - \bar{x}_{2.}\right)^2 + \sum_{j=1}^{4}\left(x_{3j} - \bar{x}_{3.}\right)^2$$
$$= 32,8 + 17,0 + 18,0 = 67,8$$

Als Nächstes sollen nun aus den Quadratsummen SS_I und SS_R die so genannten mittleren Quadrate MS_I und MS_R berechnet werden. Dazu müssen Sie die Quadratsummen durch die jeweiligen Freiheitsgrade dividieren:

185

Ist ein vermuteter Parametereinfluss wirklich vorhanden oder durch die zufällige Streuung zu erklären?

$$MS_I = \frac{SS_I}{f_I}$$

$$MS_R = \frac{SS_R}{f_R}$$

Die Freiheitsgrade f_I und f_R werden wie folgt berechnet:

$f_I = I - 1$ Anzahl der Gruppen minus 1

$f_R = N - I$ Gesamtanzahl Werte minus Anzahl der Gruppen

$f_G = N - 1 = f_I + f_R$ ist der »Gesamtfreiheitsgrad«, dessen Wert aber für die Varianzanalyse nicht benötigt wird.

Tabelle 6.6 zeigt die Formeln zur Berechnung der mittleren Quadrate aus den Quadratsummen im Überblick.

Tabelle 6.6: Von den Quadratsummen zu den mittleren Quadraten

Streuung	Anzahl der Freiheitsgrade	Quadratsummen	Mittlere Quadrate
zwischen den Gruppen	$f_I = I - 1$	SS_I	$MS_I = \frac{SS_I}{f_I}$
innerhalb der Gruppen	$f_R = N - I$	SS_R	$MS_R = \frac{SS_R}{f_R}$
insgesamt	$f_G = N - 1 = f_I + f_R$	TS	

Nach dem Schema von Tabelle 6.6 können Sie nun die Zahlenwerte für unser Beispiel berechnen. Die Ergebnisse sind in Tabelle 6.7 eingetragen.

Tabelle 6.7: Die mittleren Quadrate für unser Beispiel Ausbeuten von Polyethen

Streuung	Anzahl Freiheitsgrade	Quadratsummen	Mittlere Quadrate
zwischen den Gruppen	$f_I = I - 1 = 2$	$SS_I = 40{,}5$	$MS_I = SS_I/f_I = 20{,}25$
innerhalb der Gruppen	$f_R = N - I = 10$	$SS_R = 67{,}8$	$MS_R = SS_R/f_R = 6{,}78$
insgesamt	$f_G = N - 1 = 12$	TS $= 108{,}3$	

Ist ein vermuteter Parametereinfluss wirklich vorhanden oder durch die zufällige Streuung zu erklären?

Für dieses Beispiel sehen Sie: $MS_I = 20{,}25$ ist »relativ groß« gegenüber $MS_R = 6{,}78$. Die Frage ist nun, um wie viel größer MS_I gegenüber MS_R sein muss, damit Sie den Einfluss des Parameters (hier des Katalysators) als erwiesen ansehen. Diese Frage lässt sich durch einen statistischen Test beantworten.

F-Verteilung: F-Test zur Prüfung der Signifikanz

Falls kein Parametereinfluss vorliegt, so müssten die Schwankungen zwischen den Gruppen in etwa die gleiche Größenordnung aufweisen wie die »Reststreuung« innerhalb der einzelnen Stichproben (Gruppen). Die zu beantwortende Frage lautet: Ist der Unterschied von MS_I und MS_R groß genug, um behaupten zu können, dass Parametereinfluss vorliegt? Um dies herauszufinden, müssen Sie den Quotienten $F = \frac{MS_I}{MS_R}$ bilden und beurteilen, ob dieser einen zu definierenden »kritischen Wert« überschreitet. Falls ja, können Sie davon ausgehen, dass Parametereinfluss vorliegt.

Die Entscheidung können Sie anhand eines statistischen Tests fällen.

Gehen Sie wieder nach den bekannten fünf Schritten vor:

1. Schritt: Nullhypothese und Alternativhypothese definieren

Die Nullhypothese heißt, Sie nehmen an, dass alle wahren Mittelwerte gleich sind. Das bedeutet, alle Werte stammen aus einer Grundgesamtheit – die beobachteten Abweichungen sind dann rein zufällig und nicht auf Parametereinfluss zurückzuführen.

Nullhypothese $\quad\quad H_0: \quad \mu_1 = \mu_2 = \mu_3 = \dots \mu_I$

Falls die Nullhypothese nicht bestätigt werden kann, nehmen Sie die Alternativhypothese an, die besagt, dass die Mittelwerte (genauer: mindestens zwei davon) verschieden sind. Die Werte stammen dann nicht aus derselben Grundgesamtheit: Es liegt Parametereinfluss vor.

Alternativhypothese $\quad H_1: \mu_1 \neq \mu_2 \neq \mu_3 \neq \dots \mu_I$

Ist ein vermuteter
Parametereinfluss
wirklich vorhanden
oder durch die
zufällige Streuung
zu erklären?

Tabelle 6.8: Hypothesen für den Test bei der Varianzanalyse

Nullhypothese H_0: $\mu_1 = \mu_2 = \mu_3 = \ldots \mu_I$	alle Mittelwerte sind gleich, d. h., sie stammen aus einer Grundgesamtheit	kein Parametereinfluss
Alternativhypothese H_1: $\mu_1 \neq \mu_2 \neq \mu_3 \neq \ldots \mu_I$	mindestens zwei Mittelwerte sind verschieden	Parametereinfluss

Die Testgröße für den notwendigen statistischen Test ist der Quotient $F = \frac{MS_I}{MS_R}$, eine Prüfgröße, die der F-Verteilung (nach R. A. Fisher) folgt. Die F-Verteilung ist eine stetige unsymmetrische Verteilung im Bereich von null bis unendlich. Die Form des Graphen der Dichtefunktion ist von zwei Freiheitsgraden abhängig, nämlich von f_I und f_R. Die F-Verteilung ist für f_I-Werte größer als 2 eingipflig bis glockenförmig.

Beispiele für den Verlauf des Graphen der Dichtefunktion zeigt die Abbildung 6.3. Kritische Werte der F-Verteilung sind in den Tabellen 8.6–8 im Anhang aufgelistet.

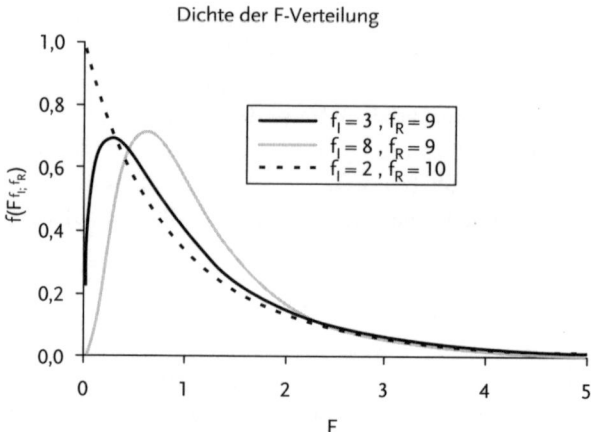

Abbildung 6.3: F-Verteilung für drei Paare von Freiheitsgraden f_I, f_R

Wenn die Nullhypothese richtig ist, hat die Prüfvariable $F = \frac{MS_I}{MS_R}$ eine F-Verteilung mit den Freiheitsgraden $f_I = I - 1$ und $f_R = N - I$. Wir nennen die Prüfvariable, deren Werte wir ja aus dem Datenmaterial der Stichprobe berechnen, auch F_{St}.

Falls nun der berechnete Wert F_{St} größer ist als der zugehörige kritische Wert $F_{1-\alpha; f_I; f_R}$ aus der F-Tabelle (siehe Tabellen 8.6–8 im Anhang), wird H_0

188

Ist ein vermuteter Parametereinfluss wirklich vorhanden oder durch die zufällige Streuung zu erklären?

verworfen und H_1 angenommen: Mit der angenommenen Irrtumswahrscheinlichkeit α wird behauptet, dass Parametereinfluss vorliegt (siehe Abbildung 6.8).

2. Schritt: Signifikanzzahl wählen

Die Wahl der Irrtumswahrscheinlichkeit α ist entweder in der Aufgabenstellung vorgegeben oder je nach Problemstellung festzulegen. In der Praxis sind die Werte 1 %, 5 % und 10 % am gebräuchlichsten.

3. Schritt: Kritischen Wert aus Tabelle ermitteln

Der Tabelle der F-Verteilung oder einem Statistikprogramm am Computer entnehmen Sie den Grenzwert (den kritischen Wert) für die angegebene Sicherheitswahrscheinlichkeit für die beiden Freiheitsgrade: $F_{1-\alpha;f_I;f_R}$.

Die beiliegende CD enthält zahlreiche Beispiele in Excel zur F-Verteilung.

Für das Beispiel der Ausbeuten von Polyethen lesen Sie für die Irrtumswahrscheinlichkeit $\alpha = 0,05$ und die Freiheitsgrade $f_I = 2$ und $f_R = 10$ als kritischen Wert aus Tabelle 8.7 im Anhang oder aus einem Statistikprogramm ab:

$$F_{1-\alpha;f_I;f_R} = F_{0,95;2;10} = 4,1028$$

4. Schritt: Aus Stichprobenwert Prüfgröße berechnen

Die Prüfgröße lautet $F_{St} = \dfrac{MS_I}{MS_R} = \dfrac{\frac{SS_I}{f_I}}{\frac{SS_R}{f_R}}$

Für unser Beispiel: $F_{St} = \frac{20,25}{6,78} \approx 2,99$

5. Schritt: Testentscheidung

Der Vergleich der Prüfgröße F_{St} (aus Stichproben) mit dem kritischen Wert der F-Verteilung liefert das Testergebnis entsprechend Tabelle 6.9: Falls der Stichprobenwert F_{St} größer ist als der Wert $F_{1-\alpha;f_I;f_R}$ aus der F-Tabelle, liegt Parametereinfluss vor.

Diese Aussage gilt natürlich mit einer Irrtumswahrscheinlichkeit von α.

Ist ein vermuteter
Parametereinfluss
wirklich vorhanden
oder durch die
zufällige Streuung
zu erklären?

Tabelle 6.9: Testentscheidung bei der Varianzanalyse

$F_{St} = \dfrac{MS_L}{MS_R} \leq F_{1-\alpha; f_I; f_R}$	Nullhypothese H_0 annehmen	kein Parametereinfluss
$F_{St} = \dfrac{MS_L}{MS_R} > F_{1-\alpha; f_I; f_R}$	Alternativhypothese H_1 annehmen	Parametereinfluss

Für das Beispiel der Ausbeuten an Polyethen unter dem Einfluss verschiedener Katalysatoren lautet das Testergebnis: Da der Stichprobenwert F_{St} = 2,99 kleiner ist als der kritische Wert $F_{1-\alpha; f_I; f_R}$ = 4,1028 aus der F-Tabelle, wird H_0 angenommen. Mit einer Irrtumswahrscheinlichkeit von 5 % kann behauptet werden, dass kein Parametereinfluss vorliegt. Die beobachteten Ausbeuteerhöhungen sind nicht signifikant und deshalb nicht auf bestimmte Katalysatoren zurückzuführen.

Abbildung 6.4 zeigt die Dichte der F-Verteilung für die Freiheitsgrade unseres Beispiels.

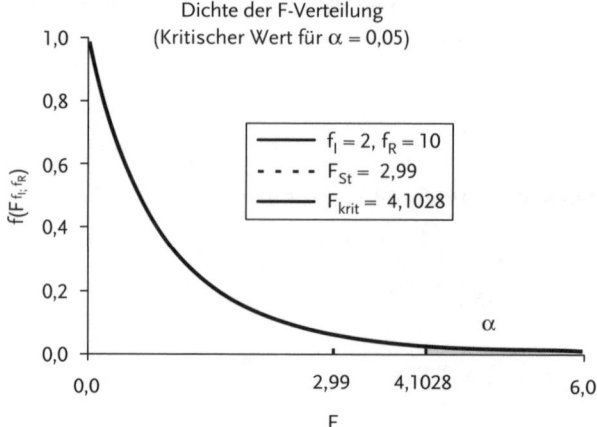

Abbildung 6.4: Dichte der F-Verteilung, Prüfgröße und kritischer Wert für das Beispiel Ausbeute von Polyethen

In Tabelle 6.10 sind alle Werte der Varianzanalyse mit F-Test in der Übersicht dargestellt.

190

Ist ein vermuteter Parametereinfluss wirklich vorhanden oder durch die zufällige Streuung zu erklären?

Tabelle 6.10: Einfache Streuungszerlegung mit F-Test für die Ausbeuten von Polyethen

Streuung	Anzahl Freiheitsgrade	Quadratsummen	Mittlere Quadrate
zwischen den Gruppen	$f_I = I - 1 = 2$	$SS_I = 40,5$	$MS_I = SS_I/f_I = 20,25$
innerhalb der Gruppen	$f_R = N - I = 10$	$SS_R = 67,8$	$MS_R = SS_R/f_R = 6,78$
insgesamt	$f_G = N - 1 = 12$	$TS = 108,3$	
Test mit Nullhypothese	$H_0: \mu_1 = \mu_2 = ... = \mu_I$		
Irrtumswahrscheinlichkeit	$\alpha = 0,05$		
Prüfgröße	$F_{St} = MS_I/MS_R = 2,99$		
Kritischer Wert	$F_{1-\alpha;\ fI;\ fR} = 4,1028$		
Ergebnis: Kein Parametereinfluss, weil $F_{St} <= F_{1-a}$			

Rechenbeispiele aus der Praxis

Anhand von praktischen Beispielen wird im Folgenden die Anwendung der Varianzanalyse erläutert. Die aufgezeigten Lösungswege sind auf die Bearbeitung mit einem Programm zur Tabellenkalkulation ausgerichtet. Beachten Sie bitte, dass in der textlichen Darstellung der Übersichtlichkeit halber fallweise gerundete Werte angegeben werden. Für die tatsächlich in die Berechung eingegangenen Werte wurde die Rechengenauigkeit von MS Excel genutzt.

Beispiel 1: Entladezeiten von Akkumulatoren für PC-Notebooks

Zu prüfen ist, ob die Entladezeiten von Lithium-Ionen-Akkumulatoren, die in Notebooks eingesetzt werden, abhängig von der Lademethode sind. Als Messdaten stehen die Entladezeiten von 6 Akkus zur Verfügung (Tabelle 6.11), die mit verschiedenen Methoden mehrmals geladen und entladen wurden.

Kann mit einer Sicherheitswahrscheinlichkeit von 90 % davon ausgegangen werden, dass die Lademethode Einfluss auf die Entladezeiten hat?

Ist ein vermuteter Parametereinfluss wirklich vorhanden oder durch die zufällige Streuung zu erklären?

Tabelle 6.11: Sind die Entladezeiten von der Lademethode abhängig?

Entladezeiten von Akkumulatoren für Notebooks [min]

Akku 1	180	177	177	182	188	193	185	182	180
Akku 2	169	175	178	189	172	184	167		
Akku 3	179	178	184	188	180	184			
Akku 4	183	190	199	184	186	177	168		
Akku 5	191	194	171	169	172	167	169	163	
Akku 6	168	178	181	177	175	160	163		

Berechnung der Mittelwerte und Quadratsummen

Erster Schritt bei der Varianzanalyse ist die Bildung der Gruppenmittelwerte und der Quadratsummen. Aus der Darstellung der Zahlenwerte in Tabelle 6.12 sehen Sie, dass wir $I = 6$ Gruppen (hier waagrecht dargestellt) mit unterschiedlicher Anzahl von Messwerten haben. Die Gesamtanzahl der Werte ist $N = 44$.

Lassen Sie uns das in Tabelle 6.5 dargestellte Rechenschema etwas ökonomischer gestalten – der Computer nimmt uns ja das Speichern von Zwischenwerten ab, auf die wir in der Darstellung verzichten können.

Tabelle 6.12: Rechenschema zur Varianzanalyse: Quadratsummen SS_I und SS_R der Entladezeiten von Akkumulatoren

Entladezeiten von Akkumulatoren für Notebooks [min]

	Gruppe i					
Messwert j	1	2	3	4	5	6
1	180	169	179	183	191	168
2	177	175	178	190	194	178
3	177	178	184	199	171	181
4	182	189	188	184	169	177
5	188	172	180	186	172	175
6	193	184	184	177	167	160
7	185	167		168	169	163
8	182				163	
9	180					
n_i	9	7	6	7	8	7
$\bar{x}_{i.}$	182,7	176,3	182,2	183,9	174,5	171,7
$\sum(x_{ij}-\bar{x}_{i.})^2$	220,0	383,4	72,8	570,9	920,0	391,4

$I = 6$ $N = 44$ $TS = 3480,9$

$\bar{x} = 178,5$

$SS_R = 2558,5$ $SS_I = 922,4$

Ist ein vermuteter Parametereinfluss wirklich vorhanden oder durch die zufällige Streuung zu erklären?

Die Stichproben werden entsprechend Tabelle 6.12 so angeordnet, dass die Gruppen spaltenweise dargestellt sind. Ermitteln Sie nun für jede Spalte (Gruppe) die Anzahl der Werte n_i und die Gruppenmittelwerte $\bar{x}_{i.}$. Damit berechnen Sie für jede Gruppe die Summe der quadratischen Abweichungen zwischen den Einzelwerten der Gruppe und dem Gruppenmittelwert. Diese 6 Summen addieren Sie und erhalten die Restsumme SS_R:

$$SS_R = 220 + 383,4 + 72,8 + 570,9 + 920 + 391,4 \approx 2559$$

Auf die Berechnung der Quadratsumme SS_I sollten Sie zunächst verzichten. Stattdessen berechnen Sie zuerst die Quadratsumme TS der Abweichungen zwischen allen Einzelwerten aller Gruppen und dem Großmittel. Zur Berechnung des Großmittels $\bar{x}$ ziehen Sie die Gruppenmittelwerte $\bar{x}_{i.}$ heran: Multiplizieren Sie diese mit der jeweiligen Anzahl n_i der Werte der Gruppe und dividieren Sie die Summe dieser Produkte durch die Gesamtanzahl N aller Stichprobenwerte:

$$\bar{x} = \frac{1}{N} \sum_{i=1}^{I} \sum_{j=1}^{n_i} x_{ij} = \frac{1}{N} \sum_{i=1}^{I} n_i \cdot \bar{x}_{i.}$$

$$= \frac{1}{44} (9 \cdot 182,7 + 7 \cdot 176,3 + 6 \cdot 182,2 + 7 \cdot 183,9 + 8 \cdot 174,5 + 7 \cdot 171,7) \approx 179$$

Jetzt können Sie die Quadratsumme TS berechnen:

$$TS = \sum_{i=1}^{I} \sum_{j=1}^{n_i} \left(x_{ij} - \bar{x} \right)^2 \approx 3481$$

Aus der Beziehung $TS = SS_I + SS_R$ erhalten Sie:

$$SS_I = TS - SS_R = 3481 - 2559 = 922$$

Zur Berechnung der mittleren Abweichungsquadrate brauchen Sie die Freiheitsgrade f_I und f_R und berechnen diese wie folgt:

$$f_I = I - 1 = 6 - 1 = 5 \qquad \text{Anzahl der Gruppen minus 1}$$

$$f_R = N - I = 44 - 6 = 38 \quad \text{Gesamtanzahl Werte minus Anzahl der Gruppen}$$

193

Ist ein vermuteter Parametereinfluss wirklich vorhanden oder durch die zufällige Streuung zu erklären?

Die mittleren Abweichungsquadrate sind dann

$$MS_I = \frac{SS_I}{f_I} = \frac{922}{5} = 184,5$$

$$MS_R = \frac{SS_R}{f_R} = \frac{2559}{38} \approx 67,3$$

Sie sehen natürlich, dass MS_I ungefähr das Dreifache der Restsumme MS_R ist. Ob Sie deshalb von signifikantem Parametereinfluss ausgehen können, muss der F-Test auf dem geforderten Sicherheitsniveau $1 - \alpha = 90\%$ erbringen.

F-Test

Der Tabelle der F-Verteilung entnehmen Sie den kritischen Wert für die geforderte Sicherheitswahrscheinlichkeit für die beiden Freiheitsgrade:

$$F_{krit} = F_{1-\alpha;f_I;f_R} = F_{0,90;5;38} = 2,005.$$

Die Prüfgröße lautet $F_{St} = \dfrac{MS_I}{MS_R} = \dfrac{184,5}{67,3} \approx 2,7$

Tabelle 6.13: F-Test zur Varianzanalyse: Entladezeiten von Akkumulatoren

Streuung	Anzahl Freiheitsgrade	Quadratsummen	Mittlere Quadrate
zwischen den Gruppen	$f_I = I - 1 = 5$	$SS_I = 922$	$MS_I = SS_I/f_I = 184,5$
innerhalb der Gruppen	$f_R = N - I = 38$	$SS_R = 2559$	$MS_R = SS_R/f_R = 67,3$
insgesamt	$f_G = N - 1 = 43$	$TS = 3481$	
Test mit Nullhypothese	$H_0: \mu_1 = \mu_2 = ... = \mu_I$		
Irrtumswahrscheinlichkeit	$\alpha = 0,10$		
Prüfgröße	$F_{St} = MS_I/MS_R = 2,7$		
Kritischer Wert	$F_{1-\alpha;\, fI;\, fR} = 2,005$		
Ergebnis: Parametereinfluss, weil $F_{St} > F_{krit}$			

Der Vergleich der Prüfgröße F_{St} mit dem kritischen Wert der F-Verteilung liefert das Testergebnis entsprechend Tabelle 6.13 und Abbildung 6.5: Da der Stichprobenwert $F_{St} = 2,7$ größer ist als der kritische Wert $F_{krit} = 2,005$ aus der F-Tabelle, wird die Nullhypothese verworfen und die Alternativhypothese angenommen. Mit einer Irrtumswahrscheinlichkeit von 10 % kann behauptet werden, dass Parametereinfluss vorliegt. Die Lademethode hat also signifikanten Einfluss auf die Entladezeiten der Akkumulatoren.

Ist ein vermuteter Parametereinfluss wirklich vorhanden oder durch die zufällige Streuung zu erklären?

Welche der angewandten Lademethoden nun die beste ist, kann dieser Test jedoch nicht beantworten.

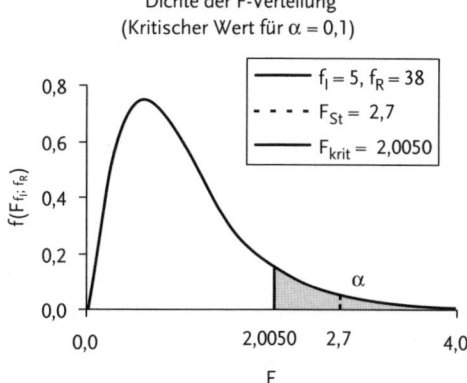

Dichte der F-Verteilung
(Kritischer Wert für $\alpha = 0{,}1$)

$f_I = 5$, $f_R = 38$
$F_{St} = 2{,}7$
$F_{krit} = 2{,}0050$

Abbildung 6.5: Entladezeiten von Akkumulatoren (F-Test zur Varianzanalyse: Es liegt Parametereinfluss vor)

Beispiel 2: Therapieerfolge gehbehinderter Patienten

Die Wirksamkeit dreier verschiedener Trainingsmethoden zur Verbesserung der Bewegungsfähigkeit gehbehinderter Patienten (nach einem Verkehrsunfall) soll untersucht werden.

Die Patienten wurden zu diesem Zweck nach dem Zufallsprinzip in drei Trainingsgruppen eingeteilt, die nach verschiedenen Methoden therapiert wurden. Die Maßzahlen für den Trainingserfolg ergaben sich als Differenzen der Punktezahlen von Leistungstests, die jeweils am Anfang und am Ende der Therapie durchgeführt wurden (hohe Maßzahl bedeutet großen Therapieerfolg).

Zu prüfen ist anhand der Daten in Tabelle 6.14 mit einer Irrtumswahrscheinlichkeit von 5 %, ob signifikante Unterschiede zwischen den Therapieerfolgen vorliegen.

195

Ist ein vermuteter
Parametereinfluss
wirklich vorhanden
oder durch die
zufällige Streuung
zu erklären?

Tabelle 6.14: Sind die Therapieerfolge von der Methode abhängig?

Therapieerfolge [Punkte]

Messung	Gr. 1	Gr. 2	Gr. 3
1	4	7	4
2	3	6	9
3	6	10	6
4	5	9	7
5	4	4	7
6	7	10	8
7	2	9	3
8	3	11	8
9	8	5	
10	4	8	
11	5		
12	3		

Berechnung der Mittelwerte und Quadratsummen

Hier haben Sie es mit $I = 3$ Gruppen mit 12, 10 bzw. 8 Werten zu tun. Die Gesamtanzahl der Werte ist $N = 30$.

Nach dem im vorigen Beispiel (Tabelle 6.12) entwickelten Rechenschema erhalten Sie die Werte entsprechend Tabelle 6.15.

Berechnen Sie zunächst die Restsumme:

$$SS_R = 35,07 + 48,9 + 30 \approx 114$$

Für das Großmittel erhalten Sie:

$$\bar{x} = \frac{1}{N} \sum_{i=1}^{I} n_i \bar{x}_{i.} = \frac{1}{30}(12 \cdot 4,51 + 10 \cdot 7,9 + 8 \cdot 6,5) \approx 6,17$$

Für die Quadratsumme TS ergibt sich:

$$TS = \sum_{i=1}^{I} \sum_{j=1}^{n_i} \left(x_{ij} - \bar{x}\right)^2 \approx 178$$

Und schließlich für die Quadratsumme SS_I:

$$SS_I = TS - SS_R = 178 - 114 = 64$$

Zur Berechnung der mittleren Abweichungsquadrate brauchen Sie die Freiheitsgrade f_I und f_R und berechnen diese wie folgt:

Ist ein vermuteter Parametereinfluss wirklich vorhanden oder durch die zufällige Streuung zu erklären?

$$f_I = I - 1 = 3 - 1 = 2$$

$$f_R = N - I = 30 - 3 = 27$$

Die mittleren Abweichungsquadrate sind dann

$$MS_I = \frac{SS_I}{f_I} = \frac{64}{2} = 32$$

$$MS_R = \frac{SS_R}{f_R} = \frac{114}{27} \approx 4,2$$

Tabelle 6.15: Rechenschema zur Varianzanalyse: Quadratsummen SS_I und SS_R der Therapieerfolge

Therapieerfolge [Punkte]

		Gruppe i	
Messwert j	1	2	3
1	4	7	4
2	3	6	9
3	6	10	6
4	5	9	7
5	4	4	7
6	7	10	8
7	2	9	3
8	3	11	8
9	8	5	
10	4	8	
11	5		
12	3		
n_i	12	10	8
$\bar{x}_{i.}$	4,51	7,90	6,50
$\Sigma(x_{ij}-\bar{x}_{i.})^2$	35,07	48,90	30,00
I = 3	N = 30		
$\bar{x}$ = 6,169			
SS_R = 113,971	SS_I = 64,045	TS = 178,015	

Sie sehen, dass MS_I ungefähr das Achtfache der Restsumme MS_R ist. Ob Sie deshalb von signifikantem Parametereinfluss ausgehen können, muss der F-Test auf dem geforderten Sicherheitsniveau $1 - \alpha = 95\%$ erbringen.

197

Ist ein vermuteter Parametereinfluss wirklich vorhanden oder durch die zufällige Streuung zu erklären?

F-Test

Der Tabelle der F-Verteilung entnehmen Sie den kritischen Wert für die geforderte Sicherheitswahrscheinlichkeit für die beiden Freiheitsgrade:

$$F_{krit} = F_{1-\alpha;f_I;f_R} = F_{0,95;2;27} = 3,3541.$$

Die Prüfgröße lautet $F_{St} = \dfrac{MS_I}{MS_R} = \dfrac{32}{4,2} \approx 7,6$

Tabelle 6.16: F-Test zur Varianzanalyse: Therapieerfolge von Patienten

Streuung	Anzahl Freiheitsgrade	Quadratsummen	Mittlere Quadrate
zwischen den Gruppen	$f_I = I - 1 = 2$	$SS_I = 64$	$MS_I = SS_I/f_I = 32$
innerhalb der Gruppen	$f_R = N - I = 27$	$SS_R = 114$	$MS_R = SS_R/f_R = 4,2$
insgesamt	$f_G = N - 1 = 29$	$TS = 178$	
Test mit Nullhypothese	$H_0:\ \mu_1 = \mu_2 = ... = \mu_I$		
Irrtumswahrscheinlichkeit	$\alpha = 0,05$		
Prüfgröße	$F_{St} = MS_I/MS_R = 7,6$		
Kritischer Wert	$F_{1-a;fI;fR} = 3,3541$		
Ergebnis: Parametereinfluss, weil $F_{St} > F_{krit}$			

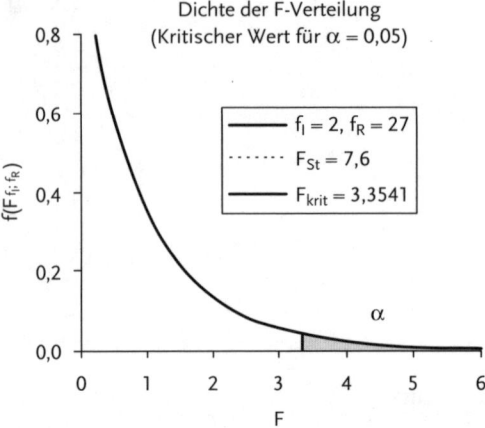

Abbildung 6.6: Therapieerfolge von Patienten (F-Test zur Varianzanalyse: Es liegt Parametereinfluss vor)

Der Vergleich der Prüfgröße F_{St} mit dem kritischen Wert der F-Verteilung liefert das Testergebnis entsprechend Tabelle 6.16 und Abbildung 6.6: Da der Stichprobenwert $F_{St} = 7,6$ größer ist als der kritische Wert $F_{krit} = 3,3541$ aus der

Ist ein vermuteter Parametereinfluss wirklich vorhanden oder durch die zufällige Streuung zu erklären?

F-Tabelle, wird die Nullhypothese verworfen und die Alternativhypothese angenommen. Mit einer Irrtumswahrscheinlichkeit von 5 % kann behauptet werden, dass ein Parametereinfluss vorliegt. Die Art der Therapie hat also signifikanten Einfluss auf den Rehabilitationserfolg der Patienten.

Beispiel 3: Amingehalt in Abhängigkeit von der Prüfstelle

Der Gehalt an Amin in einem Chemiereaktor wird an verschiedenen Stellen gemessen. Lässt sich anhand der Werte von Tabelle 6.17 mit 5 % Irrtumswahrscheinlichkeit behaupten, dass der Amingehalt signifikant von der Prüfstelle (die Stelle im Reaktor, an der die Probe genommen wird) abhängig ist?

Tabelle 6.17: Ist der Amingehalt von der Prüfstelle abhängig?

Amingehalt [%]			
Prüfstelle	**Messung 1–3**		
A	12,1	13,0	12,4
B	13,0	13,4	13,1
C	12,0	11,9	12,1
D	13,8	13,6	14,1

Berechnung der Mittelwerte und Quadratsummen

Die Gruppen in der Aufgabenstellung (Tabelle 6.17) sind zeilenweise zu sehen. Das heißt, für jede Prüfstelle gab es 3 Messungen. Also haben Sie I = 4 Gruppen mit je 3 Werten. Die Gesamtanzahl der Werte ist N = 12.

Nach dem Rechenschema, in dem die Gruppen spaltenweise dargestellt sind, ergeben sich die Quadratsummen entsprechend Tabelle 6.18.

Ist ein vermuteter
Parametereinfluss
wirklich vorhanden
oder durch die
zufällige Streuung
zu erklären?

Tabelle 6.18: Rechenschema zur Varianzanalyse: Quadratsummen SS_I und SS_R der Amingehalte

Amingehalt [%]

		Gruppe i		
Messwert j	1	2	3	4
1	12,1	13,0	12,0	13,8
2	13,0	13,4	11,9	13,6
3	12,4	13,1	12,1	14,1
n_i	3	3	3	3
$\bar{x}_{i.}$	12,500	13,167	12,000	13,833
$\Sigma(x_{ij}-\bar{x}_{i.})^2$	0,4200	0,0867	0,0200	0,1267

$I = 4$ $N = 12$

$\bar{x} = 12,875$

$SS_R = 0,6533$ $SS_I = 5,7292$ $TS = 6,3825$

F-Test

Der F-Test verläuft wieder nach dem bekannten Schema. Die Ergebnisse sind in Tabelle 6.19 dargestellt.

Tabelle 6.19: F-Test zur Varianzanalyse: Amingehalt in Abhängigkeit von der Prüfstelle

Streuung	Anzahl Freiheitsgrade	Quadratsummen	Mittlere Quadrate
zwischen den Gruppen	$f_I = I - 1 = 3$	$SS_I = 5,7292$	$MS_I = SS_I/f_I = 1,9097$
innerhalb der Gruppen	$f_R = N - I = 8$	$SS_R = 0,6533$	$MS_R = SS_R/f_R = 0,0817$
insgesamt	$f_G = N - 1 = 11$	$TS = 6,3825$	

Test mit Nullhypothese	H_0: $\mu_1 = \mu_2 = ... = \mu_I$
Irrtumswahrscheinlichkeit	$\alpha = 0,05$
Prüfgröße	$F_{St} = MS_I/MS_R = 23,4$
Kritischer Wert	$F_{1-\alpha;f_I;f_R} = 4,0662$
Ergebnis: Parametereinfluss, weil $F_{St} > F_{krit}$	

Der Vergleich der Prüfgröße F_{St} mit dem kritischen Wert der F-Verteilung liefert das Testergebnis entsprechend Tabelle 6.19 und Abbildung 6.7: Da der Stichprobenwert $F_{St} = 23,4$ größer ist als der kritische Wert $F_{krit} = 4,0662$ aus der F-Tabelle, wird die Nullhypothese verworfen und die Alternativhypothese angenommen. Mit einer Irrtumswahrscheinlichkeit von 5 % kann behauptet werden, dass ein Parametereinfluss vorliegt. Die Stelle, an der die Probe genommen wird, hat Einfluss auf das Messergebnis.

200
———

Ist ein vermuteter
Parametereinfluss
wirklich vorhanden
oder durch die
zufällige Streuung
zu erklären?

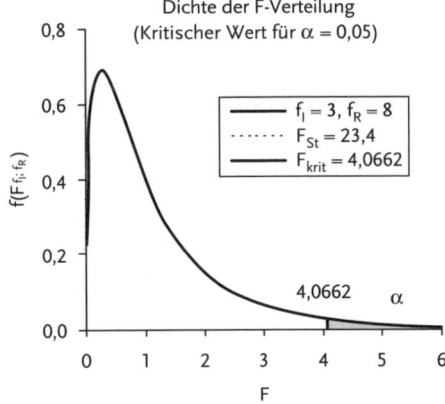

Abbildung 6.7: Amingehalt (F-Test zur Varianzanalyse: Es liegt Parametereinfluss vor)

Rechenschema mit F-Test der einfachen Streuungszerlegung (Varianzanalyse)

Tabelle 6.20 enthält die Rechenschritte für die einfache Streuungszerlegung mit F-Test. Voraussetzungen: Die Grundgesamtheiten sind unabhängig und normal verteilt und haben dieselbe (unbekannte) Varianz.

In Abbildung 6.8 sind Annahme- und Verwerfungsbereich für den F-Test der Varianzanalyse dargestellt. Falls der Stichprobenwert größer ist als der kritische Wert, liegt ein Parametereinfluss vor.

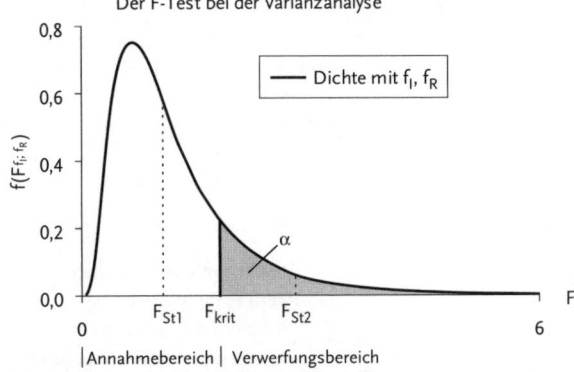

Abbildung 6.8: Der F-Test der Varianzanalyse: Für die Prüfgröße F_{St1} würde man die Nullhypothese annehmen (kein Parametereinfluss), für F_{St2} lautet das Testergebnis: Alternativhypothese annehmen – es liegt Parametereinfluss vor.

201

Ist ein vermuteter Parametereinfluss wirklich vorhanden oder durch die zufällige Streuung zu erklären?

Tabelle 6.20: Rechenschema zur Varianzanalyse: Quadratsummen, Prüfgröße und F-Test

Quadratsummen und Prüfgröße berechnen

Anzahl der Gruppen	I
Anzahl der Werte pro Gruppe	n_i (unterschiedliche Anzahl Werte pro Gruppe möglich)
Gesamtanzahl der Werte	$N = \sum_{i=1}^{I} n_i$
Gruppenmittelwerte	$\bar{x}_{i.} = \frac{1}{n_i} \sum_{j=1}^{n_i} x_{ij}$
Quadratsumme SS_R	$SS_R = \sum_{i=1}^{I} \sum_{j=1}^{n_i} \left(x_{ij} - \bar{x}_{i.} \right)^2$
Großmittel	$\bar{x} = \frac{1}{N} \sum_{i=1}^{I} \sum_{j=1}^{n_i} x_{ij} = \frac{1}{N} \sum_{i=1}^{I} n_i \cdot \bar{x}_{i.}$
Quadratsumme gesamt TS	$TS = \sum_{i=1}^{I} \sum_{j=1}^{n_i} \left(x_{ij} - \bar{x} \right)^2$
Quadratsumme SS_I	$SS_I = TS - SS_R$
Freiheitsgrade	$f_I = I - 1$ zwischen den Gruppen $f_R = N - I$ innerhalb der Gruppen
Mittlere Quadrate	$MS_I = \frac{SS_I}{f_I}$ $MS_R = \frac{SS_R}{f_R}$
Prüfgröße	$F_{St} = \frac{MS_I}{MS_R}$

F-Test für das Signifikanzniveau α

Nullhypothese	H_0: $\mu_1 = \mu_2 = \mu_3 = \dots \mu_I$	Kein Parametereinfluss
Alternativhypothese	H_1: $\mu_1 \neq \mu_2 \neq \mu_3 \neq \dots \mu_I$	Parametereinfluss
Kritischer Wert der F-Verteilung	$F_{krit} = F_{1-\alpha; f_I; f_R}$	Aus Tabelle oder Computer
Testentscheidung	$F_{St} \leq F_{krit}$	Nullhypothese H_0 annehmen: Kein Parametereinfluss
	$F_{St} > F_{krit}$	Alternativhypothese H_1 annehmen: Parametereinfluss

Ist ein vermuteter
Parametereinfluss
wirklich vorhanden
oder durch die
zufällige Streuung
zu erklären?

7
Von Stichprobenwerten zur mathematischen Formel – Regressionsrechnung

Bisher hatten wir bei der Untersuchung von Stichprobenwerten nur mit jeweils einer Variablen zu tun. Für diese Variable waren Kennwerte wie Mittelwerte, Quadratsummen und Varianzen gebildet und damit statistische Verfahren »gefüttert« worden. Nun wenden wir uns Fragestellungen zu, bei denen zwei oder mehrere Variable (zwei oder mehr Messgrößen) und deren Abhängigkeit voneinander eine Rolle spielen.

203

Von Stichproben-
werten zur
mathematischen
Formel –
Regressions-
rechnung

Die Fragestellung und das Ziel

Wenn von zwei Größen – beispielsweise Kraft und Auslenkung einer Feder – Messdaten vorliegen, deren grafische Darstellungen eine gewisse Systematik aufweisen, woraus sich ein funktionaler Zusammenhang zwischen diesen vermuten lässt, so liefert die Regressionsrechnung den mathematischen Zusammenhang zwischen den Größen: Man erhält eine Formel und kann damit beliebige »Zielwerte« und Zwischenwerte – auch außerhalb des Messbereiches (Trends) – berechnen.

Beispielsweise liegen Wertepaare von Temperaturdifferenz (x-Werte) und elektrischer Spannung (y-Werte) eines Thermoelements vor. Oder Wertepaare von Körpergrößen (x) und Körpergewichten (y), deren Zusammenhang durch eine Funktion (eine Formel) beschrieben werden soll.

Die grafische Darstellung der Messwerte in Abbildung 7.1 lässt zum Beispiel einen linearen Zusammenhang zwischen x und y vermuten. Die Regressionsrechnung liefert die Geradengleichung und die Korrelationsrechnung Kennwerte für den Grad des Zusammenhangs (Güte der Regression).

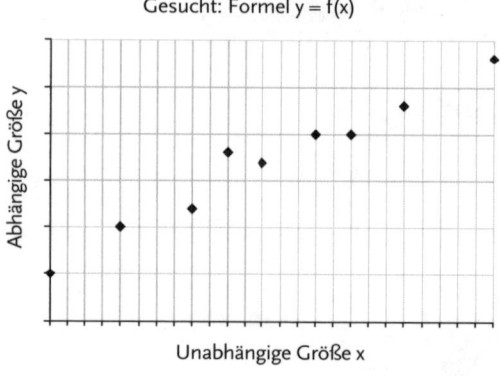

Abbildung 7.1: Die grafische Darstellung der Messwertpaare lässt einen linearen Zusammenhang vermuten. Gesucht ist die Geradengleichung y = f(x)

Beispiele typischer Fragestellungen der Regressionsrechnung

Es lässt sich beobachten, dass der elektrische Widerstand eines Kupferkabels mit steigender Temperatur zunimmt. Man sagt: Es besteht ein funktionaler Zusammenhang zwischen der abhängigen Größe y (dem elektrischen

Von Stichproben-
werten zur
mathematischen
Formel –
Regressions-
rechnung

Widerstand) und der unabhängigen Größe x (der Temperatur) oder y ist eine Funktion von x, mathematisch ausgedrückt: $y = f(x)$.

Weitere Beispiele für solche funktionale Zusammenhänge sind:

- Zunahme der Blutdruckwerte y mit steigendem Lebensalter x
- Körpergrößen von Vätern und ihren Söhnen: Große Väter x haben große Söhne y
- Menge an verkauftem Speiseeis y in Abhängigkeit von der Mittagstemperatur x
- Spezifische Wärme y von Ethen in Abhängigkeit von der Temperatur x
- Abnahme des Sauerstoffgehaltes y eines Sees mit zunehmender Tiefe x

In der Literatur finden wir auch den Begriff der Regression von y bezüglich x. Diese Wortwahl ist äußerst unglücklich – bedeutet doch Regression Rückbewegung oder Rückschritt. Leider hat sich dieser Begriff seit den Untersuchungen von F. Galton eingebürgert. Das prominente Beispiel ist seine Untersuchung, nach der große Väter auch große Söhne haben, wobei die Söhne allerdings kleiner als die jeweiligen Väter sind. Es besteht also ein Rückschritt (ein Regress) zur Durchschnittsgröße der Menschen. Gott sei Dank – man stelle sich vor es wäre anders! Leider hat aber dieses spezielle Beispiel der statistischen Methode seinen Namen gegeben.

Regression und Korrelation

Wenn ein Zusammenhang zwischen den zwei beobachteten Größen sachlich begründet ist, bietet sich eine Untersuchung durch die Regressionsrechnung (Regressionsanalyse) an.

Ziel ist, die Zusammenhänge zwischen den untersuchten Größen mathematisch als Formel $y = f(x)$ zu beschreiben.

Die Regressionsrechnung liefert demnach ein mathematisches Modell für den Zusammenhang der zwei (später auch mehr) Variablen. Hier soll nun zunächst die Methode erarbeitet werden, um lineare Abhängigkeiten (Punkte liegen auf einer Geraden) zu beschreiben.

Die ermittelte Formel kann – wie so manches in der Statistik – natürlich nur eine näherungsweise Beschreibung des tatsächlichen Zusammenhangs von x und y liefern. Leicht lässt sich einsehen, dass die Qualität dieser Näherung von der vorhandenen Datenmenge (Anzahl der x/y-Wertepaare) abhängig ist. Um eine Maßzahl für die Güte der Regression zu bekommen, lässt sich die so genannte Korrelationsrechnung einsetzen.

Einführendes Beispiel: Körpergewichte und Körpergrößen

In einer Messreihe wurden als Wertepaare jeweils die Körpergewichte und Körpergrößen von zufällig ausgewählten Erwachsenen ermittelt.

Es ergaben sich entsprechend Tabelle 7.1 Werte für x (Körpergröße, unabhängige Größe) und y (Körpergewicht, abhängige Größe):

Tabelle 7.1: Besteht ein linearer Zusammenhang zwischen den Körpergewichten y und den Körpergrößen x?

	Größe [cm] x_i	Gewicht [kg] y_i
1	165	65
2	169	70
3	173	72
4	175	78
5	177	77
6	180	80
7	182	80
8	185	83
9	190	88

Die grafische Darstellung der Daten aus Tabelle 7.1 lässt einen linearen Zusammenhang zwischen x und y vermuten: Größere Personen haben (im Mittel) auch ein größeres Gewicht (Abbildung 7.2).

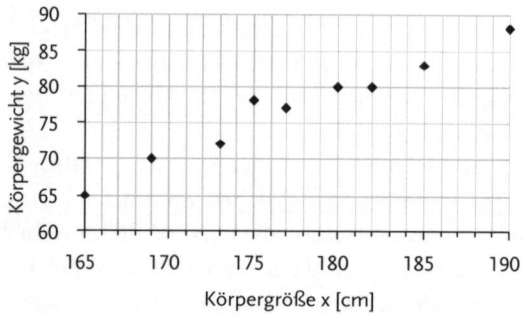

Abbildung 7.2: Körpergewichte y und Köpergrößen x

206

Von Stichproben-
werten zur
mathematischen
Formel –
Regressions-
rechnung

Ziel ist es nun, in die vorhandene »Punktewolke« (x-y-Wertepaare) eine Ausgleichsgerade (Regressionsgerade) zu legen, die »möglichst optimal« sein soll.

Diese könnte ungefähr wie in Abbildung 7.3 dargestellt aussehen:

Regressionsgerade durch die »Punktewolke«

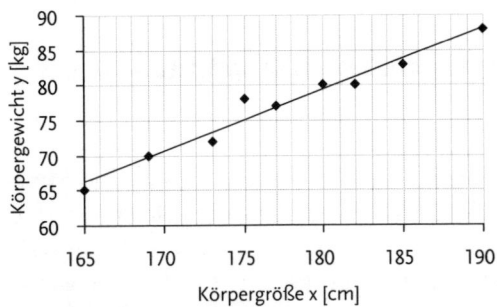

Abbildung 7.3: Die Regressionsgerade soll die Punktewolke »möglichst optimal« repräsentieren

Was heißt es jetzt, die Ausgleichsgerade sei »optimal« zu legen? In der obigen Grafik wurde die Gerade offensichtlich nach Augenschein zufriedenstellend zwischen den Messpunkten positioniert. Ziel der Regressionsrechnung ist es nun, die optimale Lage der Gerade durch eine Geradengleichung reproduzierbar zu beschreiben.

Die Geradengleichung lautet $y = mx + b$, wobei m die Steigung und b der y-Achsenabschnitt ist (Abbildung 7.4).

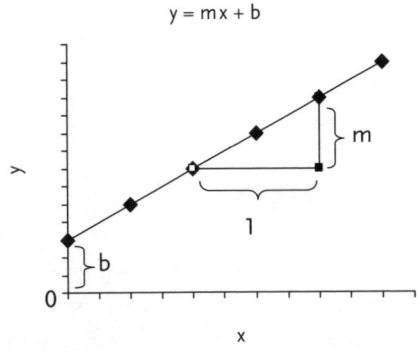

Abbildung 7.4: Die Geradengleichung mit Steigung m und y-Achsenabschnitt b

207

Von Stichproben-
werten zur
mathematischen
Formel –
Regressions-
rechnung

Die Steigung m der Geraden ergibt sich aus der Zunahme des y-Wertes, wenn der x-Wert um 1 erhöht wird (Steigungsdreieck in der Grafik). Im Schnittpunkt der Geraden mit der y-Achse lässt sich der Wert b ablesen, falls die x- und die y-Achse bei 0 beginnen. Im Beispiel der Körpergewichte und -größen ist dies wie so oft in der Praxis nicht der Fall. Der Achsenabschnitt b ist also aus der Grafik nicht direkt ablesbar.

Das Gauß'sche Prinzip der kleinsten Quadrate – Regressionsgleichung

Wie muss nun die Regressionsgerade gelegt werden, dass sie die Messpunkte »möglichst gut« repräsentiert? Carl Friedrich Gauß stellte hierzu folgende Überlegung an: Die optimale Gerade zeichnet sich dadurch aus, dass die Summe der Abstände zwischen den Messwerten y_i (Stichprobenwerte) und den dazugehörigen y-Werten der Ausgleichsgerade y_{ber} (y_{ber} steht für »y berechnet«) möglichst klein wird. Die Streckenlängen zwischen der gesuchten Geraden und den Messwerten in Abbildung 7.5 repräsentieren diese Abstände.

Prinzip der kleinsten Quadrate

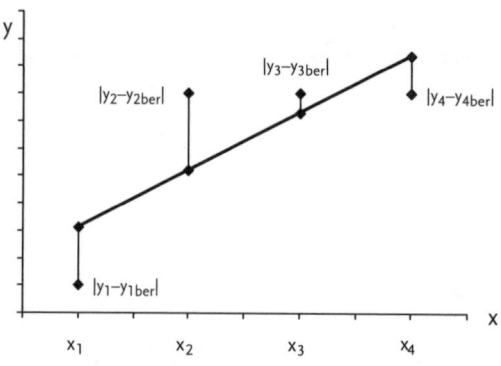

Abbildung 7.5: Das Gauß'sche Prinzip der kleinsten Quadrate

Genau genommen betrachtet er die Quadrate der Abstände, nämlich $(y_i-y_{ber})^2$, weil alle quadrierten Abweichungen positiv sind, so dass sich immer eine Summe (Quadratsumme) ergeben wird, die größer (allenfalls gleich) null ist. Diese Summe der Abstandsquadrate schreibt sich wie folgt:

208

Von Stichproben-
werten zur
mathematischen
Formel –
Regressions-
rechnung

$$\sum_{i=1}^{n} \left(y_i - y_{ber}\right)^2$$

n ist dabei der Stichprobenumfang.
Durch Einsetzen von $y_{ber} = mx + b$ wird daraus:

$$\sum_{i=1}^{n} \left(y_i - mx - b\right)^2$$

Die Parameter m und b müssen nun so gewählt werden, dass die Quadratsumme so klein wie möglich wird.

$$\sum_{i=1}^{n} \left(y_i - mx - b\right)^2 \overset{!}{=} Min$$

Mit den Methoden der Differentialrechnung erhält man das Minimum der quadratischen Abweichung für folgende Gerade:

$$y_{ber} - \bar{y} = m(x - \bar{x})$$

oder

$$y_{ber} = m(x - \bar{x}) + \bar{y}$$

Die Steigung m der Geraden heißt Regressionskoeffizient und hat die Form

$$m = \frac{S_{xy}}{S_{xx}}$$

Dabei ist $S_{xx} = \dfrac{1}{n-1} \sum_{i=1}^{n} (x_i - \bar{x})^2$ die Varianz der x-Werte und

$S_{xy} = \dfrac{1}{n-1} \sum_{i=1}^{n} (x_i - \bar{x})(y_i - \bar{y})$ die so genannte Kovarianz der Werte.

Die Kovarianz ist ein Maß für die gemeinsame Streuung von x und y.

Mit $Q_{xx} = \sum_{i=1}^{n} (x_i - \bar{x})^2$ und $Q_{xy} = \sum_{i=1}^{n} (x_i - \bar{x})(y_i - \bar{y})$

schreiben Sie: $m = \dfrac{Q_{xy}}{Q_{xx}}$

Von Stichproben-
werten zur
mathematischen
Formel –
Regressions-
rechnung

Der y-Achsenabschnitt b der Ausgleichsgeraden berechnet sich aus Gleichung $\bar{y} = m\bar{x} + b$ wie folgt:

$$b = \bar{y} - m\bar{x} = \frac{1}{n}\left(\sum_{i=1}^{n} y_i - m\sum_{i=1}^{n} x_i\right)$$

Zum besseren Verständnis der Regressionsrechnung wird im Folgenden anhand der Werte unseres Beispiels (Körpergewichte und -größen, Tabelle 7.1) die Berechnung der Regressionsgeraden schrittweise vorgenommen, wobei alle Zwischenwerte dargestellt werden. Für die Praxis werden wir das Verfahren in den folgenden Kapiteln optimieren.

Berechnen Sie zunächst für alle x- und alle y-Werte die Abstände zu deren Mittelwerten (Tabelle 7.2). Die Summen dieser Abstände $x-\bar{x}$ und $y-\bar{y}$ müssen immer null ergeben. In einer weiteren Spalte quadrieren Sie die x-Abstände und erhalten als Summe unsere gesuchte Quadratsumme Q_{xx}. In der letzten Spalte multiplizieren Sie die x-Abstände mit den y-Abständen und erhalten als Summe die Quadratsumme Q_{xy}

Tabelle 7.2: Zur Berechnung der Quadratsummen Q_{xx} und Q_{xy} der Körpergrößen und -gewichte

	Größe x_i [cm]	Gewicht y_i [kg]	$x_i-\bar{x}$	$(x_i-\bar{x})^2$	$y_i-\bar{y}$	$(x_i-\bar{x})(y_i-\bar{y})$
1	165	65	−12,33	152,11	−12,0	148,00
2	169	70	−8,33	69,44	−7,0	58,33
3	173	72	−4,33	18,78	−5,0	21,67
4	175	78	−2,33	5,44	1,0	−2,33
5	177	77	−0,33	0,11	0,0	0,00
6	180	80	2,67	7,11	3,0	8,00
7	182	80	4,67	21,78	3,0	14,00
8	185	83	7,67	58,78	6,0	46,00
9	190	88	12,67	160,44	11,0	139,33
Summe	1596,0	693,0	0,00	494,0	0,0	433,0
Mittel	177,33	77,0		$= Q_{xx}$		$= Q_{xy}$
Varianz	61,75	49,25				

Von Stichproben-
werten zur
mathematischen
Formel –
Regressions-
rechnung

Lesen Sie ab:

$$Q_{xx} = \sum_{i=1}^{n} (x_i - \bar{x})^2 = 494$$

$$Q_{xy} = \sum_{i=1}^{n} (x_i - \bar{x})(y_i - \bar{y}) = 433$$

Für die Steigung der Regressionsgeraden ergibt sich:

$$m = \frac{Q_{xy}}{Q_{xx}} = \frac{433}{494} \approx 0,877$$

und für den y-Achsenabschnitt b:

$$b = \bar{y} - m\bar{x} = 77 - 0,877 \cdot 177,33 \approx -78,5$$

Somit lautet die gesuchte Gleichung der Regressionsgeraden (die Werte m und b sind gerundet):

$$y_{ber} = 0,877 \cdot x - 78,5$$

Genau genommen müssten Sie die Gleichung mit den Dimensionen unseres Beispiels wie folgt schreiben:

$$y_{ber} = 0,877 \frac{kg}{cm} \cdot x - 78,5\, kg$$

In Abbildung 7.6 ist die Lage der Geraden in der Punktewolke grafisch dargestellt. Eine wichtige Probe zur Kontrolle der Plausibilität unserer Regression bietet sich an: Das Wertepaar der Mittelwerte $\bar{x}/\bar{y}$ (177,33/77,0) muss genau auf der Regressionsgeraden liegen.

In Tabelle 7.3 sind die aus der Gleichung der Regressionsgeraden ermittelten Werte y_{iber} dargestellt. In der letzten Spalte wurden jeweils die Unterschiede zwischen den y-Werten der Stichprobe und denen, die die Regressionsgleichung lieferte, berechnet. Diese Differenzen werden als Residuen bezeichnet. Ein positives (negatives) Residuum zeigt an, dass sich der Stichprobenpunkt oberhalb (unterhalb) der Regressionsgeraden befindet.

Von Stichprobenwerten zur
mathematischen
Formel –
Regressionsrechnung

Regressionsgerade $y_{ber} = 0{,}877x - 78{,}5$

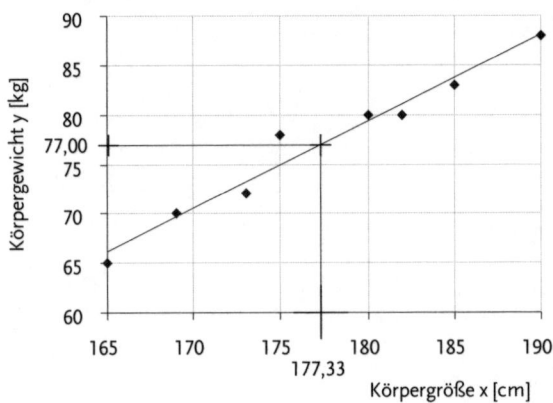

Abbildung 7.6: Regressionsgerade mit Kontrolle der Plausibilität durch Einzeichnen des Wertepaares der Mittelwerte

Tabelle 7.3: Aus der Regressionsgleichung berechnete Werte y_{iber} und Residuen $y_i - y_{iber}$ (die Werte y_{iber} wurden mit der vollen Genauigkeit von MS Excel berechnet): Körpergrößen

i	x_i	y_i	y_{iber}	$y_i - y_{iber}$
1	165	65	66,19	−1,19
2	169	70	69,70	0,30
3	173	72	73,20	−1,20
4	175	78	74,95	3,05
5	177	77	76,71	0,29
6	180	80	79,34	0,66
7	182	80	81,09	−1,09
8	185	83	83,72	−0,72
9	190	88	88,10	−0,10

Rechenbeispiele und Trends

Um jetzt für beliebige Körpergrößen x die zugehörigen Gewichte y_{ber} zu berechnen, müssen Sie nur x-Werte in die obige Formel einsetzen. Für die erste Person, deren gemessenes Gewicht 65 kg war, ergibt sich zum Beispiel

Von Stichproben-
werten zur
mathematischen
Formel –
Regressions-
rechnung

durch Einsetzen der Körpergröße x = 165 cm in die Regressionsformel ein berechnetes (theoretisches) Gewicht von

$$y_{ber} = 0,877 \frac{kg}{cm} \cdot x - 78,5\, kg = 0,877 \frac{kg}{cm} \cdot 165\, cm - 78,5\, kg \approx 66,2\, kg$$

Ebenso könnten Sie das Körpergewicht eines Menschen der Größe 200 cm berechnen: y_{ber} = 96,9 kg. Wohlgemerkt – die berechneten Werte sind theoretisch –, das »Hinausrechnen« über den Messbereich ist nicht unbedingt sinnvoll: Für einen Menschen der Körpergröße 89,5 cm würde sich ein Gewicht von 0 kg ergeben. Theoretisch könnte man auch die Gewichte von 5 m großen Menschen berechnen usw.

Anhand unserer Regressionsgeraden können Sie leicht einsehen, dass sich auch die umgekehrte Frage beantworten lässt: Welche Körpergröße x gehört zu einem bestimmten Körpergewicht y? Zur Berechnung stellen Sie die Gleichung der Regressionsgeraden (ohne Benennungen) um, d. h., Sie lösen sie nach x auf:

$$x_{ber} = \frac{y-b}{m} = \frac{y-(-78,5)\,kg}{0,877\frac{kg}{cm}}$$

Beispiel: zu einem Gewicht von 85 kg berechnet sich eine Körpergröße von

$$x_{ber} = \frac{y-b}{m} = \frac{85\,kg-(-78,5)\,kg}{0,877\frac{kg}{cm}} \approx 186,5 cm.$$

Vereinfachte Berechnung von Q_{xx} und Q_{xy}

Für die praktische Berechnung der Quadratsummen Q_{xx} und Q_{xy} empfiehlt sich in manchen Fällen die Umstellung der Formel (siehe Seite 273) wie folgt:

$$Q_{xx} = \sum_{i=1}^{n} x_i^2 - \frac{1}{n}\left(\sum_{i=1}^{n} x_i\right)^2$$

$$Q_{xy} = \sum_{i=1}^{n} x_i y_i - \frac{1}{n}\sum_{i=1}^{n} x_i \sum_{i=1}^{n} y_i$$

Für dieses Beispiel erhalten Sie nun Werte entsprechend Tabelle 7.4:

213

Von Stichprobenwerten zur mathematischen Formel – Regressionsrechnung

Tabelle 7.4: Zur vereinfachten Berechnung der Quadratsummen Q_{xx} und Q_{xy}

i	x_i	y_i	x_i^2	y_i^2	$x_i \cdot y_i$	y_{iber}
1	165	65	27225	4225	10725	66,19
2	169	70	28561	4900	11830	69,70
3	173	72	29929	5184	12456	73,20
4	175	78	30625	6084	13650	74,95
5	177	77	31329	5929	13629	76,71
6	180	80	32400	6400	14400	79,34
7	182	80	33124	6400	14560	81,09
8	185	83	34225	6889	15355	83,72
9	190	88	36100	7744	16720	88,10
Summen	1596	693	283518	53755	123325	693
Mittelwerte	177,33	77,0				77,0

Im Unterschied zu Tabelle 7.2 berechnet man zeilenweise die Quadrate und summiert diese.

Mit den Summenwerten der vorletzten Zeile ergibt sich:

$$Q_{xx} = \sum_{i=1}^{n} x_i^2 - \frac{1}{n}\left(\sum_{i=1}^{n} x_i\right)^2 = 283518 - \frac{1}{9}1596^2 = 494$$

$$Q_{xy} = \sum_{i=1}^{n} x_i y_i - \frac{1}{n}\sum_{i=1}^{n} x_i \sum_{i=1}^{n} y_i = 123325 - \frac{1}{9}1596 \cdot 693 = 433$$

$$m = \frac{Q_{xy}}{Q_{xx}} = \frac{433}{494} \approx 0,877$$

$$b = \bar{y} - m\bar{x} = 77 - 0,877 \cdot 177,33 \approx -78,5$$

$$y_{ber} = 0,877 \cdot x - 78,5$$

Die Rechenvorteile dieser Methode dürften allerdings kaum ins Gewicht fallen, wenn ein Computer zur Verfügung steht.

Von Stichproben-
werten zur
mathematischen
Formel –
Regressions-
rechnung

Die ›Güte‹ der Regression: Bestimmtheitsmaß und Korrelationskoeffizient

Mit der Regressionsrechnung können Sie die aus den Messdaten (x/y-Wertepaare) gebildete Punktewolke durch eine Ausgleichsgerade repräsentieren. Da diese Gerade aber – abhängig von der Menge und »Qualität« der Messdaten – nur eine mehr oder weniger gute Näherung der wahren Zusammenhänge sein kann, soll nun die Frage gestellt werden, wie gut diese Näherung ist.

Vergleichen Sie einmal die Abbildungen 7.7. und 7.8, so ist die folgende Überlegung in diesem Zusammenhang interessant: Die Grafiken unterscheiden sich dadurch, dass im ersten Fall (enge Punktewolke) die Abstände der Punkte von der Regressionsgeraden (die Residuen) im Vergleich zum zweiten Fall (breite Punktewolke) geringer sind. Genau diese Abstände werden zur Berechnung von Kenngrößen für die Güte einer Regression herangezogen.

Regression bei enger Punktewolke

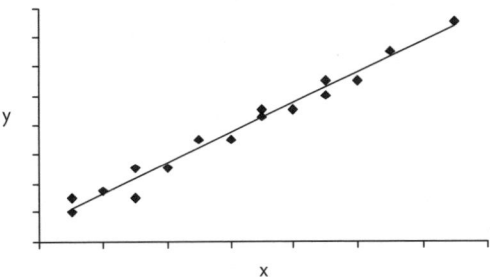

Abbildung 7.7: Enge Punktewolke (kleine Beträge der Residuen)

Der Grad des Zusammenhangs der Variablen x und y ist ein Maß für die Güte der Regression. Anhand der Korrelationsanalyse lassen sich zwei Kenngrößen berechnen, die diesen Zusammenhang quantifizieren: Das Bestimmtheitsmaß B (Determinationskoeffizient) bzw. der Korrelationskoeffizient r, die wie folgt definiert sind:

$$B = r^2 = \frac{Q_{xy}^2}{Q_{xx} \cdot Q_{yy}}$$

215

Von Stichproben-
werten zur
mathematischen
Formel –
Regressions-
rechnung

Regression bei breiter Punktewolke

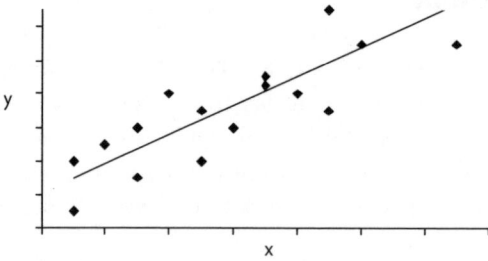

Abbildung 7.8: Breite Punktewolke (große Beträge der Residuen)

Hierbei ist $Q_{yy} = \sum_{i=1}^{n} (y_i - \bar{y})^2$ die Summe der Abstandsquadrate zwischen den y-Werten und dem arithmetischen Mittelwert der y-Werte. Zur Erinnerung: Diese Summe dividiert durch n − 1 ist genau die Varianz der y-Werte. In Tabelle 7.5 sind alle Werte und Zwischenwerte für das aktuelle Beispiel (Körpergrößen und Körpergewichte) dargestellt.

Tabelle 7.5: Körpergrößen und -gewichte: Abstandsquadrate und deren Summen

	Größe x_i [cm]	Gewicht y_i [kg]	$x_i - \bar{x}$	$(x_i - \bar{x})^2$	$y_i - \bar{y}$	$(x_i - \bar{x})(y_i - \bar{y})$	$(y_i - \bar{y})^2$	y_{ber}
1	165	65	−12,33	152,11	−12,0	148,00	144,0	66,19
2	169	70	−8,33	69,44	−7,0	58,33	49,0	69,70
3	173	72	−4,33	18,78	−5,0	21,67	25,0	73,20
4	175	78	−2,33	5,44	1,0	−2,33	1,0	74,95
5	177	77	−0,33	0,11	0,0	0,00	0,0	76,71
6	180	80	2,67	7,11	3,0	8,00	9,0	79,34
7	182	80	4,67	21,78	3,0	14,00	9,0	81,09
8	185	83	7,67	58,78	6,0	46,00	36,0	83,72
9	190	88	12,67	160,44	11,0	139,33	121,0	88,10
Summe	1596,0	693,0	0,00	494,00	0,00	433,00	394,00	693,00
Mittel	177,33	77,00		= Q_{xx}		= Q_{xy}	= Q_{yy}	77,00
Varianz	61,75	49,25					49,25	47,44

Aus Tabelle 7.5 können Sie nun die Summe der y-Abstandsquadrate ablesen: $Q_{yy} = 394$.

Für das Bestimmtheitsmaß B und den Korrelationskoeffizienten r erhalten Sie:

Von Stichproben-
werten zur
mathematischen
Formel –
Regressions-
rechnung

$$B = r^2 = \frac{Q_{xy}^2}{Q_{xx} \cdot Q_{yy}} = \frac{433^2}{494 \cdot 394} \approx 0,963$$

$$r = \frac{Q_{xy}}{\sqrt{Q_{xx} \cdot Q_{yy}}} \approx 0,981$$

Anschaulich gesprochen ist der Korrelationskoeffizient das Verhältnis von Kovarianz und dem geometrischen Mittel der Einzelvarianzen.

Er ist eine dimensionslose Größe (von den Einheiten der Messwerte unabhängig) und kann Werte zwischen –1 und +1 annehmen. Je größer der Absolutwert von r ist, desto strenger ist der lineare Zusammenhang zwischen der unabhängigen Variablen x und der abhängigen Variablen y.

Falls sich r annähernd = +1 ergibt, spricht man von einem streng linear-direkten Zusammenhang zwischen x und y, d. h., steigende x-Werte haben steigende y-Werte zur Folge (Abbildung 7.9).

Korrelationskoeffizient r = +1

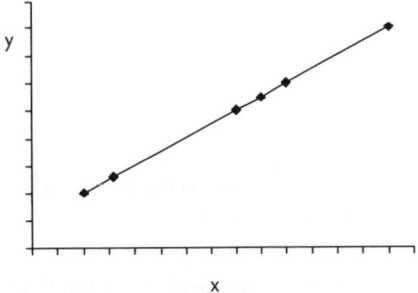

Abbildung 7.9: Streng linear-direkter Zusammenhang zwischen x und y

Umgekehrt kann es auch sein, dass r nahe bei –1 liegt. Dann haben Sie entsprechend Abbildung 7.10 streng linear-indirekten Zusammenhang: Steigendes x hat fallende y-Werte zur Folge.

Ist r nahe null, so besteht überhaupt kein linearer Zusammenhang.

Das Bestimmtheitsmaß hat ebenfalls praktische Bedeutung und lässt sich anschaulich erklären: Die Varianz der berechneten Werte y_{ber} ist immer kleiner als die Varianz der y-Werte aus der Messung. Dies liegt daran, dass ja alle y_{ber}-Werte auf der Regressionsgeraden liegen und demnach am wenigsten streuen. Das Bestimmtheitsmaß drückt nun aus, wie groß die

217

Von Stichproben-
werten zur
mathematischen
Formel –
Regressions-
rechnung

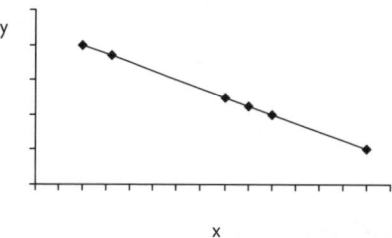

Abbildung 7.10: Streng linear-indirekter Zusammenhang zwischen x und y

Anteile der Varianz var (y_{ber}) der berechneten Werte y_{ber} im Vergleich zur (Gesamt-)Varianz var (y) der Messwerte y ist. Es gilt:

$$\text{var}(y_{ber}) = B \cdot \text{var}(y) = B \frac{Q_{yy}}{n-1}$$

Je näher B bei 1 (100 %) liegt, desto besser ist die Regression.

Für das Beispiel soll dieser Zusammenhang bestätigt werden. Aus Tabelle 7.5 lesen Sie $(y) = 49{,}25$ ab, multiplizieren mit dem berechneten Bestimmtheitsmaß B und erhalten als Varianz der berechneten Werte (gerundet):

$$\text{var}(y_{ber}) = B \cdot \text{var}(y) = 0{,}963 \cdot 49{,}25 \approx 47{,}4$$

Diesen Wert finden Sie in Tabelle 7.5 in der letzten Zeile/Spalte.

Hinweis: Es sei davor gewarnt, das Bestimmtheitsmaß oder den Korrelationkoeffizienten als einziges Kriterium für die Güte der Regression zu betrachten. Unter Umständen können falsche Einflussgrößen x_i in die Regressionsrechnung eingeflossen sein. Ein anschließender statistischer Test der Regressionskoeffizienten ist deshalb ratsam (siehe zum Beispiel Kreyszig, Statistische Methoden und ihre Anwendungen).

Eine Warnung vor blindem Eifer und falschen Schlüssen

Der Praktiker wird sich mit den erworbenen Kenntnissen über die lineare Regression in seiner Tabellenkalkulation das entsprechende Rechenschema aufbauen (siehe auch die beiliegende CD-ROM), so dass er nur die x/y-Wertepaare einzugeben hat und als Ergebnis alle interessanten Kenngrößen wie Steigung, Achsenabschnitt und den Korrelationskoeffizienten erhält.

218

Von Stichprobenwerten zur mathematischen Formel – Regressionsrechnung

Vor »blinder Zahlengläubigkeit«, insbesondere beim Korrelationskoeffizienten r, sei hier besonders gewarnt: Wir hatten ja definiert, dass r möglichst nahe bei 1 oder −1 liegen muss, falls gute Korrelation zwischen den x- und y-Werten vorliegt. Es gibt aber Fälle, da berechnen Sie beispielsweise r = 0,81 und könnten eine eher gute Korrelation vermuten. Welch falschen Schluss Sie da ziehen könnten, zeigt uns das Streudiagramm in Abbildung 7.11.

»Unangemessene« lineare Regression

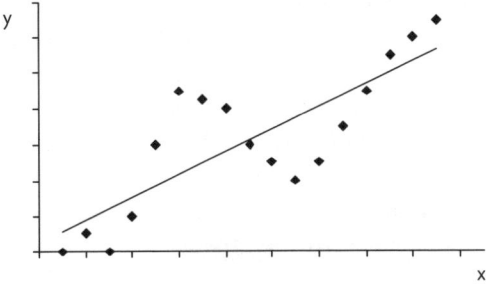

Abbildung 7.11: Für diese Wertepaare ist die lineare Regression ungeeignet

Der Verlauf der Werte rechtfertigt also nicht, den Zusammenhang zwischen x und y durch eine Gerade darzustellen – der Ansatz der linearen Regression versagt hier. Um den vorliegenden Kurvenverlauf zu beschreiben, müsste man versuchen, die Regressionsfunktion beispielsweise durch ein Polynom darzustellen. Dies werden wir in einem der nachfolgenden Abschnitte behandeln.

Vorsicht vor falschen Schlüssen!

Nicht immer sind die vermuteten Zusammenhänge zwischen x und y auch wirklich gegeben. Vor eventuell falschen Schlüssen sei ausdrücklich gewarnt! So wurde in der Presse berichtet, dass sich mit der abnehmenden Zahl von Störchen in Deutschland eine niedrigere Geburtenrate eingestellt habe. Die Aussage ist sicher richtig: Die Zahl der Störche hat im beobachteten Zeitraum abgenommen und gleichzeitig auch die Geburtenrate. Doch der scheinbare Zusammenhang ist nicht ursächlich, sondern damit zu erklären, dass beiden Erscheinungen eine verdeckte Größe zugrunde liegt: Steigender Wohlstand führt zu niedrigeren Geburtenraten und eventuell zur zunehmenden Industrialisierung. Letztere könnte die Ursache für den Rückgang von Storchenpopulationen sein.

Zum Begriff der »Scheinkorrelation«, wenn also der Einfluss weiterer Variablen (so genannter Hintergrundvariablen) offensichtlich ist, können Sie bei Krämer in *So lügt man mit Statistik* einige weitere interessante Überlegungen nachlesen. Denn nicht nur bei Störchen und Geburtenraten werden gewisse Hintergrundvariablen übersehen: Andere – schon klassische – Beispiele für einen falsch verstandenen Korrelationsbegriff sind die überraschende Übereinstimmung von der Zahl der unverheirateten Tanten eines Menschen und dem Kaliumgehalt seines Skeletts als negative Korrelation, und der Schuhgröße und der Lesbarkeit der Handschrift von Schulkindern als positive Korrelation. Krämer weist darauf hin, dass der springende Punkt in diesen Fällen das Alter der jeweiligen Person ist. Für viele kuriose Vermutungen bzw. den Missbrauch des Korrelationsbegriffs biete gerade diese Hintergrundvariable, so Krämer, genügend Stoff für die »tollsten Theorien«. Eines seiner angeführten Beispiele: »Ältere Männer haben weniger Haare, aber mehr Geld – (›sensationell!‹ wäre daher eine mögliche Schlagzeile in der Bild-Zeitung: ›Kahlköpfe verdienen mehr‹).«

Die einfache lineare Regression – Rechenschema und Beispiele

Der Begriff lineare Regression leitet sich vom Ansatz ab, den Zusammenhang zwischen den x- und den y-Werten durch eine lineare Funktion y = mx + b zu beschreiben, deren Graph eine Gerade, nämlich die Regressionsgerade ist.

Der Begriff einfache lineare Regression kommt daher, weil der Einfluss nur einer Größe x auf die Größe y untersucht wird. Im nächsten Kapitel werden auch Vorgänge untersucht, bei denen mehrere Größen x_i Auswirkung auf y haben. Dies geschieht im Rahmen der mehrfachen linearen Regression.

In Tabelle 7.6 sind die Formeln und Rechenschritte zusammengefasst, die für die einfache lineare Regression notwendig sind.

Es sei hier angemerkt, dass die dargestellte »klassische« Methode, über die Berechnung der Quadratsummen die Steigung der Regressionsgerade zu erhalten und diese zusammen mit den Mittelwerten der x- und der y-Werte in die Geradengleichung einzusetzen, um den Achsenabschnitt b zu berechnen, bei Verfügbarkeit eines PC mit Statistikprogramm oder Excel hinfällig werden kann. Anhand der Beispiele auf beiliegender CD-ROM

220

Von Stichproben-
werten zur
mathematischen
Formel –
Regressions-
rechnung

wird gezeigt, wie auf die genannten Zwischenschritte verzichtet werden kann – Excel beispielsweise zeichnet die Regressionsgerade automatisch in die Punktewolke ein und »spuckt« dazu auch noch die Geradengleichung aus.

Dennoch ist es in der Praxis oft unumgänglich, auch Zwischenwerte wie etwa Quadrate und deren Summen oder Abweichungsquadrate entsprechend den Tabellen 7.2 und 7.4 zu kennen.

Tabelle 7.6: Rechenschema zur einfachen linearen Regression

Rechenschema einfache lineare Regression

Formel	Erläuterungen
$Q_{xx} = \sum\limits_{i=1}^{n}(x_i - \bar{x})^2 = \sum\limits_{i=1}^{n}x_i^2 - \dfrac{1}{n}\left(\sum\limits_{i=1}^{n}x_i\right)^2$	x-Werte und deren Quadrate entsprechend Formel summieren
$Q_{xy} = \sum\limits_{i=1}^{n}(x_i - \bar{x})(y_i - \bar{y}) = \sum\limits_{i=1}^{n}x_i y_i - \dfrac{1}{n}\sum\limits_{i=1}^{n}x_i \sum\limits_{i=1}^{n}y_i$	x- und y-Werte multiplizieren bzw. summieren
$Q_{yy} = \sum\limits_{i=1}^{n}(y_i - \bar{y})^2 = \sum\limits_{i=1}^{n}y_i^2 - \dfrac{1}{n}\left(\sum\limits_{i=1}^{n}y_i\right)^2$	y-Werte und deren Quadrate entsprechend Formel summieren
$m = \dfrac{Q_{xy}}{Q_{xx}}$	Steigung der Regressionsgeraden (Regressionskoeffizient) m positiv: steigende Gerade m negativ: fallende Gerade
$b = \bar{y} - m\bar{x}$	y-Achsenabschnitt der Regressionsgeraden: im Graph direkt ablesbar, sofern Ursprung des Achsenkreuzes im Punkt (0/0) liegt
$y_{ber} = m \cdot x + b$	Gesuchte Gleichung der Regressionsgeraden
$r = \dfrac{Q_{xy}}{\sqrt{Q_{xx} \cdot Q_{yy}}}$	Korrelationskoeffizient; die Regressionsgerade gibt Zusammenhang zwischen x und y gut wieder, sofern r nahe −1 bzw. +1 liegt
$B = r^2$	Bestimmtheitsmaß: Maß für die Anteile der Varianz der berechneten Werte y_{ber} im Vergleich zur Varianz der Messwerte y

Beispiel 1: Widerstand eines Potentiometers

Als Wertepaare liegen Widerstandswerte (in % des maximalen Widerstandes) eines Potentiometers in Abhängigkeit vom Drehwinkel entsprechend Tabelle 7.7 vor.

Tabelle 7.7: Besteht ein linearer Zusammenhang zwischen dem Drehwinkel und dem elektrischen Widerstand?

Widerstand eines Potentiometers

i	Drehwinkel x_i [°]	Widerstand y_i [%]
1	90	18
2	135	46
3	180	60
4	200	88
5	250	98

Führen Sie eine lineare Regression durch und beurteilen Sie die Güte der Regression.

Welchen Widerstandswert berechnen Sie anhand der Regression für einen Drehwinkel von 150°?

Welchen Drehwinkel errechnen Sie für einen Widerstandswert von 50 %?

Beim Einzeichnen der x/y-Wertepaare in ein Streudiagramm können Sie sehen, dass ein linearer Zusammenhang augenscheinlich gegeben ist, und zwar vom Typ »steigend«.

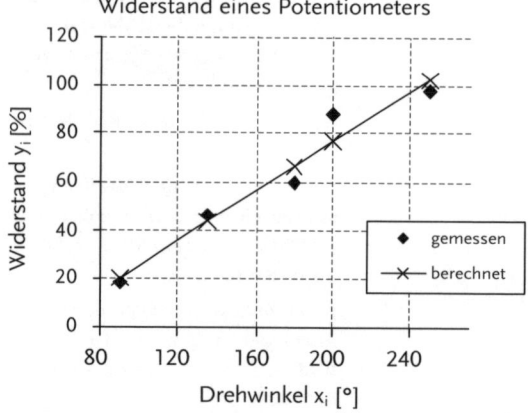

Abbildung 7.12 Streudiagramm und Regressionsgerade

Von Stichprobenwerten zur mathematischen Formel – Regressionsrechnung

Die Anwendung unseres Rechenschemas entsprechend Tabelle 7.8 ergibt folgende Werte (gerundet):

Tabelle 7.8: Einfache lineare Regression: Widerstand eines Potentiometers

$n = 5$

$$\sum_{i=1}^{n} x_i = 855$$

$$\sum_{i=1}^{n} x_i^2 = 161225$$

$$Q_{xx} = \sum_{i=1}^{n} (x_i - \bar{x})^2 = \sum_{i=1}^{n} x_i^2 - \frac{1}{n}\left(\sum_{i=1}^{n} x_i\right)^2 = 15020$$

$$\sum_{i=1}^{n} y_i = 310$$

$$\sum_{i=1}^{n} y_i^2 = 23388$$

$$\sum_{i=1}^{n} x_i y_i = 60730$$

$$Q_{xy} = \sum_{i=1}^{n} (x_i - \bar{x})(y_i - \bar{y}) = \sum_{i=1}^{n} x_i y_i - \frac{1}{n}\sum_{i=1}^{n} x_i \sum_{i=1}^{n} y_i = 7720$$

$$Q_{yy} = \sum_{i=1}^{n} (y_i - \bar{y})^2 = \sum_{i=1}^{n} y_i^2 - \frac{1}{n}\left(\sum_{i=1}^{n} y_i\right)^2 = 4168$$

$$m = \frac{Q_{xy}}{Q_{xx}} = 0,514$$

$$\bar{x} = 171$$

$$\bar{y} = 62$$

$$b = \bar{y} - m\bar{x} = 62 - 0,514 \cdot 171 = -25,891$$

Mit m und b ergibt sich für die Gleichung der Regressionsgeraden:

$$y_{ber} = m \cdot x + b = 0,514 \cdot x - 25,891$$

Für den Korrelationskoeffizienten r und das Bestimmheitsmaß B erhalten Sie dann:

Von Stichproben-
werten zur
mathematischen
Formel –
Regressions-
rechnung

$$r = \frac{Q_{xy}}{\sqrt{Q_{xx} \cdot Q_{yy}}} = \frac{7720}{\sqrt{15020 \cdot 4168}} = 0,9757$$

und

$$B = r^2 = 0,9757^2 = 0,952$$

Die Lösungen der Aufgaben lauten damit:

a) Der Faktor r = 0,9757 bestätigt gute Korrelation zwischen den x- und y-Werten

b) Widerstand bei Drehwinkel 150°:

$$y_{ber} = 0,514\,\%/° \cdot 150° - 25,891\,\% = 51,2\,\%$$

c) Drehwinkel bei Widerstand 50%:

$$x_{ber} = \frac{y-b}{m} = \frac{50\,\% - (-25,891\,\%)}{0,514\,\%/°} = 147,7°$$

Tabelle 7.9 zeigt nochmals alle Werte unserer Regression im Überblick.

Tabelle 7.9: Einfache lineare Regression (Rechenschema ohne Abstandsquadrate)

Widerstand eines Potentiometers

i	Drehwinkel x_i [°]	Widerstand y_i [%]	x_i^2	y_i^2	$x_i \cdot y_i$	y_{iber}
1	90	18	8100	324	1620	20,37
2	135	46	18225	2116	6210	43,50
3	180	60	32400	3600	10800	66,63
4	200	88	40000	7744	17600	76,91
5	250	98	62500	9604	24500	102,60
Summen	855	310	161225	23388	60730	310,00
Mittel	171	62				62

Q_{xx} =	15020
Q_{xy} =	7720
Q_{yy} =	4168
m =	0,514
b =	−25,891
B =	0,9520000
r =	0,9757049

Von Stichproben-
werten zur
mathematischen
Formel –
Regressions-
rechnung

In Tabelle 7.10 ist die alternative Vorgehensweise dargestellt. Diesmal wurde über die Abstandsquadrate gerechnet.

Tabelle 7.10: Einfache lineare Regression (Rechenschema mit Abstandsquadraten: Die Quadratsummen sind direkt ablesbar)

Widerstand eines Potentiometers

i	Drehwinkel x_i [°]	Widerstand y_i [%]	$x_i - \bar{x}$	$(x_i - \bar{x})^2$	$y_i - \bar{y}$	$(y_i - \bar{y})^2$	$(x_i - \bar{x})(y_i - \bar{y})$	y_{iber}
1	90	18	−81	6561	−44	1936	3564	20,37
2	135	46	−36	1296	−16	256	576	43,50
3	180	60	9	81	−2	4	−18	66,63
4	200	88	29	841	26	676	754	76,91
5	250	98	79	6241	36	1296	2844	102,60
Summen	855	310	0	15020	0	4168	7720	310,00
Mittel	171	62		$= Q_{xx}$		$= Q_{yy}$	$= Q_{xy}$	

Beispiel 2: Sauerstoffgehalt eines Sees

Für den Sauerstoffgehalt eines Baggersees wurden in Abhängigkeit von der Tiefe folgende Messwerte ermittelt:

Tabelle 7.11: Besteht ein linear fallender Zusammenhang zwischen x und y?

i	Tiefe x_i [m]	O_2-Gehalt y_i [mg/l]
1	15,0	6,5
2	20,0	5,6
3	30,0	5,4
4	40,0	4,6
5	50,0	4,6
6	60,0	1,4
7	70,0	0,1

a) Führen Sie eine lineare Regression durch und beurteilen Sie die Güte der Regression
b) Welchen Sauerstoffgehalt berechnen Sie anhand der Regression für die Tiefe 50 m?
c) In welcher Tiefe erwarten Sie einen Sauerstoffgehalt von 5 mg/l?

Von Stichproben-
werten zur
mathematischen
Formel –
Regressions-
rechnung

Beim Einzeichnen der x/y-Wertepaare in ein Streudiagramm sehen Sie, dass ein linearer Zusammenhang augenscheinlich gegeben ist, und zwar vom Typ »fallend«.

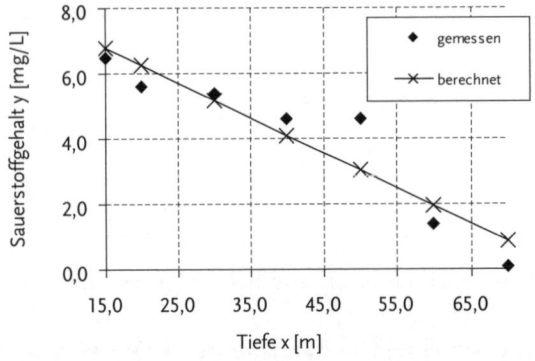

Abbildung 7.13: Streudiagramm und fallende Regressionsgerade

Von Stichproben-
werten zur
mathematischen
Formel –
Regressions-
rechnung

Die Anwendung des Rechenschemas ergibt Werte entsprechend Tabelle 7.12.

Tabelle 7.12: Quadrate und Summen zur Berechnung der Abstandsquadrate: Sauerstoffgehalt eines Sees

i	Tiefe x_i [m]	O_2-Gehalt y_i [mg/l]	x_i^2	y_i^2	$x_i \cdot y_i$	Y_{iber}
1	15,0	6,5	225	42,25	97,5	6,799
2	20,0	5,6	400	31,36	112,0	6,260
3	30,0	5,4	900	29,16	162,0	5,183
4	40,0	4,6	1600	21,16	184,0	4,106
5	50,0	4,6	2500	21,16	230,0	3,028
6	60,0	1,4	3600	1,96	84,0	1,951
7	70,0	0,1	4900	0,01	7,0	0,874
Summen	285,0	28,2	14125	147,06	876,5	28,200
Mittel	40,71	4,03				4,03

Aus den Summen von Tabelle 7.12 berechnen Sie

$$Q_{xx} = \sum_{i=1}^{n} x_i^2 - \frac{1}{n}\left(\sum_{i=1}^{n} x_i\right)^2 = 14125 - \frac{1}{7}285^2 \approx 2521,43$$

und

$$Q_{xy} = \sum_{i=1}^{n} x_i y_i - \frac{1}{n}\sum_{i=1}^{n} x_i \sum_{i=1}^{n} y_i = 876,5 - \frac{1}{7}285 \cdot 28,2 \approx -271,64$$

und damit die Steigung der Regressionsgeraden:

$$m = \frac{Q_{xy}}{Q_{xx}} = \frac{-271,64}{2521,43} \approx -0,1077$$

Durch Einsetzen der bekannten Werte in die folgende Gleichung erhalten Sie den y-Achsenabschnitt b der Regressionsgeraden:

$$b = \bar{y} - m\bar{x} = 4,03 - (-0,1077) \cdot 40,71 \approx 8,415$$

Mit m und b ergibt sich für die Gleichung der Regressionsgeraden:

$$y_{ber} = m \cdot x + b = -0,1077 \cdot x + 8,415$$

227

Von Stichproben-
werten zur
mathematischen
Formel –
Regressions-
rechnung

Zur Berechnung des Korrelationskoeffizienten r und des Bestimmheitsmaßes B benötigen Sie noch die Summe der Abstandsquadrate der y-Werte:

$$Q_{yy} = \sum_{i=1}^{n} y_i^2 - \frac{1}{n} \left(\sum_{i=1}^{n} y_i \right)^2 = 147,06 - \frac{1}{7}28,2^2 \approx 33,45$$

Als Korrelationskoeffizient ergibt sich

$$r = \frac{Q_{xy}}{\sqrt{Q_{xx} \cdot Q_{yy}}} = \frac{-271,64}{\sqrt{2521,43 \cdot 33,45}} \approx -0,9353$$

und

$$B = r^2 = 0,9353^2 \approx 0,875$$

Die Lösungen der Aufgaben lauten also:
a) Der Faktor r = 0,9353 bestätigt eine gute Korrelation zwischen den x- und y-Werten
b) Sauerstoffgehalt in 50 m Tiefe:

$$y_{ber} = -0,1077 \frac{mg/l}{m} \cdot 50\,m + 8,415\,mg/l \approx 3,03\,mg/l$$

c) Tiefe, in der Sauerstoffgehalt 5 mg/l erwartet wird:

$$x_{ber} = \frac{y-b}{m} = \frac{5\,mg/l - 8,415\,mg/l}{-0,1077 \frac{mg/l}{m}} \approx 31,7\,m$$

Die mehrfache lineare Regression – Rechenschema und Beispiele

Die bisher betrachteten Fälle der einfachen linearen Regression waren deshalb einfach – auch einfach zu verstehen –, weil nur eine unabhängige Größe x die abhängige Größe y bestimmt hat. Dies kann in vielen Fällen zutreffen. Oft sind es aber mehrere Größen x_i, die zusammenwirken.

Aufgabe und Ziel der Mehrfachregression

Das Zahlenmaterial für die bisherigen Regressionen mit einer Einflussgröße waren bivariate Stichproben, also Datenreihen, die aus Wertepaaren x und y bestanden. Bei der nun folgenden Mehrfachregression (auch als multiple Regression bezeichnet) haben wir es mit so genannten multivariaten Stichproben zu tun: zwei oder mehr x-Datenreihen und eine dazugehörige y-Datenreihe.

Beispiele für Mehrfachregressionen sind: Abhängigkeit

- der Geburtenrate in einem Land vom Wohlstandsfaktor und Bildungsniveau
- des Blutdrucks vom Alter und dem Zigarettenkonsum
- des Mietpreises von Alter, Größe und Lage einer Wohnung
- des Umsatzgrades eines Chemiereaktors von Last, Temperatur, Druck, Abgasrückführung und elektrischer Leitfähigkeit des Abwassers

Die Gleichung der Regressionsfunktion

Bei der einfachen linearen Regression wurde die Regressionsgerade wie folgt beschrieben:

$$y_{ber} = m \cdot x + b$$

m war hierbei das Maß für die Steigung der Regressionsgeraden und b definierte, um welchen Betrag die Gerade in y-Richtung verschoben ist. Für die Mehrfachregression – wieder den Fall der linearen Abhängigkeit zwischen den x-Werten und der y-Zielgröße vorausgesetzt – gilt dann folgende Gleichung:

$$y_{ber} = m_1 \cdot x_1 + m_2 \cdot x_2 + \dots + m_i \cdot x_i + b$$

Dabei sind m_1 bis m_i die Steigungen der unabhängigen Variablen x_1 bis x_i und b der y-Achsenabschnitt.

Die Herleitung der Bestimmung der Steigungen und des Achsenabschnittes über die Methode der kleinsten Quadrate ist für i = 2 abhängige Größen noch einigermaßen überschaubar, wird aber für mehr Einflussgrößen schnell »unübersichtlich«. Kurzum – in diesem Buch verzichten wir auf die Herleitung der Formeln und behandeln die Mehrfachregression anhand von Beispielen. Sämtliche Regressionsparameter wie Steigungen, Achsenabschnitt und Bestimmtheitsmaß können auch den Funktionen der Statistikpakete für PCs entlockt werden. Wie das mit Excel geht, finden Sie auf der beiliegenden CD-ROM beschrieben.

Beispiel 1: Umsatz eines Reaktors – lineare Regression mit zwei Einflussgrößen

Eine wichtige Kenngröße von Umsetzungsprozessen in Chemiereaktoren ist der so genannte Umsatzgrad. Er ist ein Maß dafür, welcher Anteil der eingesetzten Stoffe (Input) im Zielprodukt (Output) wieder zu finden ist.

Tabelle 7.13 enthält eine Messreihe von Umsatzgraden y in Abhängigkeit von Reaktortemperatur und -druck.

a) Stellen Sie die Zusammenhänge durch lineare Regression dar.
b) Beurteilen Sie die Güte der Regression.
c) Welchen Umsatzgrad berechnen Sie für $T = 227\,°C$ und $p = 3,8$ bar?

Tabelle 7.13: Ist der Umsatzgrad eines Reaktors von Temperatur und Druck linear abhängig?

	x_1	x_2	y
	Temperatur [°C]	Druck [bar]	Umsatzgrad [%]
1	225,0	3,60	95,3
2	225,0	3,50	95,2
3	225,0	3,50	95,4
4	224,0	3,55	95,1
5	225,0	3,40	94,9
6	224,5	3,70	95,4
7	223,0	3,60	94,7
8	226,0	3,65	95,5
9	224,0	3,50	95,0
10	223,0	3,70	95,1
11	225,0	3,65	95,3
12	223,5	3,65	95,3
13	223,0	3,65	95,1
14	224,0	3,65	95,2
15	223,0	3,70	94,8
16	223,0	3,65	94,7
17	222,0	3,70	94,5
18	222,0	3,40	94,3
19	223,0	3,30	94,1

Prüfen Sie zunächst qualitativ anhand von Streudiagrammen, ob die Annahme eines linearen Zusammenhangs zwischen der Temperatur und dem Umsatzgrad (Abbildung 7.14) und zwischen Druck und Umsatzgrad (Abbildung 7.15) realistisch erscheint.

Von Stichproben-
werten zur
mathematischen
Formel –
Regressions-
rechnung

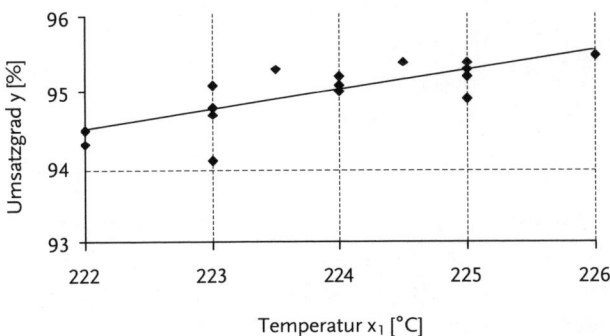

Korrelation zwischen Temperatur und Umsatz

Abbildung 7.14: Streudiagramm und Regressionsgerade zur Beurteilung der Korrelation zwischen x_1 und y

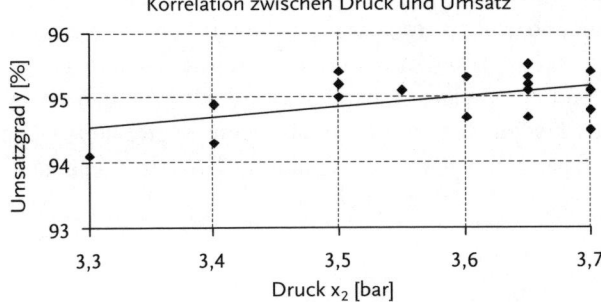

Korrelation zwischen Druck und Umsatz

Abbildung 7.15: Streudiagramm und Regressionsgerade zur Beurteilung der Korrelation zwischen x_2 und y

Die Streudiagramme (Abbildungen 7.14 und 7.15) lassen in den darge-stellten Messbereichen linearen Zusammenhang zwischen den beiden Ein-gangsgrößen und der Zielgröße erkennen. Als Regressionsgleichung setzen Sie nun an:

$$y_{ber} = m_1 \cdot x_1 + m_2 \cdot x_2 + b$$

Die Regression wurde mit MS Excel durchgeführt. Die Ergebnisse sind (gerundet) in Tabelle 7.14 zusammengefasst.

Von Stichproben-
werten zur
mathematischen
Formel –
Regressions-
rechnung

Tabelle 7.14: Ergebnisse der zweifachen linearen Regression

Steigung m_1	0,268	[%/°C]
Steigung m_2	1,672	[%/bar]
Achsenabschnitt b	29,044	[%]
Bestimmtheitsmaß B	0,83607	

Damit können Sie die Formel für den linearen Zusammenhang schreiben: $y_{ber} = 0,268 \cdot x_1 + 1,672 \cdot x_2 + 29,044$

Mit den Dimensionen der Messgrößen schreiben Sie als Lösung des Aufgabenteils a) die Regressionsgleichung:

$$y_{ber} = 0,268 \frac{\%}{°C} \cdot x_1 + 1,672 \frac{\%}{bar} \cdot x_2 + 29,044\,\%$$

Wie können Sie sich nun dieses Ergebnis anschaulich vorstellen? Wie die Abbildungen 7.14 und 7.15 zeigen, müsste man hierzu von zwei Regressionsgeraden ausgehen, die jeweils den linearen Zusammenhang zwischen einer Eingangsgröße und der Zielgröße darstellen. Sie können sich räumlich vorstellen, dass die beiden Regressionsgeraden eine Regressionsfläche (Regressionsebene) aufspannen, wie dies in Abbildung 7.16 dargestellt ist.

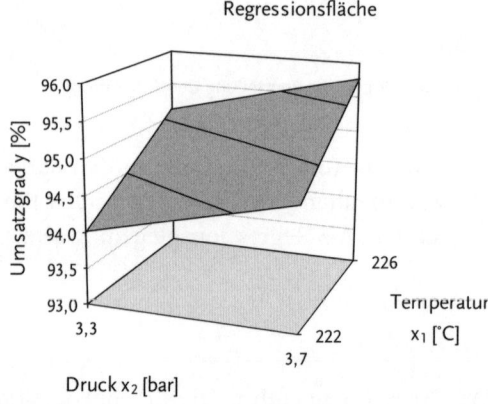

Abbildung 7.16: Umsatzgrad eines Chemiereaktors: Regressionsfläche bei der zweifachen linearen Regression

Von Stichproben-
werten zur
mathematischen
Formel –
Regressions-
rechnung

Im Aufgabenteil b) wurde die Beurteilung der Güte der Regression verlangt. Anhand der Zahlenwerte für das Bestimmtheitsmaß B und den Regressionskoeffizienten r kann man noch von guter Korrelation zwischen den beiden Eingangsgrößen und der Zielgröße ausgehen, da r nahe +1 liegt.

Zu beachten ist dabei, dass die genannten Größen ein Maß für die »Gesamtkorrelation« darstellen. Man könnte auch die Einzelkorrelationen zwischen jeder der drei Messgrößen durch partielle Korrelationsrechnung untersuchen.

In Tabelle 7.15 sind die berechnete Werte unserer Regression und die zugehörigen Residuen dargestellt.

Tabelle 7.15: Umsatzgrad eines Chemiereaktors: Berechnete Werte und deren Residuen

	x_1	x_2	y	Berechnete Werte	Residuen $y-y_{ber}$
	Temperatur [°C]	Druck [bar]	Umsatzgrad [%]	y_{ber}	
1	225,0	3,60	95,3	95,34	−0,04
2	225,0	3,50	95,2	95,17	0,03
3	225,0	3,50	95,4	95,17	0,23
4	224,0	3,55	95,1	94,98	0,12
5	225,0	3,40	94,9	95,00	−0,10
6	224,5	3,70	95,4	95,37	0,03
7	223,0	3,60	94,7	94,80	−0,10
8	226,0	3,65	95,5	95,69	−0,19
9	224,0	3,50	95,0	94,90	0,10
10	223,0	3,70	95,1	94,97	0,13
11	225,0	3,65	95,3	95,42	−0,12
12	223,5	3,65	95,3	95,02	0,28
13	223,0	3,65	95,1	94,88	0,22
14	224,0	3,65	95,2	95,15	0,05
15	223,0	3,70	94,8	94,97	−0,17
16	223,0	3,65	94,7	94,88	−0,18
17	222,0	3,70	94,5	94,70	−0,20
18	222,0	3,40	94,3	94,20	0,10
19	223,0	3,30	94,1	94,30	−0,20

Im Aufgabenteil c) soll der Umsatzgrad für das Wertepaar T = 227 °C und p = 3,8 bar berechnet werden. Dies tun Sie durch Einsetzen der Werte in die Regressionsgleichung und erhalten den gesuchten (theoretischen) Umsatzgrad:

$$y_{ber} = 0,268 \, \frac{\%}{°C} \cdot 227 \, °C + 1,672 \, \frac{\%}{bar} \cdot 3,8 \, bar + 29,044 \, \% \approx 96,2 \, \%$$

233

Von Stichprobenwerten zur mathematischen Formel – Regressionsrechnung

Beispiel 2: Verkaufte Menge Speiseeis – lineare Regression mit drei Einflussgrößen

Ein Eisverkäufer hat an sechs Tagen die verkaufte Menge an Eis aufgeschrieben. Dazu hat er sich notiert, wie viele Sonnenstunden jeder Tag hatte, welche Mittagstemperatur gemessen wurde und wie viele Busse an seinem Eisstand Halt machten. Tabelle 7.16 zeigt die Aufzeichnungen des Eisverkäufers.

a) Wie lautet die Regressionsgleichung, wenn linearer Zusammenhang der Einflussgrößen auf die Zielgröße angenommen wird?

b) Welche Menge an verkauftem Eis wird für einen verregneten Tag (0 Sonnenstunden), für den eine Mittagstemperatur von 10 °C und die Ankunft eines Busses erwartet wird, prognostiziert?

Tabelle 7.16: Ist die verkaufte Eismenge linear abhängig von Sonnenstunden, Mittagstemperaturen und Anzahl Bussen?

	x_1	x_2	x_3	y
Tag	Anzahl Sonnenstunden	Mittagstemperatur [°C]	Anzahl Busse	Verkaufte Eismenge [l]
1	3,2	12,7	4	250
2	5,0	16,6	7	545
3	4,5	19,2	8	550
4	6,0	15,3	6	450
5	5,8	21,1	11	605
6	7,1	17,3	11	625

Über die Tabellenkalkulation Excel wurden die Regressionsergebnisse entsprechend Tabelle 7.17 berechnet.

Tabelle 7.17: Verkaufte Eismenge: Berechnete Regressionsparameter

Steigung m_1	43,618	[1/°C]
Steigung m_2	25,829	[1/°C]
Steigung m_3	6,362	[1/°C]
Achsenabschnitt b	−215,335	[l]
Bestimmtheitsmaß B	0,90257	

Das Bestimmtheitsmaß B liegt nahe genug bei +1, d.h., der angenommene lineare Zusammenhang ist durch die zu erstellende Regressionsgleichung hinreichend gut repräsentiert. Diese heißt:

$$y_{ber} = m_1 \cdot x_1 + m_2 \cdot x_2 + m_3 \cdot x_3 + b$$

Nach Einsetzen der Werte aus Tabelle 7.17 erhalten Sie als Lösung von Aufgabenteil a):

$$y_{ber} = 43,6 \cdot x_1 + 25,8 \cdot x_2 + 6,4 \cdot x_3 - 215,3$$

Tabelle 7.18 zeigt das Ergebnis dieser Regression im Überblick.

Tabelle 7.18: Verkaufte Eismenge: Berechnete Werte und deren Residuen

	x_1	x_2	x_3	y	y_{ber}	y-y_{ber}
Tag	Anzahl Sonnen-stunden	Mittags-temperatur [°C]	Anzahl Busse	Verkaufte Eismenge [l]	Berechnete Eismenge [l]	Abweichung [%]
1	3,2	12,7	4	250	277,7	−11,1
2	5,0	16,6	7	545	476,0	12,7
3	4,5	19,2	8	550	527,7	4,0
4	6,0	15,3	6	450	479,7	−6,6
5	5,8	21,1	11	605	652,6	−7,9
6	7,1	17,3	11	625	611,2	2,2

Welche Menge an verkauftem Eis wird nun entsprechend Aufgabenteil b) erwartet für 0 Sonnenstunden, Mittagstemperatur 10 °C, wenn nur ein Bus den Eisstand anfährt?

Durch Einsetzen in die Regressionsgleichung erhalten Sie (gerundet):

$$y_{ber} = 43,6\,l \cdot 0 + 25,8\,\frac{l}{°C} \cdot 10\,°C + 6,4\,l \cdot 1 - 215,3\,l \approx 49\,l$$

Von Stichproben-
werten zur
mathematischen
Formel –
Regressions-
rechnung

Beispiel 3: Umsatzgrad eines Reaktors – lineare Regression mit fünf Einflussgrößen

In Beispiel 1 wurde angenommen, dass der Umsatzgrad (das Verhältnis der eingesetzten Stoffmenge zur Stoffmenge eines Zielproduktes) von zwei Größen linear abhängig sei. Nehmen Sie nun an, dass insgesamt fünf Größen (in einem bestimmten Bereich) den Umsatzgrad linear beeinflussen. Diese Größen sind in Tabelle 7.19 erklärt.

Tabelle 7.19:   Eingangsgrößen, die sich auf den Umsatzgrad (linear) auswirken sollen

Größe x_i	Bemerkung	Maßeinheit
Last	Auslastung des Reaktors, bezogen auf einen ursprünglichen maximalen Auslastungsgrad der Anlage	%
Temperatur		°C
Druck		bar
AGR	Kennzahl für den Grad der Rückführung des Abgases in den Prozess	dimensionslos
Leitwert	Kennzahl für die elektrische Leitfähigkeit des Abwassers	dimensionslos

a) Für die in Tabelle 7.18 angegebenen Messwerte soll eine multiple (fünffache) lineare Regression durchgeführt werden.

Tabelle 7.20:   Ist der Umsatzgrad in einem Chemiereaktor von 5 Einflussgrößen linear abhängig?

	x_1	x_2	x_3	x_4	x_5	y
i	Last [%]	Temperatur [°C]	Druck [bar]	AGR	Leitwert	Umsatz gemessen [%]
1	103	225,0	3,55	1	1,12	95,0
2	103	225,0	3,50	0	1,05	95,2
3	103	225,0	3,50	0	1,20	95,4
4	103	224,0	3,55	1	1,20	95,1
5	105	225,0	3,55	1	0,98	94,9
6	105	224,5	3,52	0	1,22	95,4
7	105	225,0	3,60	0	0,75	94,7
8	103	226,0	3,65	0	1,10	95,5
9	110	226,0	3,70	0	1,10	95,0
10	105	223,0	3,70	0	1,10	95,1

Von Stichproben-
werten zur
mathematischen
Formel –
Regressions-
rechnung

Tabelle 7.20: Fortsetzung

i	x_1 Last [%]	x_2 Temperatur [°C]	x_3 Druck [bar]	x_4 AGR	x_5 Leitwert	y Umsatz gemessen [%]
11	105	223,0	3,65	0	1,02	95,3
12	105	223,5	3,65	0	0,90	95,3
13	105	223,0	3,65	0	1,00	95,1
14	105	222,5	3,65	0	1,05	95,2
15	105	223,0	3,70	1	1,00	94,8
16	105	224,0	3,70	1	1,05	94,7
17	105	223,0	3,70	2	1,23	94,5
18	105	224,0	3,70	1	1,10	94,3
19	70	223,0	3,10	0	0,56	94,1

b) Welcher Umsatzgrad berechnet sich für die Eingangsgrößen in Tabelle 7.21?

Tabelle 7.21: Gegebene Eingangsgrößen. Gesucht: Umsatzgrad aus der Regressionsgleichung

Größe x_i	Wert	Maßeinheit
Last	100	%
Temperatur	220	°C
Druck	3,5	bar
AGR	1	dimensionslos
Leitwert	1	dimensionslos

Über die Tabellenkalkulation Excel wurden die Regressionsergebnisse entsprechend Tabelle 7.22 berechnet.

Tabelle 7.22: Umsatzgrad in einem Chemiereaktor: Berechnete Regressionsparameter (gerundet)

Steigung m_1	0,032	[%]
Steigung m_2	−0,025	[%/°C]
Steigung m_3	−1,174	[%/bar]
Steigung m_4	−0,410	[%]
Steigung m_5	1,143	[%]
Achsenabschnitt b	100,54	[%]
Bestimmtheitsmaß B	0,749445	

237

Von Stichproben-
werten zur
mathematischen
Formel –
Regressions-
rechnung

Das Bestimmtheitsmaß B liegt etwas weit vom Idealwert 1 entfernt, d. h., der angenommene lineare Zusammenhang ist im Schnitt nicht für alle fünf Eingangsgrößen ideal. Sie können auch anhand der Vorzeichen der Steigungen sehen, dass die erste und die fünfte Größe positive Steigung hat, während der Rest der Größen negative Steigungen ausweist. Das sollte Sie aber nicht daran hindern, die Regressionsgleichung aufzustellen:

$$y_{ber} = m_1 \cdot x_1 + m_2 \cdot x_2 + m_3 \cdot x_3 + m_4 \cdot x_4 + m_5 \cdot x_5 + b$$

Nach Einsetzen der Werte aus Tabelle 7.22 erhalten Sie als Lösung von Aufgabenteil a):

$$y_{ber} = 0,032 \cdot x_1 - 0,025 \cdot x_2 - 1,174 \cdot x_3 - 0,410 \cdot x_4 + 1,143 \cdot x_5 + 100,54$$

Tabelle 7.23 zeigt das Ergebnis unserer Regression im Überblick.

Tabelle 7.23: Umsatzgrad eines Chemiereaktors: Berechnete Werte und deren Residuen

	x_1	x_2	x_3	x_4	x_5	y	y_{ber}	$y-y_{ber}$
i	Last [%]	Temperatur [°C]	Druck [bar]	AGR	Leitwert	Umsatz gemessen [%]	Umsatz berechnet [%]	Abweichung [%]
1	103	225,0	3,55	1	1,12	95,0	94,87	13,1
2	103	225,0	3,50	0	1,05	95,2	95,26	−5,7
3	103	225,0	3,50	0	1,20	95,4	95,43	−2,9
4	103	224,0	3,55	1	1,20	95,1	94,99	11,5
5	105	225,0	3,55	1	0,98	94,9	94,77	12,8
6	105	224,5	3,52	0	1,22	95,4	95,50	−10,4
7	105	225,0	3,60	0	0,75	94,7	94,86	−16,1
8	103	226,0	3,65	0	1,10	95,5	95,11	38,7
9	110	226,0	3,70	0	1,10	95,0	95,28	−27,7
10	105	223,0	3,70	0	1,10	95,1	95,19	−9,3
11	105	223,0	3,65	0	1,02	95,3	95,16	13,9
12	105	223,5	3,65	0	0,90	95,3	95,01	28,9
13	105	223,0	3,65	0	1,00	95,1	95,14	−3,8
14	105	222,5	3,65	0	1,05	95,2	95,21	−0,7
15	105	223,0	3,70	1	1,00	94,8	94,67	13,1
16	105	224,0	3,70	1	1,05	94,7	94,70	−0,1
17	105	223,0	3,70	2	1,23	94,5	94,52	−2,2
18	105	224,0	3,70	1	1,10	94,3	94,76	−45,8
19	70	223,0	3,10	0	0,56	94,1	94,17	−7,1

Von Stichprobenwerten zur mathematischen Formel – Regressionsrechnung

Im Aufgabenteil b) wird gefragt, welcher Umsatzgrad für die Werte entsprechend Tabelle 7.21 zu erwarten ist.

Durch Einsetzen in die Regressionsgleichung erhalten wir (Maßeinheiten sind der Übersicht halber weggelassen):

$$y_{ber} = 0,032 \cdot 100 - 0,025 \cdot 220 - 1,174 \cdot 3,5 - 0,410 \cdot 1 + 1,143 \cdot 1 + 100,54 \approx 94,8$$

Zu erwarten wäre ein Umsatzgrad von 94,8 %.

Die polynomiale Regression

Bisher wurden im Rahmen der Regressionsrechnung die Fälle behandelt, bei denen ein linearer Zusammenhang zwischen einer oder mehreren Einflussgrößen und einer Zielgröße y vorlag. In der Praxis besteht aber in vielen Fällen kein linearer Zusammenhang zwischen x und y. Sie können dann nicht mit Regressionsgeraden und linearen Funktionen arbeiten, denn die Graphen unserer Regressionsfunktionen müssen mehr oder weniger gekrümmte Kurven darstellen.

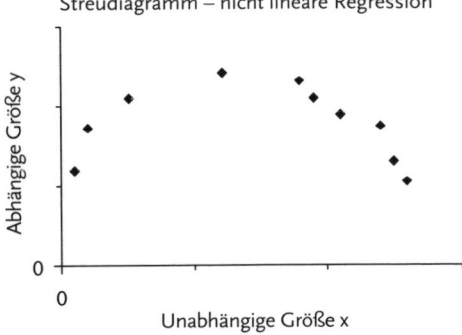

Abbildung 7.17: Streudiagramm mit parabolischem Verlauf der Werte

Anwendungsfälle in der Praxis

Beispielsweise beim Einsatz von Pflanzenschutzmitteln oder Medikamenten gibt es oft den Effekt, dass sowohl eine zu geringe als auch eine zu

239

Von Stichprobenwerten zur mathematischen Formel – Regressionsrechnung

hohe Dosierung »schlechte« Ergebnisse bewirkt. Das Optimum liegt wie in Abbildung 7.17 dargestellt oft »in der Mitte«.

Ebenso gibt es Fälle, in denen kleine und große x große y bewirken, während »mittlere« x ein Minimum für y bedeuten. Beispiel dafür ist die Sterblichkeitsrate von neugeborenen Säugetieren in Abhängigkeit von der Körperlänge: Sowohl sehr kleine als auch sehr große Säuglinge haben höhere Sterblichkeiten als mittelgroße.

In diesem Kapitel behandeln wir nun diese nicht linearen Fälle der Regression mit Hilfe eines so genannten Polynoms. Wir reden von der polynomialen Regression

Statt der bekannten linearen Funktion

$$y_{ber} = m_1 \cdot x_1 + m_2 \cdot x_2 + ... + m_i \cdot x_i + b$$

wird eine ganze rationale Funktion (ein Polynom n-ten Grades) der Form

$$y_{ber} = a_n \cdot x^n + a_{n-1} \cdot x^{n-1} + ... + a_2 \cdot x^2 + a_1 \cdot x + a_0$$

angesetzt, wobei x entsprechend dem Grad der Funktion beispielsweise im Quadrat, hoch drei usw. vorkommt. Die Koeffizienten des Polynoms lassen sich mit a_0, a_1 bis a_n bezeichnen. Der Grad der Funktion richtet sich nach der höchsten Potenz, in der x vorkommt, und wird mit n bezeichnet.

Die Koeffizienten der Regressionsgleichung werden auch hier nach der Methode der kleinsten Quadrate berechnet – wir schenken uns die mathematische Herleitung dafür und verlassen uns auf die Algorithmen, die beispielsweise in Programmen zur Tabellenkalkulation enthalten sind. Und es geht noch einen Schritt weiter: im Folgenden wird die polynomiale Regression auf die aus dem vorigen Abschnitt bekannte mehrfache lineare Regression zurückgeführt.

Wie das geht, wird am besten anhand eines einfachen Beispiels erklärt:

Beispiel 1: Ernteertrag in Abhängigkeit von der Einsatzmenge eines Düngemittels – polynomiale Regression 2. Grades

Beim Einsatz von Düngemitteln wurde beobachtet, dass sowohl zu geringe Dosierung als auch Überdüngung zu unbefriedigenden Ernteerträgen führen. Das Optimum der Erträge lag bei Einsatz einer mittleren Dosierung des Düngers entsprechend Abbildung 7.18. Tabelle 7.24 enthält eine fiktive Messreihe, die die Ernteerträge pro Flächeneinheit in Abhängigkeit

Von Stichproben-
werten zur
mathematischen
Formel –
Regressions-
rechnung

von der eingesetzten Düngermenge darstellt. Auf Maßeinheiten wird in diesem Beispiel im Interesse der Übersichtlichkeit verzichtet.

a) Aufgabe ist, den Zusammenhang zwischen Düngereinsatz und Ernteertrag durch ein Polynom 2. Grades darzustellen.

b) Welchen Ernteertrag berechnen Sie für einen Düngereinsatz der Menge 15?

Tabelle 7.24: Ernteertrag auf einer Fläche in Abhängigkeit von der Einsatzmenge eines bestimmten Düngemittels

i	x Menge an Dünger	y Ertrag
1	1	24,0
2	3	34,5
3	5	42,0
4	12	48,5
5	18	46,5
6	19	42,0
7	21	38,0
8	24	35,0
9	25	26,0
10	26	21,0

Polynomiale Regression 2. Grades

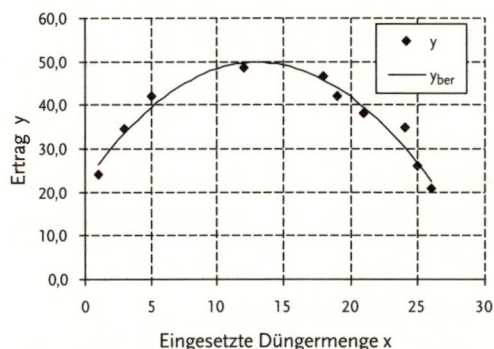

Abbildung 7.18: Streudiagramm und Regressionspolynom für den Ernteertrag

Von Stichproben-
werten zur
mathematischen
Formel –
Regressions-
rechnung

Wegen der parabolischen Form des Streudiagramms entscheiden Sie sich dafür, die Regression mit einem Polynom 2. Ordnung (quadratisches Polynom, Parabelgleichung) zu versuchen. Wir schreiben als Regressionspolynom:

$$y_{ber} = a_2 \cdot x^2 + a_1 \cdot x + a_0$$

Das Ziel ist ja, das Regressionspolynom auf eine lineare Regression zurückzuführen. Erster Schritt hierzu ist folgende Substitution (beachten Sie bitte die Schreibweise mit Großbuchstaben). Schreiben Sie also:

$Y_{ber} = y_{ber}$,
$X_2 = x^2$,
$X_1 = x$, setzen Sie diese Werte in das Polynom ein und erhalten:

$$Y_{ber} = a_2 \cdot X_2 + a_1 \cdot X_1 + a_0$$

Anhand dieses linearen Zusammenhangs führen Sie nun eine zweifache lineare Regression durch, d. h., Sie stellen den Einfluss der Größen X_1 und X_2 auf die Größe Y_{ber} dar. Praktisch bedeutet dies, dass Sie zunächst die Größe $X_2 = x^2$ erzeugen müssen. Dazu quadrieren Sie einfach die x-Werte und speichern diese Quadrate in einer separaten Spalte. Die anschließend von MS Excel durchgeführte Regression von x und x^2 auf y liefert dann die Koeffizienten a_0, a_1 und a_2 sowie das Bestimmtheitsmaß B (und als Wurzel daraus den Korrelationskoeffizienten r).

Tabelle 7.25: Koeffizienten des Regressionspolynoms 2. Grades (Ernteertrag)

Koeffizient a_2	−0,162
Koeffizient a_1	4,219
Koeffizient a_0	22,263
Bestimmtheitsmaß B	0,94292

Mit den Koeffizienten der Tabelle 7.25 erhalten Sie das gesuchte quadratische Regressionspolynom (Aufgabenteil a)) und den Graphen dazu entsprechend Abbildung 7.18:

$$y_{ber} = -0,162 \cdot x^2 + 4,219 \cdot x + 22,263$$

Tabelle 7.26 und Abbildung 7.18 zeigen die Ergebnisse der polynomialen Regression im Überblick.

Von Stichproben-
werten zur
mathematischen
Formel –
Regressions-
rechnung

Tabelle 7.26: Ergebnisse der Regression 2. Grades (Ernteertrag in Abhängigkeit vom Einsatz an Düngemittel)

i	x Menge an Dünger	x^2	y Ertrag	y_{ber} Berechneter Ertrag	$y - y_{ber}$ Abweichung
1	1	1	24,0	26,32	−2,32
2	3	9	34,5	33,46	1,04
3	5	25	42,0	39,31	2,69
4	12	144	48,5	49,59	−1,09
5	18	324	46,5	45,78	0,72
6	19	361	42,0	44,01	−2,01
7	21	441	38,0	39,51	−1,51
8	24	576	35,0	30,32	4,68
9	25	625	26,0	26,61	−0,61
10	26	676	21,0	22,58	−1,58

Mit diesem Regressionspolynom können Sie nun beliebige Zwischenwerte und Trends berechnen, wie etwa den in Aufgabenteil b) gefragten Ernteertrag bei einer Düngermengen von 15 Einheiten. Diesen Wert setzen Sie in das Regressionspolynom ein und erhalten:

$$y_{ber} = -0,162 \cdot 15^2 + 4,219 \cdot 15 + 22,263 \approx 49,1$$

Der erwartete Ernteertrag beträgt 49,1 Einheiten.

Beispiel 2: Spezifische Wärmekapazität von Ethen in Abhängigkeit von der Temperatur – polynomiale Regression 3. Grades

Die spezifische Wärmekapazität c_p von Ethen hängt von der Temperatur ab. Tabelle 7.27 zeigt die Messdaten einer Versuchreihe.

a) Erstellen Sie eine passende Regressionsgleichung
b) Welche spezifische Wärmekapazität berechnen Sie für die Temperatur 700 K?

Tabelle 7.27: Spezifische Wärmekapazität von Ethen in Abhängigkeit von der Temperatur

i	x	y
	T [K]	c_p [kJ/(kg K)]
1	−150	1,185
2	−100	1,254
3	−50	1,319
4	0	1,461
5	25	1,553
6	100	1,830
7	200	2,177
8	300	2,479
9	400	2,738
10	600	3,157
11	800	3,475
12	1000	3,722
13	1200	3,910

Die Darstellung der Werte im Streudiagramm und eine mögliche (gesuchte) Regressionsparabel zeigt Abbildung 7.19. Anhand der ersten Wertepaare ist zu vermuten, dass die Regressionsparabel einen Wendepunkt haben muss. Versuchen Sie es also mit einem Polynom 3. Ordnung (kubische Parabel) und schreiben Sie:

$$y_{ber} = a_3 \cdot x^3 + a_2 \cdot x^2 + a_1 \cdot x + a_0$$

Versuchen Sie wieder, das Regressionspolynom auf eine lineare Regression zurückzuführen. Folgende Substitution ist dazu notwendig:

$Y_{ber} = y_{ber},$
$X_3 = x^3,$
$X_2 = x^2,$
$X_1 = x$

Durch Einsetzen dieser Werte in das Polynom erhalten Sie:

$$Y_{ber} = a_3 \cdot X_3 + a_2 \cdot X_2 + a_1 \cdot X_1 + a_0$$

Von Stichproben-
werten zur
mathematischen
Formel –
Regressions-
rechnung

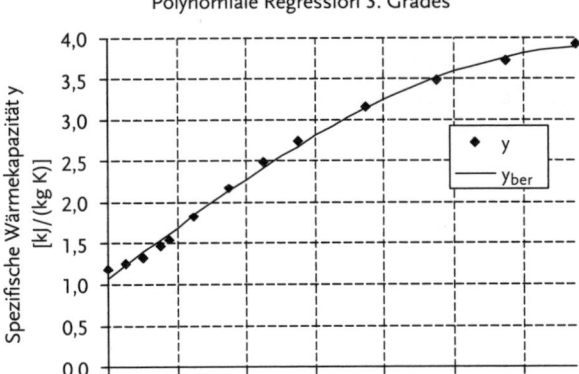

Polynomiale Regression 3. Grades

Abbildung 7.19: Streudiagramm und Regressionspolynom für die spezifische Wärmekapazität von Ethen

Damit führen Sie nun eine dreifache lineare Regression durch, d. h., Sie stellen den Einfluss der Größen X_1, X_2 und X_3 auf die Größe Y_{ber} dar. Sie erzeugen als Erstes in der Wertetabelle (Tabelle 7.29) die Spalten x^2 und x^3. Dann führen Sie die dreifache lineare Regression von x, x^2 und x^3 auf y durch und erhalten die Koeffizienten a_0, a_1, a_2 und a_3 sowie das Bestimmtheitsmaß B entsprechend Tabelle 7.28. Die Maßeinheiten lassen Sie bei den folgenden Ausführungen einfach wieder weg, damit die Sache etwas übersichtlicher zu schreiben ist.

Tabelle 7.28: Koeffizienten des Regressionspolynoms 3. Grades (c_p von Ethen)

Koeffizient a_3	−4,44446E-10	[kJ/(kg K^4)]
Koeffizient a_2	−4,09177E-07	[kJ/(kg K^3)]
Koeffizient a_1	0,00307	[kJ/(kg K^2)]
Koeffizient a_0	1,54516	[kJ/(kg K)]
Bestimmtheitsmaß B	0,99638	

Mit den Koeffizienten der Tabelle 7.28 erhalten Sie das gesuchte Regressionspolynom 3. Ordnung (Aufgabenteil a)) und den Graphen dazu entsprechend Abbildung 7.19:

$$y_{ber} = -4,44446 \cdot 10^{-10} \cdot x^3 - 4,09177 \cdot 10^{-7} \cdot x^2 + 0,00307 \cdot x + 1,54516$$

245

Von Stichprobenwerten zur mathematischen Formel – Regressionsrechnung

Tabelle 7.29 zeigt die Ergebnisse der polynomialen Regression im Überblick.

Tabelle 7.29: Ergebnisse der Regression 3. Grades (spezifische Wärmekapazität von Ethen in Abhängigkeit von der Temperatur)

	x	x^2	x^3	y	y_{ber}	$y-y_{ber}$
i	T [K]			c_p [kJ/(kg K)]	c_p berechnet [kJ/(kg K)]	Abweichung
1	−150	22500	−3,375E+06	1,185	1,076	0,109
2	−100	10000	−1,000E+06	1,254	1,234	0,020
3	−50	2500	−1,250E+05	1,319	1,390	−0,071
4	0	0	0,000E+00	1,461	1,545	−0,084
5	25	625	1,563E+04	1,553	1,622	−0,069
6	100	10000	1,000E+06	1,830	1,848	−0,018
7	200	40000	8,000E+06	2,177	2,140	0,037
8	300	90000	2,700E+07	2,479	2,419	0,060
9	400	160000	6,400E+07	2,738	2,681	0,057
10	600	360000	2,160E+08	3,157	3,146	0,011
11	800	640000	5,120E+08	3,475	3,515	−0,040
12	1000	1000000	1,000E+09	3,722	3,766	−0,044
13	1200	1440000	1,728E+09	3,910	3,877	0,033

Im Aufgabenteil b) wird gefragt, welche spezifische Wärmekapazität für die Temperatur 700 K berechnet wird. Diesen Wert setzen Sie in unser Regressionspolynom ein und erhalten (gerundet):

$$y_{ber} = -4,44446 \cdot 10^{-10} \cdot 700^3 - 4,09177 \cdot 10^{-7} \cdot 700^2 + 0,00307 \cdot 700 + 1,54516 \approx 3,34$$

Die erwartete spezifische Wärmekapazität beträgt $3,34 \frac{kJ}{kg \cdot K}$.

Beispiel 3: Die Wahl des ›richtigen‹ Polynoms

Mit diesem Beispiel soll gezeigt werden, dass es nicht ganz einfach ist, auf Anhieb das richtige Polynom zu finden, d. h. die optimale Ordnung des Regressionspolynoms festzulegen.

Die Messwertpaare in Tabelle 7.30 sind Phantasiedaten, für die eine polynomiale Regression 3. Ordnung versucht werden soll.

246

Von Stichprobenwerten zur mathematischen Formel – Regressionsrechnung

Tabelle 7.30: Wertepaare, für die eine
polynomiale Regression durchgeführt werden soll

i	x	y
1	0,1	2,8
2	0,2	4,0
3	0,3	4,4
4	0,4	3,8
5	0,5	2,8
6	0,6	2,3
7	0,7	1,6
8	0,8	1,0
9	0,9	0,6
10	1,0	0,4
11	1,1	0,2
12	1,2	0,1

Wie im vorigen Beispiel setzen Sie als Regressionsfunktion

$$y_{ber} = a_3 \cdot x^3 + a_2 \cdot x^2 + a_1 \cdot x + a_0$$

an und erhalten aus der Tabellenkalkulation die Koeffizienten entsprechend Tabelle 7.31.

Tabelle 7.31: Koeffizienten des Regressionspolynoms 3. Grades

Koeffizient a_3	16,23931624
Koeffizient a_2	−32,97036297
Koeffizient a_1	14,84127
Koeffizient a_0	1,97879
Bestimmtheitsmaß B	0,966607

Mit den Koeffizienten der Tabelle 7.31 erhalten Sie das gesuchte Regressionspolynom 3. Ordnung und den Graphen dazu entsprechend Abbildung 7.20:

$$y_{ber} = 16,24 \cdot x^3 - 32,97 \cdot x^2 + 14,84 \cdot x + 1,98$$

Warum sollten Sie mit diesem Regressionsergebnis unzufrieden sein – das berechnete Bestimmtheitsmaß B = 0,967 in Tabelle 7.31 deutet doch auf eine »passable« Korrelation zwischen den x- und y-Werten hin? Sie können

Von Stichproben-
werten zur
mathematischen
Formel –
Regressions-
rechnung

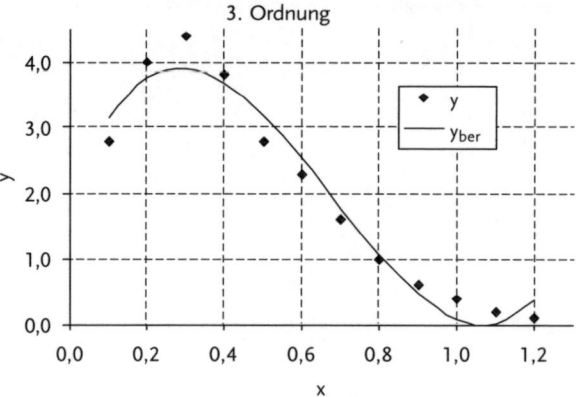

Unbefriedigende polynomiale Regression 3. Ordnung

Abbildung 7.20: Streudiagramm mit unbefriedigendem Regressionspolynom

aber deshalb nicht zufrieden sein, weil zum einem im Bereich x = 0,1 bis 0,5 die Messpunkte offensichtlich schlecht repräsentiert werden. Ebenso im Bereich oberhalb von 1: Hier verläuft die Regressionskurve sogar ansteigend, obwohl die Messdaten eher den Anschein einer abklingenden Funktion zeigen.

Versuchen Sie nun, eine Verbesserung zu erreichen, indem Sie den Grad des Polynoms auf 5 erhöhen. Die Tabellenkalkulation liefert die Koeffizienten des Regressionspolynoms

$$y_{ber} = a_5 \cdot x^5 + a_4 \cdot x^4 + a_3 \cdot x^3 + a_2 \cdot x^2 + a_1 \cdot x + a_0$$

entsprechend Tabelle 7.32.

Tabelle 7.32: Koeffizienten des Regressionspolynoms 5. Grades

Koeffizient a_5	24,0385
Koeffizient a_4	−106,7162
Koeffizient a_3	182,9910
Koeffizient a_2	−145,0692
Koeffizient a_1	45,6485
Koeffizient a_0	−0,5136
Bestimmtheitsmaß B	0,99673

248

Von Stichproben-
werten zur
mathematischen
Formel –
Regressions-
rechnung

In der grafischen Darstellung in Abbildung 7.21 sehen Sie, dass das Polynom 5. Grades die Messpunkte augenscheinlich viel besser repräsentiert als das 3. Grades in Abbildung 7.20. Außerdem bestätigt das Bestimmtheitsmaß B = 0,997 sehr gute Korrelation zwischen x und y.

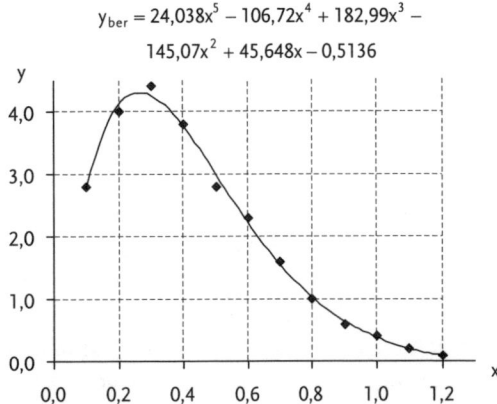

$$y_{ber} = 24,038x^5 - 106,72x^4 + 182,99x^3 - 145,07x^2 + 45,648x - 0,5136$$

Abbildung 7.21: Streudiagramm und Regressionspolynom: gute Korrelation zwischen x und y

Anhand dieses Beispiels erkennen Sie, wie wichtig die Wahl des »richtigen« Funktionstyps bzw. der Ordnung der Funktion ist, um gute Ergebnisse der Regression zu erhalten. Auf die Thematik der Auswahl des Funktionstyps wird im Folgenden weiter eingegangen.

Die Auswahl des optimalen Funktionstyps für die Regression – Rektifikation

Im letzen Beispiel des vorigen Abschnitts haben Sie gesehen, dass die Auswahl des richtigen Grades des Regressionspolynoms sehr wichtig für ein befriedigendes Ergebnis der Regression ist.

In der Praxis werden Sie aber oft vor dem Problem stehen, dass die Streudiagramme weder linearen noch polynomischen Verlauf haben.

Die Aufgabe ist nun, für die verschiedensten Formen von Kurvenverläufen der Messwerte geeignete funktionale Abhängigkeiten zu finden und die Regression durchzuführen.

Die Aufgabe zerfällt in zwei Teile: Zunächst wählen Sie die Formel, deren Graph den Daten des Streudiagramms ähnlich sieht. Wird die Auswahl der

Funktion nicht durch irgendwelche theoretischen Überlegungen bestimmt, so suchen Sie die funktionale Abhängigkeit gewöhnlich unter den möglichst einfachen Funktionen, indem Sie deren Graphen mit der »Form« der Messwerte im Streudiagramm vergleichen. In Mathematikbüchern gibt es hierzu hilfreiche Darstellungen der elementaren Funktionen (beispielsweise Bronstein, *Taschenbuch der Mathematik*).

Es kann durchaus vorkommen, dass sich die vermutete Ähnlichkeit des Streudiagramms mit der ausgewählten Funktion als unzureichend erweist. Sie müssen dann weitere Funktionen und Varianten oder gar Kombinationen von Funktionen ausprobieren – es gibt keine feste Regel, die Methode heißt »Trial and Error«!

Zweiter Schritt ist dann, die ausgesuchte Funktion durch geschickte Variablentransformation in eine lineare Funktion überzuführen. Dieser Vorgang wird in der Mathematik als Rektifikation oder Linearisation bezeichnet. Sie kennen die Rektifikation von der polynomischen Regression her – in diesem Fall ist sie besonders einfach durchzuführen. Nach der Variablentransformation wird dann zur Bestimmung der Parameter der gesuchten Funktion eine einfache oder mehrfache lineare Regression durchgeführt.

Bei der Auswahl der Funktionen ist eine Überlegung sehr hilfreich: Unsere Messdaten definieren ja ein bestimmtes Intervall im x-Bereich. Also muss die gesuchte Regressionsfunktion hauptsächlich dieses Intervall optimal reproduzieren. Maxima und Minima außerhalb dieses Intervalls interessieren unter Umständen gar nicht. Somit kann beispielsweise auch eine parabolische Funktion (Polynom 2. Grades) in einem bestimmten Bereich die Messdaten ansteigender Tendenz gut repräsentieren.

Im Folgenden werden die wichtigsten elementaren Funktionen, deren Rektifikation und anschließende einfache oder mehrfache lineare Regression anhand von einfachen Zahlenbeispielen beschrieben. Es sei hier angemerkt, dass für die beschriebenen Regressionen beispielsweise in Excel vorgefertigte Module vorhanden sind: Man lässt sich für die Messwertreihen »Trendlinien« erstellen. Dabei wählt man den gewünschten Regressionstyp aus und Excel liefert den Graphen und auf Wunsch zusätzlich die Regressionsfunktion samt Parametern. Sie möchten aber sicher auch Regressionstypen kennen lernen, die Excel nicht anbietet, beispielsweise auch die Kombination von Funktionen. Dafür müssen Sie die Rektifikationen mit elementaren Funktionen der folgenden Beispiele verstanden haben. Am Ende des Kapitels werden Sie dann einen Ausflug in die allgemeine Regression machen können.

Exponentielle Regression

Vorgänge, bei denen die Werte mit zunehmender Tendenz ansteigen oder abfallen, können durch die Exponentialfunktion $y = a \cdot e^{bx}$ dargestellt werden.

Beispiele für exponentielle Zusammenhänge sind Anstiegs- und Abklingvorgänge wie die

- Abnahme der Strahlungsintensität eines radioaktiven Stoffes mit der Zeit,
- Alterungsprozesse,
- Lade- und Entladekurven, zum Beispiel von elektrischen Kondensatoren.

Anwendung mit Zahlenbeispiel

Im Folgenden soll nun die Methode der exponentiellen Regression anhand eines fiktiven Zahlenbeispiels entsprechend Tabelle 7.33 vorgestellt werden. Den fehlenden y-Wert für $x = 5$ werden Sie anhand der Regressionsfunktion berechnen.

Tabelle 7.33: x/y-Wertepaare zur exponentiellen Regression

i	x	y
1	1	2
2	2	5
3	3	7
4	4	15
5	6	70
6	7	150
7	8	260

Die Darstellung der Werte aus Tabelle 7.33 im Streudiagramm Abbildung 7.22 zeigt deutlich den exponentiell ansteigenden Verlauf der y-Werte.

Als Regressionsfunktion schreiben Sie

$$y = a \cdot e^{bx}$$

251

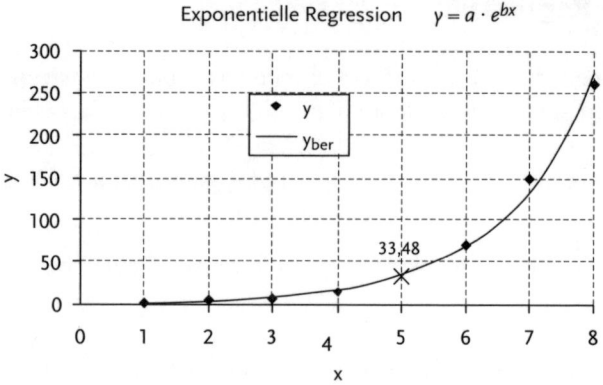

Exponentielle Regression $\quad y = a \cdot e^{bx}$

Abbildung 7.22: Streudiagramm – exponentielle Regression

Diese Funktion werden Sie zunächst etwas umformen, danach durch Variablentransformation linearisieren (rektifizieren) und dann eine lineare Regression durchführen.

Als Erstes logarithmieren Sie die Gleichung und erhalten:

$$\ln y = b \cdot x + \ln a$$

Nun führen Sie (wie von der polynomischen Regression her bekannt) folgende Variablentransformation (bitte Groß- und Kleinschreibung beachten) durch:

$Y = \ln y$
$X = x$
$a_1 = b$
$a_0 = \ln a$

Damit können Sie schreiben:

$$Y = a_1 \cdot X + a_0$$

Jetzt ist die Funktion linearisiert und Sie können eine einfache lineare Regression von X auf Y durchführen. In Wirklichkeit führen Sie (wegen der Transformation) eine einfache lineare Regression von x auf ln y durch.

Die einfache lineare Regression liefert die Koeffizienten a_0 und a_1 sowie das Bestimmtheitsmaß B entsprechend Tabelle 7.34.

Von Stichproben-
werten zur
mathematischen
Formel –
Regressions-
rechnung

Tabelle 7.34: Koeffizienten der exponentiellen Regression

Koeffizient a_1	0,69987
Koeffizient a_0	0,01147
Bestimmtheitsmaß B	0,99555

Das Bestimmtheitsmaß B liegt sehr nahe bei 1 und so können Sie davon ausgehen, wie in Abbildung 7.22 schon vorweggenommen, dass die aufzustellende Regressionsfunktion die Messwerte annähernd gut repräsentieren wird.

Die (logarithmierte) Regressionsfunktion lautet:

$$\ln y = a_1 \cdot x + a_0$$

Aufgelöst nach y erhalten Sie:

$$y = e^{a_1 \cdot x + a_0} = e^{a_1 \cdot x} \cdot e^{a_0} = e^{a_0} \cdot e^{a_1 x}$$

Durch Einsetzen der ermittelten Koeffizienten aus Tabelle 7.34 erhalten Sie die gesuchte Funktion:

$$y = e^{0,01147} \cdot e^{0,69987 \cdot x} \approx 1,0115 \cdot e^{0,69987 \cdot x}$$

Für den in Tabelle 7.33 fehlenden Wert x = 5 ergibt sich durch Einsetzen in die Regressionsfunktion:

$$y = 1,0115 \cdot e^{0,69987 \cdot 5} \approx 33,48$$

Tabelle 7.35 zeigt alle Werte unserer Regression im Überblick.

Tabelle 7.35: Ergebnisse der exponentiellen Regression

i	x	y	lny	y_{ber}	$y-y_{ber}$
1	1	2	0,693	2,037	−0,037
2	2	5	1,609	4,101	0,899
3	3	7	1,946	8,257	−1,257
4	4	15	2,708	16,626	−1,626
5	6	70	4,248	67,404	2,596
6	7	150	5,011	135,718	14,282
7	8	260	5,561	273,268	−13,268

Von Stichproben-
werten zur
mathematischen
Formel –
Regressions-
rechnung

Potentielle Regression

Werte, die mit einer bestimmten Rate wachsen, lassen sich durch eine Potenzfunktion der Form $y = a \cdot x^b$ beschreiben. Der Fall, bei dem b eine ganze Zahl ist, wurde im vorigen Kapitel behandelt.

Beispiele für potentielle Zusammenhänge sind Anstiegs- und Abklingvorgänge wie das Beschleunigen und Bremsen eines Kraftfahrzeugs oder der Zusammenhang zwischen zurückgelegtem Weg und der Zeit bei einem Körper im freien Fall.

Anwendung mit Zahlenbeispiel

Wie schon im vorigen Abschnitt soll nun anhand eines fiktiven Zahlenbeispiels die Methode der potentiellen Regression entsprechend Tabelle 7.36 vorgestellt werden. Den fehlenden y-Wert für x = 5 werden Sie anhand der Regressionsfunktion berechnen.

Tabelle 7.36: x/y-Wertepaare zur potentiellen Regression

i	x	y
1	1	1
2	2	5
3	3	10
4	4	15
5	6	35
6	7	50
7	8	65
8	9	80

Die Darstellung der Werte aus Tabelle 7.36 im Streudiagramm Abbildung 7.23 zeigt den ansteigenden Verlauf der y-Werte und die Regressionskurve.

Als Regressionsfunktion schreiben Sie

$$y = a \cdot x^b$$

Versuchen Sie wieder, die Funktion durch Variablentransformation zu linearisieren (rektifizieren) und dann eine lineare Regression durchzuführen.

Von Stichprobenwerten zur mathematischen Formel – Regressionsrechnung

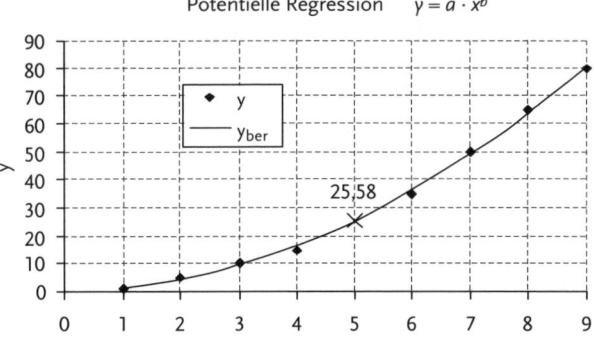

Potentielle Regression $y = a \cdot x^b$

Abbildung 7.23: Streudiagramm – potentielle Regression

Durch Logarithmieren erhalten Sie:

$$\ln y = b \cdot \ln x + \ln a$$

Die Transformation der Variablen geschieht dann wie folgt:

$Y = \ln y$
$X = \ln x$
$a_1 = b$
$a_0 = \ln a$

Damit können Sie schreiben:

$$Y = a_1 \cdot X + a_0$$

Für diese lineare Funktion führen Sie eine einfache lineare Regression von X auf Y durch. In Wirklichkeit führen Sie (wegen der Transformation) eine einfache lineare Regression von ln x auf ln y durch.

Die einfache lineare Regression liefert die Koeffizienten a_0 und a_1 sowie das Bestimmtheitsmaß B und den Korrelationskoeffizienten r entsprechend Tabelle 7.37.

Tabelle 7.37: Koeffizienten der potentiellen Regression

Koeffizient a_1	1,95421
Koeffizient a_0	0,09645
Bestimmtheitsmaß B	0,99684

255

Von Stichproben-
werten zur
mathematischen
Formel –
Regressions-
rechnung

Das Bestimmtheitsmaß B liegt sehr nahe bei 1 und so können Sie davon ausgehen, wie in Abbildung 7.23 schon vorweggenommen, dass die aufzustellende Regressionsfunktion die Messwerte annähernd gut repräsentieren wird.

Unsere (logarithmierte) Regressionsfunktion lautet:

$$\ln y = a_1 \cdot \ln x + a_0$$

und aufgelöst nach y:

$$y = e^{a_1 \cdot \ln x + a_0} = (e^{\ln x})^{a_1} \cdot e^{a_0} = e^{a_0} \cdot x^{a_1}$$

Durch Einsetzen der ermittelten Koeffizienten aus Tabelle 7.37 erhalten Sie die gesuchte Regressionsfunktion:

$$y = e^{0,09645} \cdot x^{1,95421} = 1,10126 \cdot x^{1,95421}$$

Für den in unserer Tabelle 7.36 fehlenden Wert x = 5 ergibt sich durch Einsetzen in die Regressionsfunktion

$$y = 1,10126 \cdot 5^{1,95421} \approx 25,58$$

Tabelle 7.38 zeigt alle Werte unserer Regression im Überblick.

Tabelle 7.38: Ergebnisse der potentiellen Regression

i	x	lnx	y	lny	y_{ber}	$y-y_{ber}$
1	1	0,000	1	0,000	1,099	−0,099
2	2	0,693	5	1,609	4,267	0,733
3	3	1,099	10	2,303	9,432	0,568
4	4	1,386	15	2,708	16,560	−1,560
5	6	1,792	35	3,555	36,607	−1,607
6	7	1,946	50	3,912	49,492	0,508
7	8	2,079	65	4,174	64,268	0,732
8	9	2,197	80	4,382	80,923	−0,923

Logarithmische Regression

Wenn die Änderungsrate der y-Werte für kleine Werte von x zunächst sehr schnell ansteigt oder abnimmt und für größere x moderater wird, kann als Regressionsfunktion eine Logarithmusfunktion der Form $y = a \cdot \ln x + b$ herangezogen werden.

Von Stichproben-
werten zur
mathematischen
Formel –
Regressions-
rechnung

Ein Beispiel für logarithmische Zusammenhänge ist das Wachstum einer Tierpopulation in einem abgeschlossenen Lebensraum in Abhängigkeit von der Zeit.

Anwendung mit Zahlenbeispiel

Die Methode der logarithmischen Regression wird nun wieder anhand eines fiktiven Zahlenbeispiels entsprechend Tabelle 7.39 vorgestellt. Den fehlenden y-Wert für $x = 5$ berechnen Sie anhand der ermittelten Regressionsfunktion.

Tabelle 7.39: x/y-Wertepaare zur logarithmischen Regression

i	x	y
1	0,01	−80
2	0,1	−40
3	1	−5
4	3	15
5	6	25
6	8	35
7	10	35
8	12	40
9	14	45

Die Darstellung der Werte aus Tabelle 7.39 im Streudiagramm Abbildung 7.24 zeigt den zunächst stark ansteigenden Verlauf der y-Werte und die Regressionskurve.

Als Regressionsfunktion schreiben Sie

$$y = a \cdot \ln x + b$$

Versuchen Sie wieder, die Funktion durch Variablentransformation zu linearisieren (rektifizieren) und dann eine lineare Regression durchzuführen.

Die Transformation der Variablen geschieht dann wie folgt:

$Y = y$
$X = \ln x$
$a_1 = a$
$a_0 = b$

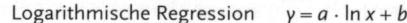
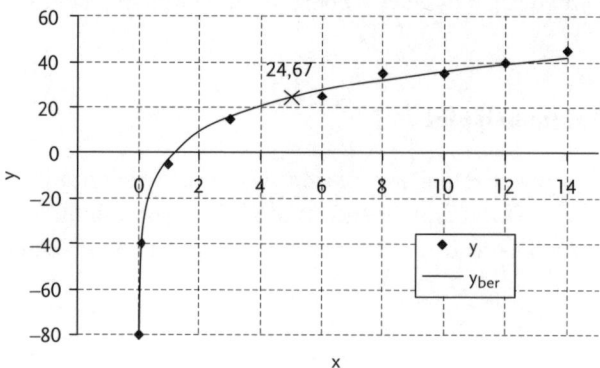

Logarithmische Regression $y = a \cdot \ln x + b$

Abbildung 7.24:   Streudiagramm – logarithmische Regression

Damit können Sie schreiben:

$$Y = a_1 \cdot X + a_0$$

Für diese lineare Funktion führen Sie eine einfache lineare Regression von X auf Y durch. In Wirklichkeit führen Sie (wegen der Transformation) eine einfache lineare Regression von ln x auf y durch.

Die einfache lineare Regression liefert die Koeffizienten a_0 und a_1 sowie das Bestimmtheitsmaß B entsprechend Tabelle 7.40.

Tabelle 7.40:   Koeffizienten der logarithmischen Regression

Koeffizient a_1	16,896
Koeffizient a_0	−2,526
Bestimmtheitsmaß B	0,99768

Das Bestimmtheitsmaß B liegt sehr nahe bei 1 und so gehen Sie davon aus, wie in Abbildung 7.24 schon vorweggenommen, dass die aufzustellende Regressionsfunktion die Messwerte annähernd gut repräsentieren wird.

Unsere Regressionsfunktion lautet:

$$y = a_1 \cdot \ln x + a_0$$

258

Von Stichproben-
werten zur
mathematischen
Formel –
Regressions-
rechnung

Durch Einsetzen der ermittelten Koeffizienten aus Tabelle 7.40 erhalten Sie die gesuchte Regressionsfunktion:

$$y = 16,896 \cdot \ln x - 2,526$$

Für den in Tabelle 7.39 fehlenden Wert Wert x = 5 ergibt sich durch Einsetzen in die Regressionsfunktion

$$y = 16,896 \cdot \ln 5 - 2,526 \approx 24,67$$

In Tabelle 7.41 sind alle Werte der Regression im Überblick dargestellt.

Tabelle 7.41: Ergebnisse der logarithmischen Regression

i	x	lnx	y	yber	y–yber
1	0,01	–4,605	–80	–80,335	0,335
2	0,1	–2,303	–40	–41,430	1,430
3	1	0,000	–5	–2,526	–2,474
4	3	1,099	15	16,036	–1,036
5	6	1,792	25	27,747	–2,747
6	8	2,079	35	32,608	2,392
7	10	2,303	35	36,378	–1,378
8	12	2,485	40	39,459	0,541
9	14	2,639	45	42,063	2,937

Allgemeine Regression

In vielen Fällen kommt man mit elementaren Funktionen nicht zu befriedigenden Regressionsergebnissen. Man muss vielmehr versuchen, die Regressionsfunktion aus verschiedenen elementaren Funktionen zusammenzusetzen. Dies nennt man allgemeine Regression. Hierfür gibt es keine feste Regel. Die Vorgehensweise ist rein pragmatisch, indem die augenscheinliche Ähnlichkeit der Form des Streudiagramms mit den Graphen von zusammengesetzten Funktionen verglichen wird. Eine Auswahl solcher Funktionen und ihrer Graphen bietet zum Beispiel Bronstein, *Taschenbuch der Mathematik*.

Die Rektifikation dieser zusammengesetzten Funktionen führt zu linearen Funktionen mit in der Regel mehreren Einflussgrößen – Sie haben also mehrfache lineare Regressionen durchzuführen.

Von Stichproben-
werten zur
mathematischen
Formel –
Regressions-
rechnung

Beispiel 1: Kombination von Exponentialfunktion und Potenzfunktion

Nun soll eine allgemeine Regression anhand eines fiktiven Zahlenbeispiels entsprechend Tabelle 7.42 durchgeführt und der fehlende y-Wert für $x = 0,15$ berechnet werden.

Tabelle 7.42: x/y-Wertepaare zur allgemeinen Regression

i	x	y
1	0,01	0,01
2	0,03	0,10
3	0,05	0,30
4	0,08	1,00
5	0,10	1,60
6	0,20	3,00
7	0,30	3,19
8	0,40	2,54
9	0,50	1,77
10	0,60	1,14
11	0,70	0,69
12	0,80	0,40
13	0,90	0,23
14	1,00	0,13
15	1,10	0,07
16	1,20	0,04

Die Darstellung der Werte aus Tabelle 7.42 im Streudiagramm Abbildung 7.25 zeigt den Verlauf der y-Werte und die Regressionskurve.

Als Regressionsfunktion wählen Sie:

$$y = a \cdot e^{bx} \cdot x^c$$

Im Rahmen der Rektifikation versuchen Sie, die Funktion durch Variablentransformation zu linearisieren und dann eine (mehrfache) lineare Regression durchzuführen.

Durch Logarithmieren erhalten Sie:

$$\ln y = \ln(a \cdot e^{bx} \cdot x^c) = \ln a + b \cdot x \cdot \ln e + c \cdot \ln x$$

Von Stichproben-
werten zur
mathematischen
Formel –
Regressions-
rechnung

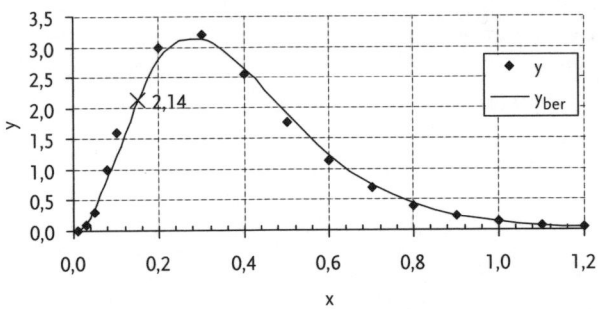

Allgemeine Regression $y = a \cdot e^{bx} \cdot x^c$

Abbildung 7.25: Streudiagramm – allgemeine Regression

Durch Umstellen wird daraus:

$\ln y = c \cdot \ln x + b \cdot x + \ln a$

Die Transformation der Variablen geschieht wie folgt:

$Y = \ln y$
$X_1 = x$
$X_2 = \ln x$
$a_2 = c$
$a_1 = b$
$a_0 = \ln a$

Damit können Sie die lineare Funktion schreiben:

$Y = a_2 \cdot X_2 + a_1 \cdot X_1 + a_0$

Für diese lineare Funktion führen Sie eine zweifache lineare Regression von X_1 und X_2 auf Y durch. In Wirklichkeit führen Sie (wegen der Transformation) eine zweifache lineare Regression von x und ln x auf ln y durch.

Die Regression liefert die Koeffizienten a_0, a_1 und a_2 sowie das Bestimmtheitsmaß B entsprechend Tabelle 7.43.

Tabelle 7.43: Koeffizienten der allgemeinen Regression

Koeffizient a_2	2,4474
Koeffizient a_1	–8,7686
Koeffizient a_0	6,7209
Bestimmtheitsmaß B	0,99536

261

Von Stichproben-
werten zur
mathematischen
Formel –
Regressions-
rechnung

Das Bestimmtheitsmaß B liegt sehr nahe bei 1 und so können Sie davon ausgehen, wie in Abbildung 7.25 schon vorweggenommen, dass die aufzustellende Regressionsfunktion die Messwerte annähernd gut repräsentieren wird.

Unsere (logarithmierte) Regressionsfunktion lautet:

$$\ln y = a_2 \cdot \ln x + a_1 \cdot x + a_0$$

Daraus wird:

$$y = e^{a_2 \cdot \ln x + a_1 \cdot x + a_0} = e^{a_2 \cdot \ln x} \cdot e^{a_1 \cdot x} \cdot e^{a_0} = e^{a_0} \cdot e^{a_1 \cdot x} \cdot \left(e^{\ln x}\right)^{a_2}$$

und schließlich

$$y = e^{a_0} \cdot e^{a_1 \cdot x} \cdot x^{a_2}$$

Durch Einsetzen der ermittelten Koeffizienten aus Tabelle 7.43 erhalten Sie die gesuchte Regressionsfunktion:

$$y = e^{6,7209} \cdot e^{-8,7686 \cdot x} \cdot x^{2,4474} = 829,5647 \cdot e^{-8,7686 \cdot x} \cdot x^{2,4474}$$

Für den in Tabelle 7.42 fehlenden Wert x = 0,15 ergibt sich durch Einsetzen in die Regressionsfunktion:

$$y = 829,5647 \cdot e^{-8,7686 \cdot 0,15} \cdot 0,15^{2,4474} \approx 2,14$$

Tabelle 7.44: Ergebnisse der allgemeinen Regression

i	x	lnx	y	lny	y_{ber}	$y - y_{ber}$
1	0,01	−4,605	0,01	−4,61	0,0097	0,0003
2	0,03	−3,507	0,10	−2,30	0,1196	−0,0196
3	0,05	−2,996	0,30	−1,20	0,3502	−0,0502
4	0,08	−2,526	1,00	0,00	0,8505	0,1495
5	0,1	−2,303	1,60	0,47	1,2321	0,3679
6	0,2	−1,609	3,00	1,10	2,7963	0,2037
7	0,3	−1,204	3,19	1,16	3,1385	0,0515
8	0,4	−0,916	2,54	0,93	2,6404	−0,1004
9	0,5	−0,693	1,77	0,57	1,8969	−0,1269
10	0,6	−0,511	1,14	0,13	1,2331	−0,0931
11	0,7	−0,357	0,69	−0,37	0,7482	−0,0582
12	0,8	−0,223	0,40	−0,92	0,4317	−0,0317
13	0,9	−0,105	0,23	−1,47	0,2396	−0,0096
14	1	0,000	0,13	−2,04	0,1290	0,0010
15	1,1	0,095	0,07	−2,66	0,0678	0,0022
16	1,2	0,182	0,04	−3,22	0,0349	0,0051

Von Stichprobenwerten zur mathematischen Formel – Regressionsrechnung

Beispiel 2: Wärmeleitfähigkeit von Toluol in Abhängigkeit von der Temperatur

Die Abhängigkeit der Wärmeleitfähigkeit Wlf von Toluol von der Temperatur T ist über eine Wurzelfunktion wie folgt zu beschreiben:
$Wlf = \sqrt{a + b \cdot T + c \cdot T^2}$

Für die Messwertpaare in Tabelle 7.45 soll eine allgemeine Regression mit der genannten Funktion durchgeführt werden. Für den Temperaturwert T = 600 K soll die Wärmeleitfähigkeit berechnet werden.

In der gewohnten Nomenklatur schreiben Sie x für die unabhängige und y für die abhängige Größe: $y = \sqrt{a + b \cdot x + c \cdot x^2}$

Tabelle 7.45: x/y-Wertepaare zur allgemeinen Regression: Wärmeleitfähigkeit von Toluol

i	x [K]	y [W/(m·K)]
1	198,15	0,156
2	223,15	0,152
3	248,15	0,148
4	273,15	0,144
5	293,15	0,141
6	323,15	0,136
7	373,15	0,128
8	423,15	0,119
9	473,15	0,108
10	523,15	0,095
11	573,15	0,073

Die Darstellung der Werte aus Tabelle 7.45 im Streudiagramm Abbildung 7.26 zeigt den Verlauf der y-Werte und die Regressionskurve.

Als Regressionsfunktion wurde vorgegeben:

$$y = \sqrt{a + b \cdot x + c \cdot x^2}$$

Im Rahmen der Rektifikation versuchen Sie, die Funktion durch Variablentransformation zu linearisieren und dann eine (mehrfache) lineare Regression durchzuführen.

Durch Quadrieren der Funktion erhalten Sie:

$$y^2 = a + b \cdot x + c \cdot x^2$$

263

Von Stichprobenwerten zur mathematischen Formel – Regressionsrechnung

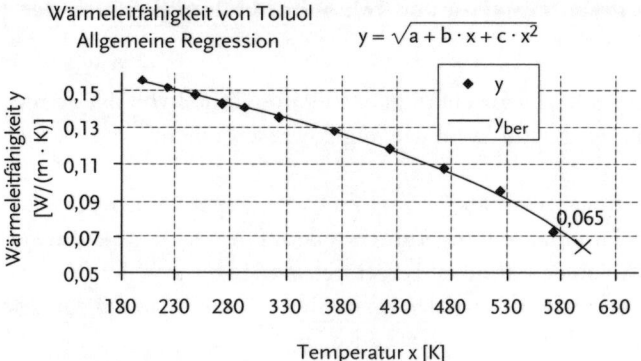

Abbildung 7.26: Streudiagramm Wärmeleitfähigkeit von Toluol – allgemeine Regression

Die Transformation der Variablen geschieht wie folgt:

$Y = y^2$
$X_1 = x$
$X_2 = x^2$
$a_2 = c$
$a_1 = b$
$a_0 = a$

Damit können Sie die lineare Funktion schreiben:

$$Y = a_2 \cdot X_2 + a_1 \cdot X_1 + a_0$$

Für diese lineare Funktion führen Sie eine zweifache lineare Regression von X_1 und X_2 auf Y durch. In Wirklichkeit führen Sie (wegen der Transformation) eine zweifache lineare Regression von x und x^2 auf y^2 durch.

Die Regression liefert die Koeffizienten a_0, a_1 und a_2 sowie das Bestimmtheitsmaß B entsprechend Tabelle 7.46.

Tabelle 7.46: Koeffizienten der allgemeinen Regression

Koeffizient a_2	−2,6358E-08
Koeffizient a_1	−2,8261E-05
Koeffizient a_0	0,0306
Bestimmtheitsmaß B	0,99796

Von Stichproben-
werten zur
mathematischen
Formel –
Regressions-
rechnung

Das Bestimmtheitsmaß B liegt sehr nahe bei 1 und so können Sie davon ausgehen, wie in Abbildung 7.26 schon vorweggenommen, dass die aufzustellende Regressionsfunktion die Messwerte annähernd gut repräsentieren wird.

Die Regressionsfunktion lautet:

$$y = \sqrt{a_0 + a_1 \cdot x + a_2 \cdot x^2}$$

Mit den Koeffizienten aus Tabelle 7.46 wird daraus:

$$y = \sqrt{0,0306 - 2,8261 \cdot 10^{-5} \cdot x - 2,6358 \cdot 10^{-8} \cdot x^2}$$

Für den gesuchten Trendwert der Wärmeleitfähigkeit bei der Temperatur 600 K rechnen Sie durch Einsetzen in die Regressionsfunktion

$$Wlf = \sqrt{0,0306 \frac{W^2}{m^2 \cdot K^2} - 2,8261 \cdot 10^{-5} \frac{W^2}{m^2 \cdot K^3} \cdot 600K - 2,6358 \cdot 10^{-8} \frac{W^2}{m^2 \cdot K^4} \cdot 600^2 K^2} \approx 0,065 \frac{W}{m \cdot K}$$

Tabelle 7.47: Ergebnisse der allgemeinen Regression: Wärmeleitfähigkeit von Toluol

i	x [K]	x^2	y [W/(m·K)]	y^2	y_{ber} [W/(m·K)]	$y - y_{ber}$ [%]
1	198,15	39263,4	0,156	0,0243	0,155	0,68
2	223,15	49795,9	0,152	0,0231	0,152	0,18
3	248,15	61578,4	0,148	0,0219	0,148	−0,23
4	273,15	74610,9	0,144	0,0207	0,145	−0,53
5	293,15	85936,9	0,141	0,0199	0,142	−0,53
6	323,15	104425,9	0,136	0,0185	0,137	−0,70
7	373,15	139240,9	0,128	0,0164	0,128	−0,13
8	423,15	179055,9	0,119	0,0142	0,118	0,70
9	473,15	223870,9	0,108	0,0117	0,107	1,27
10	523,15	273685,9	0,095	0,0090	0,093	2,14
11	573,15	328500,9	0,073	0,0053	0,076	−4,19

Angemerkt sei, dass sich für den betrachteten Wertebereich (Temperaturbereich) auch mit anderen Regressionsfunktionen (beispielsweise der polynomialen Regression) gute Ergebnisse erzielen lassen.

Von Stichprobenwerten zur mathematischen Formel – Regressionsrechnung

Übersicht über alle behandelten Regressionstypen

Tabelle 7.48 zeigt eine Übersicht über die in den vorigen Kapiteln behandelten Regressionen und die zugehörigen Linearisierungen (Rektifikation).

Tabelle 7.48: Die behandelten Regressionstypen mit Rektifikation im Überblick

Einfach linear	$y = a_1 \cdot x + a_0$
	Einfache lineare Regression von x auf y
Mehrfach linear	$y = a_n \cdot x_n + a_{n-1} \cdot x_{n-1} + \ldots + a_2 \cdot x_2 + a_1 \cdot x_1 + a_0$
Linearisation	$Y = a_n \cdot X_n + a_{n-1} \cdot X_{n-1} + \ldots + a_2 \cdot X_2 + a_1 \cdot X_1 + a_0$ Mehrfache lineare Regression von $x_1, x_2, \ldots x_n$ auf y
Polynomial	$y = a_n \cdot x^n + a_{n-1} \cdot x^{n-1} + \ldots + a_2 \cdot x^2 + a_1 \cdot x + a_0$
Linearisation	$Y = a_n \cdot X_n + a_{n-1} \cdot X_{n-1} + \ldots + a_2 \cdot X_2 + a_1 \cdot X_1 + a_0$ Mehrfache lineare Regression von $x, x^2, x^3 \ldots$ auf y $y = a_n \cdot x^n + a_{n-1} \cdot x^{n-1} + \ldots + a_2 \cdot x^2 + a_1 \cdot x + a_0$
Exponentiell	$y = a \cdot e^{bx}$
Linearisation	$Y = a_1 \cdot X + a_0$ Einfache lineare Regression von x auf ln y $y = e^{a_0} \cdot e^{a_1 x}$
Potentiell	$y = a \cdot x^b$
Linearisation	$Y = a_1 \cdot X + a_0$ Einfache lineare Regression von ln x auf ln y $y = e^{a_0} \cdot x^{a_1}$
Logarithmisch	$y = a \cdot \ln x + b$
Linearisation	$Y = a_1 \cdot X + a_0$ Einfache lineare Regression von ln x auf y $y = a_1 \cdot \ln x + a_0$

Von Stichproben-
werten zur
mathematischen
Formel –
Regressions-
rechnung

Tabelle 7.48: Fortsetzung

Allgemein exponentiell und potentiell	$y = a \cdot e^{bx} \cdot x^c$
Linearisation	$Y = a_2 \cdot X_2 + a_1 \cdot X_1 + a_0$ Mehrfache lineare Regression von x und ln x auf ln y $y = e^{a_0} \cdot e^{a_1 \cdot x} \cdot x^{a_2}$
Allgemein Wurzelfunktion	$y = \sqrt{a + b \cdot x + c \cdot x^2}$
Linearisation	$Y = a_2 \cdot X_2 + a_1 \cdot X_1 + a_0$ Mehrfache lineare Regression von x und x^2 auf y^2 $y = \sqrt{a_0 + a_1 \cdot x + a_2 \cdot x^2}$

8
Anhang

Rechnen in der Statistik – welche Hilfsmittel gibt es?

Aufgabenstellungen

Statistische Anwendungen bringen in der Praxis meist einen erheblichen numerischen Rechenaufwand mit sich. Wie in diesem Buch beschrieben wurde, handelt es sich dabei in der beschreibenden Statistik um die Aufbereitung des Datenmaterials und um die Bildung statistischer Kenngrößen.

In der schließenden Statistik entsteht der Rechenaufwand, weil oft mit Szenarien mit geänderten Parametern gerechnet wird, die Messwerte aber gleich bleiben. Idealerweise spielt man die verschiedenen Szenarien durch, ohne jedes Mal alle Messwerte neu einzutippen. Beispiele dafür sind Änderungen der Signifikanzniveaus bei statistischen Tests.

Sind Kopfrechnen und handschriftliches Rechnen out?

Aufgrund der weit verbreiteten und überall verfügbaren Hilfsmittel vom Taschenrechner bis zum PC wird der Arbeitstag des Statistikers nicht mehr bestimmt durch handschriftliches Rechnen, Ablesen aus Tabellen und Zeichnen von Diagrammen. Dennoch ist ein gewisses Maß an Kopfrechnen oder handschriftlichem Rechnen nach wie vor sehr zu empfehlen, um die Plausibilität der aus der EDV hervorgezauberten Zahlenergebnisse zu überprüfen. Ich möchte hier einfach dazu aufrufen, Ergebnisse von Statistiktools nicht blind zu übernehmen. In der Regel liegen die Fehler nicht an den Tools, sondern an fehlerhafter Parametrierung durch den Benutzer.

Ziel ist, die Plausibilität der Ergebnisse durch eine Überschlagsrechnung zu überprüfen.

Die Statistikfunktionen des elektronischen Taschenrechners

Weitgehend unentdeckt schlummern in vielen Taschenrechnern die Fähigkeiten zur Bildung statistischer Kennwerte und zur Anwendung statistischer Methoden. Geräte ab der Preisklasse von ca. 20 € sind meist schon wahre Alleskönner und bilden Kennwerte, wie zum Beispiel

- Varianz/Standardabweichung,
- Mittelwert,
- Summen,
- Summen von Quadraten und
- Summen von quadratischen Abweichungen.

Darüber hinaus ist mindestens die einfache lineare Regression in den Geräten dieser Klasse enthalten. Einzugeben sind lediglich die x/y-Wertepaare, und als Ergebnisse stehen Steigung und Achsenabschnitt der Regressionsgeraden sowie der Korrelationskoeffizient zur Verfügung. Und damit nicht genug: Die Regressionsformel mit den genannten Parametern steht dem Benutzer so komfortabel zur Verfügung, dass nach Eingabe beliebiger x- bzw. y-Werte der entsprechende durch die Regression berechnete Wert angezeigt wird.

Die Handhabung der Statistikfunktionen läuft – je nach Rechnermodell unterschiedlich – etwa nach folgendem Schema ab: Zuerst muss das Gerät in den Statistikmodus gebracht werden, was beispielsweise durch eine Taste »Mode« mit anschließender Angabe einer Ziffer erfolgt. Im zweiten Schritt erfolgt die Eingabe der Daten, beispielsweise der x- und y-Werte, jeweils getrennt durch eine Taste »$x_D y_D$« und pro Wertepaar durch eine Taste »Data« abgeschlossen. Im dritten Schritt können nun über Tastenkombinationen wie »Shift 1« Mittelwerte, Summen und weitere Kennzahlen abgerufen werden.

Programmierbare Computer

Der Personalcomputer hat sich auch in der Praxis des Statistikers zum unverzichtbaren Werkzeug gemacht. Wichtigster Vertreter der hierfür etablierten Software sind Tabellenkalkulationsprogramme wie MS Excel oder Lotus 1-2-3. Diese Tools verfügen heute über die volle Funktionalität eines Taschenrechners und haben darüber hinaus den unschätzbaren Vorteil, dass die eingegebenen Zahlenwerte nicht für jede statistische Auswertung neu eingegeben werden müssen. Ferner stehen alle denkbaren statistischen Kennwerte zur Verfügung, die in Form von Funktionen implementiert sind und vom Benutzer modifiziert werden können. Die Möglichkeiten zur grafischen Darstellung der Daten sind sehr vielfältig. Zusätzlich gibt es Programmergänzungen (Add Ins), die statistische Methoden benutzergeführt unterstützen. Die diesem Buch beigefügt CD-ROM nutzt die im Standard von MS Excel vorhandenen Funktionen und beschreibt, wie damit die im Buch genannten Kennwerte berechnet und die Methoden angewandt werden können.

Für die in der wissenschaftlichen Anwendung der Statistik anstehenden komplexeren Aufgaben gibt es spezielle Software, beispielsweise SPSS, die auf PC und auf Großrechnern laufen. Diese enthalten einen erheblich erweiterten Leistungsumfang an Statistikfunktionen und -methoden.

Für die Auswertung von statistischem Zahlenmaterial sind uns in der Praxis durch den hoch entwickelten Stand der Hardware und Software kaum mehr Grenzen gesetzt. Qualitätskriterium für die nutzbringende Anwendung statistischer Methoden ist der Kenntnisstand des Anwenders, der die geeigneten Tools für die jeweilige Aufgabe auswählt und kompetent einsetzt.

Rechnen mit Summen

In der statistischen Praxis rechnet man oft mit Summen, wie etwa:

$$x_1 + x_2 + x_3 + x_4 + x_5 + x_6 + x_7$$

Gesucht ist eine kompaktere und übersichtlichere Schreibweise. Mathematiker und Statistiker verwenden hierfür das Summenzeichen Σ. Eine Summe schreibt sich damit wie folgt:

$$\sum_{i=1}^{7} x_i = x_1 + x_2 + x_3 + x_4 + x_5 + x_6 + x_7$$

Σ ist der große griechische Buchstabe Sigma und bedeutet »Summe von«. Gelesen wird die im Beispiel verwendete Operation: Summe aller Zahlen x_i von $i = 1$ bis $i = 7$. Der Index der ersten zu addierenden Größe wird unter das Summenzeichen geschrieben und untere Summationsgrenze genannt. Der Index der letzten Größe heißt obere Summationsgrenze und wird darüber geschrieben.

Allgemein wird die Summation vom Index 1 bis zum Index n durchgeführt und es gilt:

$$\sum_{i=1}^{n} x_i = x_1 + x_2 + \dots + x_{n-1} + x_n$$

Weitere Beispiele für Summen sind:

$$\sum_{i=1}^{4} 3^i = 3^1 + 3^2 + 3^3 + 3^4 = 3 + 9 + 27 + 81 = 120$$

$$\sum_{i=2}^{4} x_i^2 = x_2^2 + x_3^2 + x_4^2$$

Als Rechenregeln für Summen gelten folgende Beziehungen:

1) $$\sum_{i=1}^{n} (x_i + y_i) = (x_1 + y_1) + (x_2 + y_2) + \dots = (x_1 + x_2 + \dots) +$$
$$(y_1 + y_2 + \dots) = \sum_{i=1}^{n} x_i + \sum_{i=1}^{n} y_i$$

2) $$\sum_{i=1}^{n} kx_i = kx_1 + kx_2 + \dots = k \sum_{i=1}^{n} x_i$$

3) $$\sum_{i=1}^{n} (k + x_i) = (k + x_1) + (k + x_2) + \dots = nk + \sum_{i=1}^{n} x_i$$

4) Sind a und b reelle Zahlen, so gilt:

$$\sum_{i=1}^{n} (ax_i - b)^2 = a^2 \sum_{i=1}^{n} x_i^2 - 2ab \sum_{i=1}^{n} x_i + nb^2$$

5) $$\sum_{j=1}^{k} \sum_{i=1}^{l} x_{ij} = \sum_{i=1}^{l} \sum_{j=1}^{k} x_{ij} = x_{11} + x_{12} + \dots + x_{1,k-1} + x_{1k} +$$
$$x_{21} + x_{22} + \dots + x_{2,k-1} + x_{2k} +$$
$$\vdots$$
$$x_{l-1,1} + x_{l-1,2} + \dots + x_{l-1,k-1} + x_{l-1,k} +$$
$$x_{l1} + x_{l2} + \dots + x_{l,k-1} + x_{lk}$$

Die Summe der quadratischen Abweichungen

In vielen Anwendungen zur Berechnung von statistischen Kenngrößen ist die Summe Q_{xx} der Abweichungsquadrate (vom Mittelwert) zu bilden:

$$Q_{xx} = \sum_{i=1}^{n} (x_i - \bar{x})^2$$

Diese Quadratsumme wird beispielsweise zur Berechnung der Varianz oder zur Ermittlung der Steigung einer Regressionsgeraden benötigt. Bei der Berechnung von Quadratsummen mittels Taschenrechner und Statistiksoftware für PCs brauchen Sie sich keine Gedanken zu machen, in welcher Form diese Formel in diesen Geräten programmiert ist. Oft erweist sich aber die Umstellung dieser Formel wie im Folgenden gezeigt als hilfreich:

$$Q_{xx} = \sum_{i=1}^{n} (x_i - \bar{x})^2 = (x_1 - \bar{x})^2 + (x_2 - \bar{x})^2 + \ldots + (x_n - \bar{x})^2$$

Durch Ausmultiplizieren der Klammern erhalten Sie:

$$Q_{xx} = x_1^2 - 2x_1\bar{x} + \bar{x}^2 + x_2^2 - 2x_2\bar{x} + \bar{x}^2 + \ldots + x_n^2 - 2x_n\bar{x} + \bar{x}^2$$

Sortieren Sie die Summanden nun wie folgt:

$$Q_{xx} = x_1^2 + x_2^2 + \ldots + x_n^2 - 2\bar{x}(x_1 + x_2 + \ldots + x_n) + n\bar{x}^2$$

In Summenschreibweise erhalten Sie:

$$Q_{xx} = \sum_{i=1}^{n} x_i^2 - 2 \frac{\sum_{i=1}^{n} x_i}{n} \cdot \sum_{i=1}^{n} x_i + n \left(\frac{\sum_{i=1}^{n} x_i}{n} \right)^2$$

oder

$$Q_{xx} = \sum_{i=1}^{n} x_i^2 - \frac{1}{n} \cdot \left(\sum_{i=1}^{n} x_i \right)^2$$

Somit haben Sie als Ergebnis der Umformung:

$$Q_{xx} = \sum_{i=1}^{n} (x_i - \bar{x})^2 = \sum_{i=1}^{n} x_i^2 - \frac{1}{n} \cdot \left(\sum_{i=1}^{n} x_i \right)^2$$

Damit können Sie jetzt beispielsweise für die Varianz einer Stichprobe schreiben:

$$s^2 = \frac{\sum\limits_{i=1}^{n} (x_i - \bar{x})^2}{n-1} = \frac{Q_{xx}}{n-1} = \frac{1}{n-1} \cdot \left[\sum_{i=1}^{n} x_i^2 - \frac{1}{n} \cdot \left(\sum_{i=1}^{n} x_i \right)^2 \right]$$

Standardisierte Normalverteilung

In Tabelle 8.1 sind die linksseitigen Flächenanteile F(z) der Standardnormalverteilung mit $\mu = 0$ und $\sigma = 1$ tabelliert.

Beachten Sie: Wegen der Symmetrie der Normalverteilung wäre die Tabellierung von F(z) für positive z ausreichend. Aus Gründen des Ablesekomforts wurden zusätzlich die Werte F(–z) tabelliert.

Es gilt: Die Gesamtfläche hat den Wert 1

F(–z) = 1 – F(z) und D(z) = F(z) – F(–z)

Dichte f(z) der Standardnormalverteilung

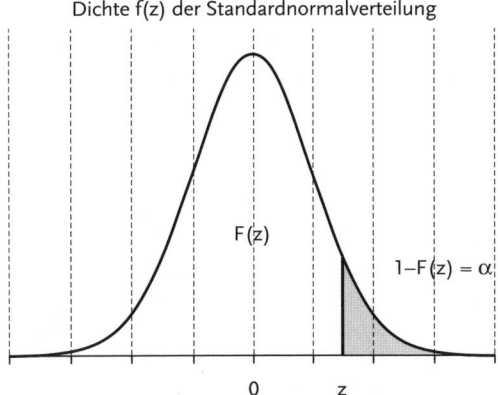

Abbildung 8.1: Der Grenzwert z teilt die Fläche in die Anteile F(z) und 1−F(z)

Dichte f(z) der Standardnormalverteilung

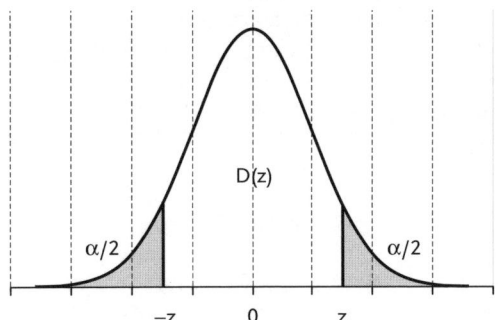

Abbildung 8.2: Die Grenzwerte z und −z begrenzen die Fläche D(z) = F(z) − F(−z)

Tabelle 8.1: Linksseitige Flächenanteile F(z) und Flächenanteile D(z) der Standardnormalverteilung f(z)

z	F(z)	F(–z)	D(z)	z	F(z)	F(–z)	D(z)
0,00	0,50000	0,50000	0,00000	0,50	0,69146	0,30854	0,38292
0,01	0,50399	0,49601	0,00798	0,51	0,69497	0,30503	0,38995
0,02	0,50798	0,49202	0,01596	0,52	0,69847	0,30153	0,39694
0,03	0,51197	0,48803	0,02393	0,53	0,70194	0,29806	0,40389
0,04	0,51595	0,48405	0,03191	0,54	0,70540	0,29460	0,41080
0,05	0,51994	0,48006	0,03988	0,55	0,70884	0,29116	0,41768
0,06	0,52392	0,47608	0,04784	0,56	0,71226	0,28774	0,42452
0,07	0,52790	0,47210	0,05581	0,57	0,71566	0,28434	0,43132
0,08	0,53188	0,46812	0,06376	0,58	0,71904	0,28096	0,43809
0,09	0,53586	0,46414	0,07171	0,59	0,72240	0,27760	0,44481
0,10	0,53983	0,46017	0,07966	0,60	0,72575	0,27425	0,45149
0,11	0,54380	0,45620	0,08759	0,61	0,72907	0,27093	0,45814
0,12	0,54776	0,45224	0,09552	0,62	0,73237	0,26763	0,46474
0,13	0,55172	0,44828	0,10343	0,63	0,73565	0,26435	0,47131
0,14	0,55567	0,44433	0,11134	0,64	0,73891	0,26109	0,47783
0,15	0,55962	0,44038	0,11924	0,65	0,74215	0,25785	0,48431
0,16	0,56356	0,43644	0,12712	0,66	0,74537	0,25463	0,49075
0,17	0,56749	0,43251	0,13499	0,67	0,74857	0,25143	0,49714
0,18	0,57142	0,42858	0,14285	0,68	0,75175	0,24825	0,50350
0,19	0,57535	0,42465	0,15069	0,69	0,75490	0,24510	0,50981
0,20	0,57926	0,42074	0,15852	0,70	0,75804	0,24196	0,51607
0,21	0,58317	0,41683	0,16633	0,71	0,76115	0,23885	0,52230
0,22	0,58706	0,41294	0,17413	0,72	0,76424	0,23576	0,52848
0,23	0,59095	0,40905	0,18191	0,73	0,76730	0,23270	0,53461
0,24	0,59483	0,40517	0,18967	0,74	0,77035	0,22965	0,54070
0,25	0,59871	0,40129	0,19741	0,75	0,77337	0,22663	0,54675
0,26	0,60257	0,39743	0,20514	0,76	0,77637	0,22363	0,55275
0,27	0,60642	0,39358	0,21284	0,77	0,77935	0,22065	0,55870
0,28	0,61026	0,38974	0,22052	0,78	0,78230	0,21770	0,56461
0,29	0,61409	0,38591	0,22818	0,79	0,78524	0,21476	0,57047
0,30	0,61791	0,38209	0,23582	0,80	0,78814	0,21186	0,57629
0,31	0,62172	0,37828	0,24344	0,81	0,79103	0,20897	0,58206
0,32	0,62552	0,37448	0,25103	0,82	0,79389	0,20611	0,58778
0,33	0,62930	0,37070	0,25860	0,83	0,79673	0,20327	0,59346
0,34	0,63307	0,36693	0,26614	0,84	0,79955	0,20045	0,59909
0,35	0,63683	0,36317	0,27366	0,85	0,80234	0,19766	0,60468
0,36	0,64058	0,35942	0,28115	0,86	0,80511	0,19489	0,61021
0,37	0,64431	0,35569	0,28862	0,87	0,80785	0,19215	0,61570
0,38	0,64803	0,35197	0,29605	0,88	0,81057	0,18943	0,62114
0,39	0,65173	0,34827	0,30346	0,89	0,81327	0,18673	0,62653
0,40	0,65542	0,34458	0,31084	0,90	0,81594	0,18406	0,63188
0,41	0,65910	0,34090	0,31819	0,91	0,81859	0,18141	0,63718
0,42	0,66276	0,33724	0,32551	0,92	0,82121	0,17879	0,64243
0,43	0,66640	0,33360	0,33280	0,93	0,82381	0,17619	0,64763
0,44	0,67003	0,32997	0,34006	0,94	0,82639	0,17361	0,65278
0,45	0,67364	0,32636	0,34729	0,95	0,82894	0,17106	0,65789
0,46	0,67724	0,32276	0,35448	0,96	0,83147	0,16853	0,66294
0,47	0,68082	0,31918	0,36164	0,97	0,83398	0,16602	0,66795
0,48	0,68439	0,31561	0,36877	0,98	0,83646	0,16354	0,67291
0,49	0,68793	0,31207	0,37587	0,99	0,83891	0,16109	0,67783

Tabelle 8.1: Fortsetzung

z	$F(z)$	$F(-z)$	$D(z)$	z	$F(z)$	$F(-z)$	$D(z)$
1,00	0,84134	0,15866	0,68269	1,50	0,93319	0,06681	0,86639
1,01	0,84375	0,15625	0,68750	1,51	0,93448	0,06552	0,86896
1,02	0,84614	0,15386	0,69227	1,52	0,93574	0,06426	0,87149
1,03	0,84849	0,15151	0,69699	1,53	0,93699	0,06301	0,87398
1,04	0,85083	0,14917	0,70166	1,54	0,93822	0,06178	0,87644
1,05	0,85314	0,14686	0,70628	1,55	0,93943	0,06057	0,87886
1,06	0,85543	0,14457	0,71086	1,56	0,94062	0,05938	0,88124
1,07	0,85769	0,14231	0,71538	1,57	0,94179	0,05821	0,88358
1,08	0,85993	0,14007	0,71986	1,58	0,94295	0,05705	0,88589
1,09	0,86214	0,13786	0,72429	1,59	0,94408	0,05592	0,88817
1,10	0,86433	0,13567	0,72867	1,60	0,94520	0,05480	0,89040
1,11	0,86650	0,13350	0,73300	1,61	0,94630	0,05370	0,89260
1,12	0,86864	0,13136	0,73729	1,62	0,94738	0,05262	0,89477
1,13	0,87076	0,12924	0,74152	1,63	0,94845	0,05155	0,89690
1,14	0,87286	0,12714	0,74571	1,64	0,94950	0,05050	0,89899
1,15	0,87493	0,12507	0,74986	1,65	0,95053	0,04947	0,90106
1,16	0,87698	0,12302	0,75395	1,66	0,95154	0,04846	0,90309
1,17	0,87900	0,12100	0,75800	1,67	0,95254	0,04746	0,90508
1,18	0,88100	0,11900	0,76200	1,68	0,95352	0,04648	0,90704
1,19	0,88298	0,11702	0,76595	1,69	0,95449	0,04551	0,90897
1,20	0,88493	0,11507	0,76986	1,70	0,95543	0,04457	0,91087
1,21	0,88686	0,11314	0,77372	1,71	0,95637	0,04363	0,91273
1,22	0,88877	0,11123	0,77753	1,72	0,95728	0,04272	0,91457
1,23	0,89065	0,10935	0,78130	1,73	0,95818	0,04182	0,91637
1,24	0,89251	0,10749	0,78502	1,74	0,95907	0,04093	0,91814
1,25	0,89435	0,10565	0,78870	1,75	0,95994	0,04006	0,91988
1,26	0,89617	0,10383	0,79233	1,76	0,96080	0,03920	0,92159
1,27	0,89796	0,10204	0,79592	1,77	0,96164	0,03836	0,92327
1,28	0,89973	0,10027	0,79945	1,78	0,96246	0,03754	0,92492
1,29	0,90147	0,09853	0,80295	1,79	0,96327	0,03673	0,92655
1,30	0,90320	0,09680	0,80640	1,80	0,96407	0,03593	0,92814
1,31	0,90490	0,09510	0,80980	1,81	0,96485	0,03515	0,92970
1,32	0,90658	0,09342	0,81316	1,82	0,96562	0,03438	0,93124
1,33	0,90824	0,09176	0,81648	1,83	0,96638	0,03362	0,93275
1,34	0,90988	0,09012	0,81975	1,84	0,96712	0,03288	0,93423
1,35	0,91149	0,08851	0,82298	1,85	0,96784	0,03216	0,93569
1,36	0,91308	0,08692	0,82617	1,86	0,96856	0,03144	0,93711
1,37	0,91466	0,08534	0,82931	1,87	0,96926	0,03074	0,93852
1,38	0,91621	0,08379	0,83241	1,88	0,96995	0,03005	0,93989
1,39	0,91774	0,08226	0,83547	1,89	0,97062	0,02938	0,94124
1,40	0,91924	0,08076	0,83849	1,90	0,97128	0,02872	0,94257
1,41	0,92073	0,07927	0,84146	1,91	0,97193	0,02807	0,94387
1,42	0,92220	0,07780	0,84439	1,92	0,97257	0,02743	0,94514
1,43	0,92364	0,07636	0,84728	1,93	0,97320	0,02680	0,94639
1,44	0,92507	0,07493	0,85013	1,94	0,97381	0,02619	0,94762
1,45	0,92647	0,07353	0,85294	1,95	0,97441	0,02559	0,94882
1,46	0,92785	0,07215	0,85571	1,96	0,97500	0,02500	0,95000
1,47	0,92922	0,07078	0,85844	1,97	0,97558	0,02442	0,95116
1,48	0,93056	0,06944	0,86113	1,98	0,97615	0,02385	0,95230
1,49	0,93189	0,06811	0,86378	1,99	0,97670	0,02330	0,95341

Tabelle 8.1: Fortsetzung

z	F(z)	F(−z)	D(z)	z	F(z)	F(−z)	D(z)
2,00	0,97725	0,02275	0,95450	2,50	0,99379	0,00621	0,98758
2,01	0,97778	0,02222	0,95557	2,51	0,99396	0,00604	0,98793
2,02	0,97831	0,02169	0,95662	2,52	0,99413	0,00587	0,98826
2,03	0,97882	0,02118	0,95764	2,53	0,99430	0,00570	0,98859
2,04	0,97932	0,02068	0,95865	2,54	0,99446	0,00554	0,98891
2,05	0,97982	0,02018	0,95964	2,55	0,99461	0,00539	0,98923
2,06	0,98030	0,01970	0,96060	2,56	0,99477	0,00523	0,98953
2,07	0,98077	0,01923	0,96155	2,57	0,99492	0,00508	0,98983
2,08	0,98124	0,01876	0,96247	2,58	0,99506	0,00494	0,99012
2,09	0,98169	0,01831	0,96338	2,59	0,99520	0,00480	0,99040
2,10	0,98214	0,01786	0,96427	2,60	0,99534	0,00466	0,99068
2,11	0,98257	0,01743	0,96514	2,61	0,99547	0,00453	0,99095
2,12	0,98300	0,01700	0,96599	2,62	0,99560	0,00440	0,99121
2,13	0,98341	0,01659	0,96683	2,63	0,99573	0,00427	0,99146
2,14	0,98382	0,01618	0,96765	2,64	0,99585	0,00415	0,99171
2,15	0,98422	0,01578	0,96844	2,65	0,99598	0,00402	0,99195
2,16	0,98461	0,01539	0,96923	2,66	0,99609	0,00391	0,99219
2,17	0,98500	0,01500	0,96999	2,67	0,99621	0,00379	0,99241
2,18	0,98537	0,01463	0,97074	2,68	0,99632	0,00368	0,99264
2,19	0,98574	0,01426	0,97148	2,69	0,99643	0,00357	0,99285
2,20	0,98610	0,01390	0,97219	2,70	0,99653	0,00347	0,99307
2,21	0,98645	0,01355	0,97289	2,71	0,99664	0,00336	0,99327
2,22	0,98679	0,01321	0,97358	2,72	0,99674	0,00326	0,99347
2,23	0,98713	0,01287	0,97425	2,73	0,99683	0,00317	0,99367
2,24	0,98745	0,01255	0,97491	2,74	0,99693	0,00307	0,99386
2,25	0,98778	0,01222	0,97555	2,75	0,99702	0,00298	0,99404
2,26	0,98809	0,01191	0,97618	2,76	0,99711	0,00289	0,99422
2,27	0,98840	0,01160	0,97679	2,77	0,99720	0,00280	0,99439
2,28	0,98870	0,01130	0,97739	2,78	0,99728	0,00272	0,99456
2,29	0,98899	0,01101	0,97798	2,79	0,99736	0,00264	0,99473
2,30	0,98928	0,01072	0,97855	2,80	0,99744	0,00256	0,99489
2,31	0,98956	0,01044	0,97911	2,81	0,99752	0,00248	0,99505
2,32	0,98983	0,01017	0,97966	2,82	0,99760	0,00240	0,99520
2,33	0,99010	0,00990	0,98019	2,83	0,99767	0,00233	0,99535
2,34	0,99036	0,00964	0,98072	2,84	0,99774	0,00226	0,99549
2,35	0,99061	0,00939	0,98123	2,85	0,99781	0,00219	0,99563
2,36	0,99086	0,00914	0,98173	2,86	0,99788	0,00212	0,99576
2,37	0,99111	0,00889	0,98221	2,87	0,99795	0,00205	0,99590
2,38	0,99134	0,00866	0,98269	2,88	0,99801	0,00199	0,99602
2,39	0,99158	0,00842	0,98315	2,89	0,99807	0,00193	0,99615
2,40	0,99180	0,00820	0,98360	2,90	0,99813	0,00187	0,99627
2,41	0,99202	0,00798	0,98405	2,91	0,99819	0,00181	0,99639
2,42	0,99224	0,00776	0,98448	2,92	0,99825	0,00175	0,99650
2,43	0,99245	0,00755	0,98490	2,93	0,99831	0,00169	0,99661
2,44	0,99266	0,00734	0,98531	2,94	0,99836	0,00164	0,99672
2,45	0,99286	0,00714	0,98571	2,95	0,99841	0,00159	0,99682
2,46	0,99305	0,00695	0,98611	2,96	0,99846	0,00154	0,99692
2,47	0,99324	0,00676	0,98649	2,97	0,99851	0,00149	0,99702
2,48	0,99343	0,00657	0,98686	2,98	0,99856	0,00144	0,99712
2,49	0,99361	0,00639	0,98723	2,99	0,99861	0,00139	0,99721
				3,00	0,99865	0,00135	0,99730

Die kumulierte Standardnormalverteilung F(z)
(linksseitige Flächenanteile F(z) unter der Dichte f(z))

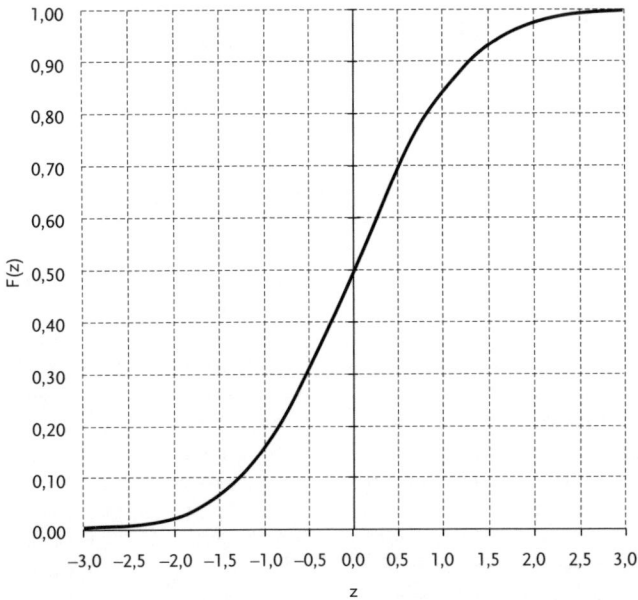

Abbildung 8.3: Die linksseitigen Flächenanteile der Standardnormalverteilung. Beachte: $F(z) = 1 - F(-z)$. Die Gesamtfläche unter der Dichtefunktion hat den Wert 1. Ablesebeispiel: ca. 30 % der Werte liegen links von $z = -0,5$.

Tabelle 8.2: Flächen $F(z)$ und Dichten $f(z)$ für typische z-Werte. Beispiel: zwischen $z = -1$ und $z = 1$ liegen 68,3 % der Werte

	Werte F(z) und f(z) der Standardnormalverteilung						
z	−3	−2	−1	0	1	2	3
F(z)	0,00135	0,02275	0,15866	0,50000	0,84134	0,97725	0,99865
f(z)	0,0044	0,0540	0,2420	0,3989	0,2420	0,0540	0,0044

Tabelle 8.3: Grenzwerte z für typische Flächen $F(z)$. Beispiel: zwischen $z = -1,96$ und $z = 1,96$ liegen 95 % der Werte

	Grenzwerte z der Standardnormalverteilung					
F(z)	0,005	0,025	0,050	0,950	0,975	0,995
z	−2,57583	−1,95996	−1,64485	1,64485	1,95996	2,57583

Tabelle 8.4: Dichte f(z) der Standardnormalverteilung

z	f(z)	z	f(z)	z	f(z)	z	f(z)	z	f(z)
0,00	0,39894	0,50	0,35207	1,00	0,24197	1,50	0,12952	2,00	0,05399
0,01	0,39892	0,51	0,35029	1,01	0,23955	1,51	0,12758	2,01	0,05292
0,02	0,39886	0,52	0,34849	1,02	0,23713	1,52	0,12566	2,02	0,05186
0,03	0,39876	0,53	0,34667	1,03	0,23471	1,53	0,12376	2,03	0,05082
0,04	0,39862	0,54	0,34482	1,04	0,23230	1,54	0,12188	2,04	0,04980
0,05	0,39844	0,55	0,34294	1,05	0,22988	1,55	0,12001	2,05	0,04879
0,06	0,39822	0,56	0,34105	1,06	0,22747	1,56	0,11816	2,06	0,04780
0,07	0,39797	0,57	0,33912	1,07	0,22506	1,57	0,11632	2,07	0,04682
0,08	0,39767	0,58	0,33718	1,08	0,22265	1,58	0,11450	2,08	0,04586
0,09	0,39733	0,59	0,33521	1,09	0,22025	1,59	0,11270	2,09	0,04491
0,10	0,39695	0,60	0,33322	1,10	0,21785	1,60	0,11092	2,10	0,04398
0,11	0,39654	0,61	0,33121	1,11	0,21546	1,61	0,10915	2,11	0,04307
0,12	0,39608	0,62	0,32918	1,12	0,21307	1,62	0,10741	2,12	0,04217
0,13	0,39559	0,63	0,32713	1,13	0,21069	1,63	0,10567	2,13	0,04128
0,14	0,39505	0,64	0,32506	1,14	0,20831	1,64	0,10396	2,14	0,04041
0,15	0,39448	0,65	0,32297	1,15	0,20594	1,65	0,10226	2,15	0,03955
0,16	0,39387	0,66	0,32086	1,16	0,20357	1,66	0,10059	2,16	0,03871
0,17	0,39322	0,67	0,31874	1,17	0,20121	1,67	0,09893	2,17	0,03788
0,18	0,39253	0,68	0,31659	1,18	0,19886	1,68	0,09728	2,18	0,03706
0,19	0,39181	0,69	0,31443	1,19	0,19652	1,69	0,09566	2,19	0,03626
0,20	0,39104	0,70	0,31225	1,20	0,19419	1,70	0,09405	2,20	0,03547
0,21	0,39024	0,71	0,31006	1,21	0,19186	1,71	0,09246	2,21	0,03470
0,22	0,38940	0,72	0,30785	1,22	0,18954	1,72	0,09089	2,22	0,03394
0,23	0,38853	0,73	0,30563	1,23	0,18724	1,73	0,08933	2,23	0,03319
0,24	0,38762	0,74	0,30339	1,24	0,18494	1,74	0,08780	2,24	0,03246
0,25	0,38667	0,75	0,30114	1,25	0,18265	1,75	0,08628	2,25	0,03174
0,26	0,38568	0,76	0,29887	1,26	0,18037	1,76	0,08478	2,26	0,03103
0,27	0,38466	0,77	0,29659	1,27	0,17810	1,77	0,08329	2,27	0,03034
0,28	0,38361	0,78	0,29431	1,28	0,17585	1,78	0,08183	2,28	0,02965
0,29	0,38251	0,79	0,29200	1,29	0,17360	1,79	0,08038	2,29	0,02898
0,30	0,38139	0,80	0,28969	1,30	0,17137	1,80	0,07895	2,30	0,02833
0,31	0,38023	0,81	0,28737	1,31	0,16915	1,81	0,07754	2,31	0,02768
0,32	0,37903	0,82	0,28504	1,32	0,16694	1,82	0,07614	2,32	0,02705
0,33	0,37780	0,83	0,28269	1,33	0,16474	1,83	0,07477	2,33	0,02643
0,34	0,37654	0,84	0,28034	1,34	0,16256	1,84	0,07341	2,34	0,02582
0,35	0,37524	0,85	0,27798	1,35	0,16038	1,85	0,07206	2,35	0,02522
0,36	0,37391	0,86	0,27562	1,36	0,15822	1,86	0,07074	2,36	0,02463
0,37	0,37255	0,87	0,27324	1,37	0,15608	1,87	0,06943	2,37	0,02406
0,38	0,37115	0,88	0,27086	1,38	0,15395	1,88	0,06814	2,38	0,02349
0,39	0,36973	0,89	0,26848	1,39	0,15183	1,89	0,06687	2,39	0,02294
0,40	0,36827	0,90	0,26609	1,40	0,14973	1,90	0,06562	2,40	0,02239
0,41	0,36678	0,91	0,26369	1,41	0,14764	1,91	0,06438	2,41	0,02186
0,42	0,36526	0,92	0,26129	1,42	0,14556	1,92	0,06316	2,42	0,02134
0,43	0,36371	0,93	0,25888	1,43	0,14350	1,93	0,06195	2,43	0,02083
0,44	0,36213	0,94	0,25647	1,44	0,14146	1,94	0,06077	2,44	0,02033
0,45	0,36053	0,95	0,25406	1,45	0,13943	1,95	0,05959	2,45	0,01984
0,46	0,35889	0,96	0,25164	1,46	0,13742	1,96	0,05844	2,46	0,01936
0,47	0,35723	0,97	0,24923	1,47	0,13542	1,97	0,05730	2,47	0,01888
0,48	0,35553	0,98	0,24681	1,48	0,13344	1,98	0,05618	2,48	0,01842
0,49	0,35381	0,99	0,24439	1,49	0,13147	1,99	0,05508	2,49	0,01797

Tabelle 8.4: Fortsetzung

z	f(z)	z	f(z)	z	f(z)
2,50	0,01753	3,00	0,00443	3,50	0,00087
2,51	0,01709	3,01	0,00430	3,51	0,00084
2,52	0,01667	3,02	0,00417	3,52	0,00081
2,53	0,01625	3,03	0,00405	3,53	0,00079
2,54	0,01585	3,04	0,00393	3,54	0,00076
2,55	0,01545	3,05	0,00381	3,55	0,00073
2,56	0,01506	3,06	0,00370	3,56	0,00071
2,57	0,01468	3,07	0,00358	3,57	0,00068
2,58	0,01431	3,08	0,00348	3,58	0,00066
2,59	0,01394	3,09	0,00337	3,59	0,00063
2,60	0,01358	3,10	0,00327	3,60	0,00061
2,61	0,01323	3,11	0,00317	3,61	0,00059
2,62	0,01289	3,12	0,00307	3,62	0,00057
2,63	0,01256	3,13	0,00298	3,63	0,00055
2,64	0,01223	3,14	0,00288	3,64	0,00053
2,65	0,01191	3,15	0,00279	3,65	0,00051
2,66	0,01160	3,16	0,00271	3,66	0,00049
2,67	0,01130	3,17	0,00262	3,67	0,00047
2,68	0,01100	3,18	0,00254	3,68	0,00046
2,69	0,01071	3,19	0,00246	3,69	0,00044
2,70	0,01042	3,20	0,00238	3,70	0,00042
2,71	0,01014	3,21	0,00231	3,71	0,00041
2,72	0,00987	3,22	0,00224	3,72	0,00039
2,73	0,00961	3,23	0,00216	3,73	0,00038
2,74	0,00935	3,24	0,00210	3,74	0,00037
2,75	0,00909	3,25	0,00203	3,75	0,00035
2,76	0,00885	3,26	0,00196	3,76	0,00034
2,77	0,00861	3,27	0,00190	3,77	0,00033
2,78	0,00837	3,28	0,00184	3,78	0,00031
2,79	0,00814	3,29	0,00178	3,79	0,00030
2,80	0,00792	3,30	0,00172	3,80	0,00029
2,81	0,00770	3,31	0,00167	3,81	0,00028
2,82	0,00748	3,32	0,00161	3,82	0,00027
2,83	0,00727	3,33	0,00156	3,83	0,00026
2,84	0,00707	3,34	0,00151	3,84	0,00025
2,85	0,00687	3,35	0,00146	3,85	0,00024
2,86	0,00668	3,36	0,00141	3,86	0,00023
2,87	0,00649	3,37	0,00136	3,87	0,00022
2,88	0,00631	3,38	0,00132	3,88	0,00021
2,89	0,00613	3,39	0,00127	3,89	0,00021
2,90	0,00595	3,40	0,00123	3,90	0,00020
2,91	0,00578	3,41	0,00119	3,91	0,00019
2,92	0,00562	3,42	0,00115	3,92	0,00018
2,93	0,00545	3,43	0,00111	3,93	0,00018
2,94	0,00530	3,44	0,00107	3,94	0,00017
2,95	0,00514	3,45	0,00104	3,95	0,00016
2,96	0,00499	3,46	0,00100	3,96	0,00016
2,97	0,00485	3,47	0,00097	3,97	0,00015
2,98	0,00470	3,48	0,00094	3,98	0,00014
2,99	0,00457	3,49	0,00090	3,99	0,00014
				4,00	0,00013

t-Verteilung (Student-Verteilung)

In Tabelle 8.5 sind die linksseitigen Flächenanteile F(t) der t-Verteilung für verschiedene Freiheitsgrade f tabelliert.

Beachten Sie: Wegen der Symmetrie der t-Verteilung sind nur Flächenanteile für positive t tabelliert. Wie bei der Normalverteilung gilt $F(-t) = 1 - F(t)$.

Die Gesamtfläche hat den Wert 1

Tabelle 8.5: Grenzwerte der t-Verteilung. Ablesebeispiel: Bei 13 Freiheitsgraden liegen 99 % der Werte links des Grenzwertes t = 2,65

Freiheits-grade f	Flächen F(t)					
	0,900	0,950	0,975	0,990	0,995	0,999
1	3,07768	6,31375	12,70615	31,82096	63,65590	318,28880
2	1,88562	2,91999	4,30266	6,96455	9,92499	22,32846
3	1,63775	2,35336	3,18245	4,54071	5,84085	10,21428
4	1,53321	2,13185	2,77645	3,74694	4,60408	7,17293
5	1,47588	2,01505	2,57058	3,36493	4,03212	5,89353
6	1,43976	1,94318	2,44691	3,14267	3,70743	5,20755
7	1,41492	1,89458	2,36462	2,99795	3,49948	4,78525
8	1,39682	1,85955	2,30601	2,89647	3,35538	4,50076
9	1,38303	1,83311	2,26216	2,82143	3,24984	4,29689
10	1,37218	1,81246	2,22814	2,76377	3,16926	4,14366
11	1,36343	1,79588	2,20099	2,71808	3,10582	4,02477
12	1,35622	1,78229	2,17881	2,68099	3,05454	3,92960
13	1,35017	1,77093	2,16037	2,65030	3,01228	3,85204
14	1,34503	1,76131	2,14479	2,62449	2,97685	3,78743
15	1,34061	1,75305	2,13145	2,60248	2,94673	3,73286
16	1,33676	1,74588	2,11990	2,58349	2,92079	3,68615
17	1,33338	1,73961	2,10982	2,56694	2,89823	3,64576
18	1,33039	1,73406	2,10092	2,55238	2,87844	3,61048
19	1,32773	1,72913	2,09302	2,53948	2,86094	3,57933
20	1,32534	1,72472	2,08596	2,52798	2,84534	3,55183
21	1,32319	1,72074	2,07961	2,51765	2,83137	3,52709
22	1,32124	1,71714	2,07388	2,50832	2,81876	3,50497
23	1,31946	1,71387	2,06865	2,49987	2,80734	3,48497
24	1,31784	1,71088	2,06390	2,49216	2,79695	3,46678
25	1,31635	1,70814	2,05954	2,48510	2,78744	3,45019
26	1,31497	1,70562	2,05553	2,47863	2,77872	3,43498
27	1,31370	1,70329	2,05183	2,47266	2,77068	3,42101
28	1,31253	1,70113	2,04841	2,46714	2,76326	3,40820
29	1,31143	1,69913	2,04523	2,46202	2,75639	3,39627

Tabelle 8.5: Fortsetzung

Freiheits-grade f	Flächen F(t)					
	0,900	0,950	0,975	0,990	0,995	0,999
30	1,31042	1,69726	2,04227	2,45726	2,74998	3,38521
40	1,30308	1,68385	2,02107	2,42326	2,70446	3,30692
50	1,29871	1,67591	2,00856	2,40327	2,67779	3,26138
60	1,29582	1,67065	2,00030	2,39012	2,66027	3,23169
70	1,29376	1,66692	1,99444	2,38080	2,64790	3,21081
80	1,29222	1,66413	1,99007	2,37387	2,63870	3,19524
90	1,29103	1,66196	1,98667	2,36850	2,63157	3,18323
100	1,29008	1,66023	1,98397	2,36421	2,62589	3,17377
200	1,28580	1,65251	1,97189	2,34513	2,60063	3,13150
500	1,28325	1,64791	1,96472	2,33383	2,58569	3,10662
1000	1,28240	1,64638	1,96234	2,33008	2,58075	3,09839
10000	1,28164	1,64501	1,96020	2,32672	2,57633	3,09105

F-Verteilung

Die Tabellen 8.6–8 enthalten die Grenzwerte x für die linksseitigen Flächenanteile F(x) der F-Verteilung für verschiedene Kombinationen der Freiheitsgrade f_I und f_R.

Die Gesamtfläche hat den Wert 1.

Tabelle 8.6: Grenzwerte der F-Verteilung für F(x) = 90 %. Ablesebeispiel: Bei f_I = 9 und f_R = 12 Freiheitsgraden liegen 90 % der Werte links des Grenzwertes x = 2,214

Grenzwerte der F-Verteilung für F(x) = 0,90

f_R	f_I									
	1	2	3	4	5	6	7	8	9	10
1	39,864	49,500	53,593	55,833	57,240	58,204	58,906	59,439	59,857	60,195
2	8,526	9,000	9,162	9,243	9,293	9,326	9,349	9,367	9,381	9,392
3	5,538	5,462	5,391	5,343	5,309	5,285	5,266	5,252	5,240	5,230
4	4,545	4,325	4,191	4,107	4,051	4,010	3,979	3,955	3,936	3,920
5	4,060	3,780	3,619	3,520	3,453	3,405	3,368	3,339	3,316	3,297
6	3,776	3,463	3,289	3,181	3,108	3,055	3,014	2,983	2,958	2,937
7	3,589	3,257	3,074	2,961	2,883	2,827	2,785	2,752	2,725	2,703
8	3,458	3,113	2,924	2,806	2,726	2,668	2,624	2,589	2,561	2,538
9	3,360	3,006	2,813	2,693	2,611	2,551	2,505	2,469	2,440	2,416
10	3,285	2,924	2,728	2,605	2,522	2,461	2,414	2,377	2,347	2,323
11	3,225	2,860	2,660	2,536	2,451	2,389	2,342	2,304	2,274	2,248
12	3,177	2,807	2,606	2,480	2,394	2,331	2,283	2,245	2,214	2,188
13	3,136	2,763	2,560	2,434	2,347	2,283	2,234	2,195	2,164	2,138
14	3,102	2,726	2,522	2,395	2,307	2,243	2,193	2,154	2,122	2,095
15	3,073	2,695	2,490	2,361	2,273	2,208	2,158	2,119	2,086	2,059
16	3,048	2,668	2,462	2,333	2,244	2,178	2,128	2,088	2,055	2,028
17	3,026	2,645	2,437	2,308	2,218	2,152	2,102	2,061	2,028	2,001
18	3,007	2,624	2,416	2,286	2,196	2,130	2,079	2,038	2,005	1,977
19	2,990	2,606	2,397	2,266	2,176	2,109	2,058	2,017	1,984	1,956
20	2,975	2,589	2,380	2,249	2,158	2,091	2,040	1,999	1,965	1,937
21	2,961	2,575	2,365	2,233	2,142	2,075	2,023	1,982	1,948	1,920
22	2,949	2,561	2,351	2,219	2,128	2,060	2,008	1,967	1,933	1,904
23	2,937	2,549	2,339	2,207	2,115	2,047	1,995	1,953	1,919	1,890
24	2,927	2,538	2,327	2,195	2,103	2,035	1,983	1,941	1,906	1,877
25	2,918	2,528	2,317	2,184	2,092	2,024	1,971	1,929	1,895	1,866
26	2,909	2,519	2,307	2,174	2,082	2,014	1,961	1,919	1,884	1,855
27	2,901	2,511	2,299	2,165	2,073	2,005	1,952	1,909	1,874	1,845
28	2,894	2,503	2,291	2,157	2,064	1,996	1,943	1,900	1,865	1,836
29	2,887	2,495	2,283	2,149	2,057	1,988	1,935	1,892	1,857	1,827
30	2,881	2,489	2,276	2,142	2,049	1,980	1,927	1,884	1,849	1,819
40	2,835	2,440	2,226	2,091	1,997	1,927	1,873	1,829	1,793	1,763
50	2,809	2,412	2,197	2,061	1,966	1,895	1,840	1,796	1,760	1,729
60	2,791	2,393	2,177	2,041	1,946	1,875	1,819	1,775	1,738	1,707
70	2,779	2,380	2,164	2,027	1,931	1,860	1,804	1,760	1,723	1,691
80	2,769	2,370	2,154	2,016	1,921	1,849	1,793	1,748	1,711	1,680
90	2,762	2,363	2,146	2,008	1,912	1,841	1,785	1,739	1,702	1,670
100	2,756	2,356	2,139	2,002	1,906	1,834	1,778	1,732	1,695	1,663
200	2,731	2,329	2,111	1,973	1,876	1,804	1,747	1,701	1,663	1,631
1000	2,711	2,308	2,089	1,950	1,853	1,780	1,723	1,676	1,638	1,605

Tabelle 8.6: Fortsetzung

Grenzwerte der F-Verteilung für F(x) = 0,90

f_I

f_R	12	14	16	18	20	30	40	50	100
1	60,705	61,073	61,350	61,566	61,740	62,265	62,529	62,688	63,007
2	9,408	9,420	9,429	9,436	9,441	9,458	9,466	9,471	9,481
3	5,216	5,205	5,196	5,190	5,184	5,168	5,160	5,155	5,144
4	3,896	3,878	3,864	3,853	3,844	3,817	3,804	3,795	3,778
5	3,268	3,247	3,230	3,217	3,207	3,174	3,157	3,147	3,126
6	2,905	2,881	2,863	2,848	2,836	2,800	2,781	2,770	2,746
7	2,668	2,643	2,623	2,607	2,595	2,555	2,535	2,523	2,497
8	2,502	2,475	2,454	2,438	2,425	2,383	2,361	2,348	2,321
9	2,379	2,351	2,330	2,312	2,298	2,255	2,232	2,218	2,189
10	2,284	2,255	2,233	2,215	2,201	2,155	2,132	2,117	2,087
11	2,209	2,179	2,156	2,138	2,123	2,076	2,052	2,036	2,005
12	2,147	2,117	2,094	2,075	2,060	2,011	1,986	1,970	1,938
13	2,097	2,066	2,042	2,023	2,007	1,958	1,931	1,915	1,882
14	2,054	2,022	1,998	1,978	1,962	1,912	1,885	1,869	1,834
15	2,017	1,985	1,961	1,941	1,924	1,873	1,845	1,828	1,793
16	1,985	1,953	1,928	1,908	1,891	1,839	1,811	1,793	1,757
17	1,958	1,925	1,900	1,879	1,862	1,809	1,781	1,763	1,726
18	1,933	1,900	1,875	1,854	1,837	1,783	1,754	1,736	1,698
19	1,912	1,878	1,852	1,831	1,814	1,759	1,730	1,711	1,673
20	1,892	1,859	1,833	1,811	1,794	1,738	1,708	1,690	1,650
21	1,875	1,841	1,815	1,793	1,776	1,719	1,689	1,670	1,630
22	1,859	1,825	1,798	1,777	1,759	1,702	1,671	1,652	1,611
23	1,845	1,811	1,784	1,762	1,744	1,686	1,655	1,636	1,594
24	1,832	1,797	1,770	1,748	1,730	1,672	1,641	1,621	1,579
25	1,820	1,785	1,758	1,736	1,718	1,659	1,627	1,607	1,565
26	1,809	1,774	1,747	1,724	1,706	1,647	1,615	1,594	1,551
27	1,799	1,764	1,736	1,714	1,695	1,636	1,603	1,583	1,539
28	1,790	1,754	1,726	1,704	1,685	1,625	1,592	1,572	1,528
29	1,781	1,745	1,717	1,695	1,676	1,616	1,583	1,562	1,517
30	1,773	1,737	1,709	1,686	1,667	1,606	1,573	1,552	1,507
40	1,715	1,678	1,649	1,625	1,605	1,541	1,506	1,483	1,434
50	1,680	1,643	1,613	1,588	1,568	1,502	1,465	1,441	1,388
60	1,657	1,619	1,589	1,564	1,543	1,476	1,437	1,413	1,358
70	1,641	1,603	1,572	1,547	1,526	1,457	1,418	1,392	1,335
80	1,629	1,590	1,559	1,534	1,513	1,443	1,403	1,377	1,318
90	1,620	1,581	1,550	1,524	1,503	1,432	1,391	1,365	1,304
100	1,612	1,573	1,542	1,516	1,494	1,423	1,382	1,355	1,293
200	1,579	1,539	1,507	1,480	1,458	1,383	1,339	1,310	1,242
1000	1,552	1,511	1,478	1,451	1,428	1,350	1,304	1,273	1,197

Tabelle 8.7: Grenzwerte der F-Verteilung für F(x) = 95 %. Ablesebeispiel: Bei $f_I = 9$ und $f_R = 12$ Freiheitsgraden liegen 95 % der Werte links des Grenzwertes x = 2,796

Grenzwerte der F-Verteilung für F(x) = 0,95

f_R	1	2	3	4	5	6	7	8	9	10
1	161,45	199,50	215,71	224,58	230,16	233,99	236,77	238,88	240,54	241,88
2	18,513	19,000	19,164	19,247	19,296	19,329	19,353	19,371	19,385	19,396
3	10,128	9,552	9,277	9,117	9,013	8,941	8,887	8,845	8,812	8,785
4	7,709	6,944	6,591	6,388	6,256	6,163	6,094	6,041	5,999	5,964
5	6,608	5,786	5,409	5,192	5,050	4,950	4,876	4,818	4,772	4,735
6	5,987	5,143	4,757	4,534	4,387	4,284	4,207	4,147	4,099	4,060
7	5,591	4,737	4,347	4,120	3,972	3,866	3,787	3,726	3,677	3,637
8	5,318	4,459	4,066	3,838	3,688	3,581	3,500	3,438	3,388	3,347
9	5,117	4,256	3,863	3,633	3,482	3,374	3,293	3,230	3,179	3,137
10	4,965	4,103	3,708	3,478	3,326	3,217	3,135	3,072	3,020	2,978
11	4,844	3,982	3,587	3,357	3,204	3,095	3,012	2,948	2,896	2,854
12	4,747	3,885	3,490	3,259	3,106	2,996	2,913	2,849	2,796	2,753
13	4,667	3,806	3,411	3,179	3,025	2,915	2,832	2,767	2,714	2,671
14	4,600	3,739	3,344	3,112	2,958	2,848	2,764	2,699	2,646	2,602
15	4,543	3,682	3,287	3,056	2,901	2,790	2,707	2,641	2,588	2,544
16	4,494	3,634	3,239	3,007	2,852	2,741	2,657	2,591	2,538	2,494
17	4,451	3,592	3,197	2,965	2,810	2,699	2,614	2,548	2,494	2,450
18	4,414	3,555	3,160	2,928	2,773	2,661	2,577	2,510	2,456	2,412
19	4,381	3,522	3,127	2,895	2,740	2,628	2,544	2,477	2,423	2,378
20	4,351	3,493	3,098	2,866	2,711	2,599	2,514	2,447	2,393	2,348
21	4,325	3,467	3,072	2,840	2,685	2,573	2,488	2,420	2,366	2,321
22	4,301	3,443	3,049	2,817	2,661	2,549	2,464	2,397	2,342	2,297
23	4,279	3,422	3,028	2,796	2,640	2,528	2,442	2,375	2,320	2,275
24	4,260	3,403	3,009	2,776	2,621	2,508	2,423	2,355	2,300	2,255
25	4,242	3,385	2,991	2,759	2,603	2,490	2,405	2,337	2,282	2,236
26	4,225	3,369	2,975	2,743	2,587	2,474	2,388	2,321	2,265	2,220
27	4,210	3,354	2,960	2,728	2,572	2,459	2,373	2,305	2,250	2,204
28	4,196	3,340	2,947	2,714	2,558	2,445	2,359	2,291	2,236	2,190
29	4,183	3,328	2,934	2,701	2,545	2,432	2,346	2,278	2,223	2,177
30	4,171	3,316	2,922	2,690	2,534	2,421	2,334	2,266	2,211	2,165
40	4,085	3,232	2,839	2,606	2,449	2,336	2,249	2,180	2,124	2,077
50	4,034	3,183	2,790	2,557	2,400	2,286	2,199	2,130	2,073	2,026
60	4,001	3,150	2,758	2,525	2,368	2,254	2,167	2,097	2,040	1,993
70	3,978	3,128	2,736	2,503	2,346	2,231	2,143	2,074	2,017	1,969
80	3,960	3,111	2,719	2,486	2,329	2,214	2,126	2,056	1,999	1,951
90	3,947	3,098	2,706	2,473	2,316	2,201	2,113	2,043	1,986	1,938
100	3,936	3,087	2,696	2,463	2,305	2,191	2,103	2,032	1,975	1,927
200	3,888	3,041	2,650	2,417	2,259	2,144	2,056	1,985	1,927	1,878
1000	3,851	3,005	2,614	2,381	2,223	2,108	2,019	1,948	1,889	1,840

Tabelle 8.7: Fortsetzung

Grenzwerte der F-Verteilung für F(x) = 0,95

					f_I				
f_R	12	14	16	18	20	30	40	50	100
1	243,905	245,363	246,466	247,324	248,016	250,096	251,144	251,774	253,043
2	19,412	19,424	19,433	19,440	19,446	19,463	19,471	19,476	19,486
3	8,745	8,715	8,692	8,675	8,660	8,617	8,594	8,581	8,554
4	5,912	5,873	5,844	5,821	5,803	5,746	5,717	5,699	5,664
5	4,678	4,636	4,604	4,579	4,558	4,496	4,464	4,444	4,405
6	4,000	3,956	3,922	3,896	3,874	3,808	3,774	3,754	3,712
7	3,575	3,529	3,494	3,467	3,445	3,376	3,340	3,319	3,275
8	3,284	3,237	3,202	3,173	3,150	3,079	3,043	3,020	2,975
9	3,073	3,025	2,989	2,960	2,936	2,864	2,826	2,803	2,756
10	2,913	2,865	2,828	2,798	2,774	2,700	2,661	2,637	2,588
11	2,788	2,739	2,701	2,671	2,646	2,570	2,531	2,507	2,457
12	2,687	2,637	2,599	2,568	2,544	2,466	2,426	2,401	2,350
13	2,604	2,554	2,515	2,484	2,459	2,380	2,339	2,314	2,261
14	2,534	2,484	2,445	2,413	2,388	2,308	2,266	2,241	2,187
15	2,475	2,424	2,385	2,353	2,328	2,247	2,204	2,178	2,123
16	2,425	2,373	2,333	2,302	2,276	2,194	2,151	2,124	2,068
17	2,381	2,329	2,289	2,257	2,230	2,148	2,104	2,077	2,020
18	2,342	2,290	2,250	2,217	2,191	2,107	2,063	2,035	1,978
19	2,308	2,256	2,215	2,182	2,155	2,071	2,026	1,999	1,940
20	2,278	2,225	2,184	2,151	2,124	2,039	1,994	1,966	1,907
21	2,250	2,197	2,156	2,123	2,096	2,010	1,965	1,936	1,876
22	2,226	2,173	2,131	2,098	2,071	1,984	1,938	1,909	1,849
23	2,204	2,150	2,109	2,075	2,048	1,961	1,914	1,885	1,823
24	2,183	2,130	2,088	2,054	2,027	1,939	1,892	1,863	1,800
25	2,165	2,111	2,069	2,035	2,007	1,919	1,872	1,842	1,779
26	2,148	2,094	2,052	2,018	1,990	1,901	1,853	1,823	1,760
27	2,132	2,078	2,036	2,002	1,974	1,884	1,836	1,806	1,742
28	2,118	2,064	2,021	1,987	1,959	1,869	1,820	1,790	1,725
29	2,104	2,050	2,007	1,973	1,945	1,854	1,806	1,775	1,710
30	2,092	2,037	1,995	1,960	1,932	1,841	1,792	1,761	1,695
40	2,003	1,948	1,904	1,868	1,839	1,744	1,693	1,660	1,589
50	1,952	1,895	1,850	1,814	1,784	1,687	1,634	1,599	1,525
60	1,917	1,860	1,815	1,778	1,748	1,649	1,594	1,559	1,481
70	1,893	1,836	1,790	1,753	1,722	1,622	1,566	1,530	1,450
80	1,875	1,817	1,772	1,734	1,703	1,602	1,545	1,508	1,426
90	1,861	1,803	1,757	1,720	1,688	1,586	1,528	1,491	1,407
100	1,850	1,792	1,746	1,708	1,676	1,573	1,515	1,477	1,392
200	1,801	1,742	1,694	1,656	1,623	1,516	1,455	1,415	1,321
1000	1,762	1,702	1,654	1,614	1,581	1,471	1,406	1,363	1,260

Tabelle 8.8: Grenzwerte der F-Verteilung für $F(x) = 99\%$. Ablesebeispiel: Bei $f_I = 9$ und $f_R = 12$ Freiheitsgraden liegen 95 % der Werte links des Grenzwertes $x = 4{,}388$

Grenzwerte der F-Verteilung für $F(x) = 0{,}99$

f_R	1	2	3	4	5	6	7	8	9	10
1	4052,2	4999,3	5403,5	5624,3	5764,0	5859,0	5928,3	5981,0	6022,4	6055,9
2	98,502	99,000	99,164	99,251	99,302	99,331	99,357	99,375	99,390	99,397
3	34,116	30,816	29,457	28,710	28,237	27,911	27,671	27,489	27,345	27,228
4	21,198	18,000	16,694	15,977	15,522	15,207	14,976	14,799	14,659	14,546
5	16,258	13,274	12,060	11,392	10,967	10,672	10,456	10,289	10,158	10,051
6	13,745	10,925	9,780	9,148	8,746	8,466	8,260	8,102	7,976	7,874
7	12,246	9,547	8,451	7,847	7,460	7,191	6,993	6,840	6,719	6,620
8	11,259	8,649	7,591	7,006	6,632	6,371	6,178	6,029	5,911	5,814
9	10,562	8,022	6,992	6,422	6,057	5,802	5,613	5,467	5,351	5,257
10	10,044	7,559	6,552	5,994	5,636	5,386	5,200	5,057	4,942	4,849
11	9,646	7,206	6,217	5,668	5,316	5,069	4,886	4,744	4,632	4,539
12	9,330	6,927	5,953	5,412	5,064	4,821	4,640	4,499	4,388	4,296
13	9,074	6,701	5,739	5,205	4,862	4,620	4,441	4,302	4,191	4,100
14	8,862	6,515	5,564	5,035	4,695	4,456	4,278	4,140	4,030	3,939
15	8,683	6,359	5,417	4,893	4,556	4,318	4,142	4,004	3,895	3,805
16	8,531	6,226	5,292	4,773	4,437	4,202	4,026	3,890	3,780	3,691
17	8,400	6,112	5,185	4,669	4,336	4,101	3,927	3,791	3,682	3,593
18	8,285	6,013	5,092	4,579	4,248	4,015	3,841	3,705	3,597	3,508
19	8,185	5,926	5,010	4,500	4,171	3,939	3,765	3,631	3,523	3,434
20	8,096	5,849	4,938	4,431	4,103	3,871	3,699	3,564	3,457	3,368
21	8,017	5,780	4,874	4,369	4,042	3,812	3,640	3,506	3,398	3,310
22	7,945	5,719	4,817	4,313	3,988	3,758	3,587	3,453	3,346	3,258
23	7,881	5,664	4,765	4,264	3,939	3,710	3,539	3,406	3,299	3,211
24	7,823	5,614	4,718	4,218	3,895	3,667	3,496	3,363	3,256	3,168
25	7,770	5,568	4,675	4,177	3,855	3,627	3,457	3,324	3,217	3,129
26	7,721	5,526	4,637	4,140	3,818	3,591	3,421	3,288	3,182	3,094
27	7,677	5,488	4,601	4,106	3,785	3,558	3,388	3,256	3,149	3,062
28	7,636	5,453	4,568	4,074	3,754	3,528	3,358	3,226	3,120	3,032
29	7,598	5,420	4,538	4,045	3,725	3,499	3,330	3,198	3,092	3,005
30	7,562	5,390	4,510	4,018	3,699	3,473	3,305	3,173	3,067	2,979
40	7,314	5,178	4,313	3,828	3,514	3,291	3,124	2,993	2,888	2,801
50	7,171	5,057	4,199	3,720	3,408	3,186	3,020	2,890	2,785	2,698
60	7,077	4,977	4,126	3,649	3,339	3,119	2,953	2,823	2,718	2,632
70	7,011	4,922	4,074	3,600	3,291	3,071	2,906	2,777	2,672	2,585
80	6,963	4,881	4,036	3,563	3,255	3,036	2,871	2,742	2,637	2,551
90	6,925	4,849	4,007	3,535	3,228	3,009	2,845	2,715	2,611	2,524
100	6,895	4,824	3,984	3,513	3,206	2,988	2,823	2,694	2,590	2,503
200	6,763	4,713	3,881	3,414	3,110	2,893	2,730	2,601	2,497	2,411
1000	6,660	4,626	3,801	3,338	3,036	2,820	2,657	2,529	2,425	2,339

Tabelle 8.8: Fortsetzung

Grenzwerte der F-Verteilung für F(x) = 0,99

	f_I								
f_R	12	14	16	18	20	30	40	50	100
1	6106,7	6143,0	6170,0	6191,4	6208,7	6260,4	6286,4	6302,3	6333,9
2	99,419	99,426	99,437	99,444	99,448	99,466	99,477	99,477	99,491
3	27,052	26,924	26,826	26,751	26,690	26,504	26,411	26,354	26,241
4	14,374	14,249	14,154	14,079	14,019	13,838	13,745	13,690	13,577
5	9,888	9,770	9,680	9,609	9,553	9,379	9,291	9,238	9,130
6	7,718	7,605	7,519	7,451	7,396	7,229	7,143	7,091	6,987
7	6,469	6,359	6,275	6,209	6,155	5,992	5,908	5,858	5,755
8	5,667	5,559	5,477	5,412	5,359	5,198	5,116	5,065	4,963
9	5,111	5,005	4,924	4,860	4,808	4,649	4,567	4,517	4,415
10	4,706	4,601	4,520	4,457	4,405	4,247	4,165	4,115	4,014
11	4,397	4,293	4,213	4,150	4,099	3,941	3,860	3,810	3,708
12	4,155	4,052	3,972	3,910	3,858	3,701	3,619	3,569	3,467
13	3,960	3,857	3,778	3,716	3,665	3,507	3,425	3,375	3,272
14	3,800	3,698	3,619	3,556	3,505	3,348	3,266	3,215	3,112
15	3,666	3,564	3,485	3,423	3,372	3,214	3,132	3,081	2,977
16	3,553	3,451	3,372	3,310	3,259	3,101	3,018	2,967	2,863
17	3,455	3,353	3,275	3,212	3,162	3,003	2,920	2,869	2,764
18	3,371	3,269	3,190	3,128	3,077	2,919	2,835	2,784	2,678
19	3,297	3,195	3,116	3,054	3,003	2,844	2,761	2,709	2,602
20	3,231	3,130	3,051	2,989	2,938	2,778	2,695	2,643	2,535
21	3,173	3,072	2,993	2,931	2,880	2,720	2,636	2,584	2,476
22	3,121	3,019	2,941	2,879	2,827	2,667	2,583	2,531	2,422
23	3,074	2,973	2,894	2,832	2,780	2,620	2,536	2,483	2,373
24	3,032	2,930	2,852	2,789	2,738	2,577	2,492	2,440	2,329
25	2,993	2,892	2,813	2,751	2,699	2,538	2,453	2,400	2,289
26	2,958	2,857	2,778	2,715	2,664	2,503	2,417	2,364	2,252
27	2,926	2,824	2,746	2,683	2,632	2,470	2,384	2,330	2,218
28	2,896	2,795	2,716	2,653	2,602	2,440	2,354	2,300	2,187
29	2,868	2,767	2,689	2,626	2,574	2,412	2,325	2,271	2,158
30	2,843	2,742	2,663	2,600	2,549	2,386	2,299	2,245	2,131
40	2,665	2,563	2,484	2,421	2,369	2,203	2,114	2,058	1,938
50	2,563	2,461	2,382	2,318	2,265	2,098	2,007	1,949	1,825
60	2,496	2,394	2,315	2,251	2,198	2,028	1,936	1,877	1,749
70	2,450	2,348	2,268	2,204	2,150	1,980	1,886	1,826	1,695
80	2,415	2,313	2,233	2,169	2,115	1,944	1,849	1,788	1,655
90	2,389	2,286	2,206	2,142	2,088	1,916	1,820	1,759	1,623
100	2,368	2,265	2,185	2,120	2,067	1,893	1,797	1,735	1,598
200	2,275	2,172	2,091	2,026	1,971	1,794	1,694	1,629	1,481
1000	2,203	2,099	2,018	1,952	1,897	1,716	1,613	1,544	1,383

χ^2-Verteilung

Die Tabellen 8.9 und 8.10 enthalten die Grenzwerte x für die linksseitigen Flächenanteile F(x) der χ^2-Verteilung für verschiedene Freiheitsgrade f. Die Gesamtfläche hat den Wert 1

Tabelle 8.9: Grenzwerte der χ^2-Verteilung. Ablesebeispiel: Bei f = 15 Freiheitsgraden liegen 1 % der Werte links des Grenzwertes x = 5,22936

Freiheits-grade f	Flächen F(x)					
	0,001	0,005	0,010	0,025	0,050	0,100
1	0,00000	0,00004	0,00016	0,00098	0,00393	0,01579
2	0,00200	0,01002	0,02010	0,05064	0,10259	0,21072
3	0,02430	0,07172	0,11483	0,21579	0,35185	0,58438
4	0,09080	0,20698	0,29711	0,48442	0,71072	1,06362
5	0,21022	0,41175	0,55430	0,83121	1,14548	1,61031
6	0,38104	0,67573	0,87208	1,23734	1,63538	2,20413
7	0,59850	0,98925	1,23903	1,68986	2,16735	2,83311
8	0,85715	1,34440	1,64651	2,17972	2,73263	3,48954
9	1,15191	1,73491	2,08789	2,70039	3,32512	4,16816
10	1,47865	2,15585	2,55820	3,24696	3,94030	4,86518
11	1,83375	2,60320	3,05350	3,81574	4,57481	5,57779
12	2,21413	3,07379	3,57055	4,40378	5,22603	6,30380
13	2,61720	3,56504	4,10690	5,00874	5,89186	7,04150
14	3,04072	4,07466	4,66042	5,62872	6,57063	7,78954
15	3,48251	4,60087	5,22936	6,26212	7,26093	8,54675
16	3,94171	5,14216	5,81220	6,90766	7,96164	9,31224
17	4,41624	5,69727	6,40774	7,56418	8,67175	10,08518
18	4,90480	6,26477	7,01490	8,23074	9,39045	10,86494
19	5,40666	6,84392	7,63270	8,90651	10,11701	11,65091
20	5,92101	7,43381	8,26037	9,59077	10,85080	12,44260
22	6,98287	8,64268	9,54249	10,98233	12,33801	14,04149
24	8,08466	9,88620	10,85635	12,40115	13,84842	15,65868
26	9,22224	11,1602	12,1982	13,8439	15,3792	17,2919
28	10,3907	12,4613	13,5647	15,3079	16,9279	18,9392
30	11,5876	13,7867	14,9535	16,7908	18,4927	20,5992
40	17,9166	20,7066	22,1642	24,4331	26,5093	29,0505
50	24,6736	27,9908	29,7067	32,3574	34,7642	37,6886
60	31,7381	35,5344	37,4848	40,4817	43,1880	46,4589
70	39,0358	43,2753	45,4417	48,7575	51,7393	55,3289
80	46,5197	51,1719	53,5400	57,1532	60,3915	64,2778
90	54,1559	59,1963	61,7540	65,6466	69,1260	73,2911
100	61,9182	67,3275	70,0650	74,2219	77,9294	82,3581
200	143,842	152,241	156,432	162,728	168,279	174,835
300	229,962	240,663	245,973	253,912	260,878	269,068
400	318,259	330,903	337,155	346,482	354,641	364,207
500	407,946	422,303	429,387	439,936	449,147	459,926
600	498,622	514,529	522,365	534,019	544,180	556,056
700	590,046	607,379	615,907	628,577	639,613	652,497
800	682,065	700,725	709,897	723,513	735,362	749,185
900	774,567	794,475	804,251	818,756	831,370	846,075
1000	867,479	888,563	898,912	914,257	927,594	943,133

Tabelle 8.10: Grenzwerte der χ^2-Verteilung. Ablesebeispiel: Bei f = 7 Freiheitsgraden liegen 99 % der Werte links des Grenzwertes x = 18,4753

Freiheits-grade f	Flächen F(x)					
	0,900	0,950	0,975	0,990	0,995	0,999
1	2,70554	3,84146	5,02390	6,63489	7,87940	10,82736
2	4,60518	5,99148	7,37778	9,21035	10,59653	13,81500
3	6,25139	7,81472	9,34840	11,34488	12,83807	16,26596
4	7,77943	9,48773	11,14326	13,27670	14,86017	18,46623
5	9,23635	11,0705	12,8325	15,0863	16,7496	20,5147
6	10,6446	12,5916	14,4494	16,8119	18,5475	22,4575
7	12,0170	14,0671	16,0128	18,4753	20,2777	24,3213
8	13,3616	15,5073	17,5345	20,0902	21,9549	26,1239
9	14,6837	16,9190	19,0228	21,6660	23,5893	27,8767
10	15,9872	18,3070	20,4832	23,2093	25,1881	29,5879
11	17,2750	19,6752	21,9200	24,7250	26,7569	31,2635
12	18,5493	21,0261	23,3367	26,2170	28,2997	32,9092
13	19,8119	22,3620	24,7356	27,6882	29,8193	34,5274
14	21,0641	23,6848	26,1189	29,1412	31,3194	36,1239
15	22,3071	24,9958	27,4884	30,5780	32,8015	37,6978
16	23,5418	26,2962	28,8453	31,9999	34,2671	39,2518
17	24,7690	27,5871	30,1910	33,4087	35,7184	40,7911
18	25,9894	28,8693	31,5264	34,8052	37,1564	42,3119
19	27,2036	30,1435	32,8523	36,1908	38,5821	43,8194
20	28,4120	31,4104	34,1696	37,5663	39,9969	45,3142
22	30,8133	33,9245	36,7807	40,2894	42,7957	48,2676
24	33,1962	36,4150	39,3641	42,9798	45,5584	51,1790
26	35,5632	38,8851	41,9231	45,6416	48,2898	54,0511
28	37,9159	41,3372	44,4608	48,2782	50,9936	56,8918
30	40,2560	43,7730	46,9792	50,8922	53,6719	59,7022
40	51,8050	55,7585	59,3417	63,6908	66,7660	73,4029
50	63,1671	67,5048	71,4202	76,1538	79,4898	86,6603
60	74,3970	79,0820	83,2977	88,3794	91,9518	99,6078
70	85,5270	90,5313	95,0231	100,425	104,215	112,317
80	96,5782	101,879	106,629	112,329	116,321	124,839
90	107,565	113,145	118,136	124,116	128,299	137,208
100	118,498	124,342	129,561	135,807	140,170	149,449
200	226,021	233,994	241,058	249,445	255,264	267,539
300	331,788	341,395	349,874	359,906	366,844	381,424
400	436,649	447,632	457,306	468,724	476,607	493,131
500	540,930	553,127	563,851	576,493	585,206	603,446
600	644,800	658,094	669,769	683,515	692,981	712,773
700	748,359	762,661	775,210	789,974	800,131	821,346
800	851,671	866,911	880,275	895,984	906,786	929,330
900	954,782	970,904	985,032	1001,63	1013,04	1036,82
1000	1057,72	1074,68	1089,53	1106,97	1118,95	1143,92

Das griechische Alphabet

Tabelle 8.11: Die Buchstaben des griechischen Alphabets

Griechischer Buchstabe	Name des Buchstabens
A α	Alpha
B β	Beta
Γ γ	Gamma
Δ δ	Delta
E ε	Epsilon
Z ζ	Zeta
H η	Eta
θ ϑ	Theta
I ι	Jota
K κ	Kappa
Λ λ	Lambda
M μ	My
N ν	Ny
Ξ ξ	Xi
O o	Omikron
Π π	Pi
P ρ	Rho
Σ σ	Sigma
T τ	Tau
Y υ	Ypsilon
Φ ϕ	Phi
X χ	Chi
Ψ ψ	Psi
Ω ω	Omega

9
Literaturverzeichnis

Bronstein, I. N./Semendjajew, K. A.: *Taschenbuch der Mathematik*, Staatlicher Verlag für Technisch-Theoretische Literatur, Moskau 1956

Engelmann, H.-D./Erdmann, H.-H./Simmrock, K.H.: *Planen und Auswerten von Versuchen (Kurs-Handbuch)*, DECHEMA Deutsche Gesellschaft für chemisches Apparatewesen e.V., Frankfurt/Main 1997

Erben, Wilhelm: *Statistik mit Excel 5*, R. Oldenbourg, München 1996

Krämer, Walter: *So lügt man mit Statistik*, Campus, Frankfurt/Main 1998

Kreyszig, Erwin: *Statistische Methoden und ihre Anwendungen*, Vandenhoeck & Ruprecht, Göttingen 1975

Martin, René: *Berechnungen in Excel*, Carl Hanser, München 2004

Monka, Michael/Voß, Werner: *Statistik am PC*, Carl Hanser, München 2002

Sachs, Lothar: *Angewandte Statistik*, Springer, Berlin 1992

Vogel, Friedrich: *Beschreibende und schließende Statistik – Aufgaben und Beispiele*, R. Oldenbourg, München 1995

Register

295